普通高等院校新形态一体化"十四五"规划教材

# 无线网络技术与实践

主　编◎桂学勤　吴　谋　杨　荣
副主编◎李　玮　钟良骥　肖永刚

## 内 容 简 介

本书重点介绍 WLAN 组网技术，全书共 11 章，分三部分。第一部分为第 1 章至第 5 章，介绍无线网络基本知识、基础技术，并重点介绍 WLAN 网络技术。第二部分为第 6 章和第 7 章，主要介绍传统网络的组网方式和实践。第三部分为第 8 章至第 11 章，主要介绍智能 WLAN 技术、组网方式及实践。

本书理论结合实践，既有理论深度，又有实用价值，可作为网络工程专业教材，也可作为无线组网技术爱好者的学习参考资料。

图书在版编目（CIP）数据

无线网络技术与实践/桂学勤，吴谋，杨荣主编. —北京：中国铁道出版社有限公司，2022.2（2025.1重印）
普通高等院校新形态一体化"十四五"规划教材
ISBN 978-7-113-28678-1

Ⅰ.①无… Ⅱ.①桂… ②吴… ③杨… Ⅲ.①无线网-高等学校-教材 Ⅳ.①TN92

中国版本图书馆CIP数据核字（2021）第270968号

| | |
|---|---|
| 书　　名： | 无线网络技术与实践 |
| 作　　者： | 桂学勤　吴　谋　杨　荣 |
| 策　　划： | 徐海英　王春霞　　　　编辑部电话：(010) 63551006 |
| 责任编辑： | 王春霞　李学敏 |
| 封面设计： | 付　巍 |
| 封面制作： | 刘　颖 |
| 责任校对： | 孙　玫 |
| 责任印制： | 赵星辰 |

出版发行：中国铁道出版社有限公司（100054，北京市西城区右安门西街 8 号）
网　　址：https://www.tdpress.com/51eds
印　　刷：河北宝昌佳彩印刷有限公司
版　　次：2022 年 2 月第 1 版　2025 年 1 月第 3 次印刷
开　　本：850 mm×1 168 mm　1/16　印张：15.25　字数：389 千
书　　号：ISBN 978-7-113-28678-1
定　　价：45.00 元

**版权所有　侵权必究**

凡购买铁道版图书，如有印制质量问题，请与本社教材图书营销部联系调换。电话：(010) 63550836
打击盗版举报电话：(010) 63549461

# 前言

随着WLAN网络的广泛部署,越来越多的网络爱好者开始学习WLAN网络相关知识和技能。但大多数WLAN网络技术相关教材主要讲述传统WLAN网络(自组织WLAN和自治式WLAN)的理论知识,没有介绍智能WLAN(集中式WLAN和分布式WLAN)的理论知识;部分教材提供了WLAN网络实践技能相关内容,但实践内容主要集中在传统WLAN的配置方法,没有涉及智能WLAN的规划、配置等内容。

针对大多数WLAN网络技术相关教材存在的WLAN网络相关实践技能内容不足和缺少智能WLAN相关理论知识的问题。我们组织了专门的教师队伍,对流行的WLAN网络技术进行研究,并编写了本书,在讲述传统WLAN网络理论知识和实践配置方法的基础上,重点介绍了智能WLAN相关理论知识和实践配置方法。

本书重点介绍WLAN组网技术,共11章,分三部分。第一部分为第1章至第5章,介绍无线网络基本知识、基本技术,并重点介绍WLAN网络技术。第1章介绍无线通信技术、计算机网络技术、无线网络技术,以及无线网络的分类;第2章介绍WLAN网络技术,重点介绍WLAN的分类以及WLAN技术的演进;第3章和第4章分别介绍了WLAN的物理层和媒体访问控制层;第5章介绍WLAN网络设备。第二部分为第6章和第7章,主要介绍传统网络的组网方式和实践。第6章介绍自组织WLAN的组网方式及实践;第7章介绍自治式WLAN的组网方式及实践。第三部分为第8章至第11章,主要介绍智能WLAN技术、组网方式及实践。第8章介绍了无线网络管理协议CAPWAP相关知识;第9章介绍了如何对大型WLAN建设进行网络规划,并通过示例展示了WLAN网络规划的过程;第10章和第11章分别介绍集中式WLAN和分布式WLAN的组网方式及实践。

本书践行二十大报告精神,充分认识党的二十大报告提出的"实施科教兴国战略,强化现代化建设人才支撑"的精神,落实立德树人根本任务,坚定文化自信。

本书在讲述理论知识的同时,突出实践动手能力的培养。本书实践内容丰富,在自组织WLAN部分,通过一个实践示例介绍了Windows环境下自组织WLAN的配置方法;在自治式WLAN部分,通过示例分别介绍了无线路由器的配置方法和利用无线路由器进行无线信号拓展的方法;在集中式WLAN部分,通过三个示例分别介绍小型WLAN、大中型WLAN、华为敏捷分布式 WLAN 的配置方法；在分布式 WLAN 部分，通过两个示例分别介绍无线分布式系统 WDS 网络和无线 Mesh 网络的配置方法。同时，为便于读者学习 WLAN 技术以及培养实践能力，完整录制了以上实践示例的操作视频，读者可扫描书中的二维码学习，对读者具有很强的学习指导作用。

本书涉及的部分技术和部分实践内容主要参考华为技术有限公司网络产品技术文档《无线接入控制器（AC 和 FIT-AP）V200R008C10 产品文档》等。

本书由桂学勤、吴谋、杨荣任主编，李玮、钟良骥、肖永刚任副主编。由于编者水平有限，加之时间仓促，书中疏漏与不妥之处在所难免，诚望读者批评指正。希望本书的出版能够为更多对无线网络感兴趣的读者提供一定的帮助。

编　者

2021 年 7 月

# 目 录

## 第1章　无线网络技术 ...... 1
### 1.1　无线网络技术概述 ...... 1
#### 1.1.1　无线通信技术 ...... 1
#### 1.1.2　计算机网络技术 ...... 5
#### 1.1.3　无线网络技术 ...... 10
### 1.2　无线个人区域网 ...... 11
#### 1.2.1　Bluetooth技术 ...... 12
#### 1.2.2　ZigBee技术 ...... 13
### 1.3　无线局域网 ...... 14
### 1.4　无线城域网 ...... 14
#### 1.4.1　LMDS技术 ...... 14
#### 1.4.2　MMDS技术 ...... 14
#### 1.4.3　WiMAX技术 ...... 15
### 1.5　无线广域网 ...... 16
### 1.6　电信无线移动通信技术 ...... 17
### 小结 ...... 19

## 第2章　WLAN网络技术 ...... 20
### 2.1　无线局域网概述 ...... 20
#### 2.1.1　什么是无线局域网 ...... 20
#### 2.1.2　无线局域网的特点 ...... 20
#### 2.1.3　无线局域网中的基本概念 ...... 21
### 2.2　WLAN的发展 ...... 23
#### 2.2.1　WLAN协议族 ...... 23
#### 2.2.2　WLAN物理层标准演进 ...... 24
#### 2.2.3　WLAN物理层标准综述 ...... 26

### 2.3　WLAN分类 ...... 27
#### 2.3.1　按照WLAN组网方式分类 ...... 27
#### 2.3.2　按照WLAN管理便捷性分类 ...... 30
### 2.4　传统WLAN技术的改进 ...... 31
#### 2.4.1　自治式WLAN的问题及其解决办法 ...... 31
#### 2.4.2　自组织WLAN的问题及其解决办法 ...... 32
#### 2.4.3　WLAN带宽问题及其解决办法 ...... 33
### 小结 ...... 34

## 第3章　WLAN物理层 ...... 35
### 3.1　IEEE 802.11体系结构 ...... 35
### 3.2　无线数字通信基础知识 ...... 37
### 3.3　WLAN调制技术 ...... 40
#### 3.3.1　正交相移键控QPSK调制 ...... 41
#### 3.3.2　正交振幅调制QAM调制 ...... 41
### 3.4　扩频通信技术 ...... 42
#### 3.4.1　扩频通信技术的概念 ...... 42
#### 3.4.2　扩频通信的特点 ...... 42
#### 3.4.3　扩频通信的过程 ...... 43
#### 3.4.4　扩频技术类型介绍 ...... 43
### 3.5　OFDM传输技术 ...... 45
### 3.6　MIMO天线技术 ...... 46
### 小结 ...... 47

## 第4章　WLAN媒体访问控制层 ……… 48

- 4.1　WLAN访问控制 .................................. 48
  - 4.1.1　CSMA/CA技术 ......................... 49
  - 4.1.2　RTS/CTS预约访问方式 ......... 52
  - 4.1.3　点协调功能PCF ...................... 53
- 4.2　WLAN服务质量QoS ........................ 54
  - 4.2.1　引入服务质量的MAC结构 .. 54
  - 4.2.2　WLAN数据流量分类 ............. 55
  - 4.2.3　EDCA信道竞争机制 .............. 56
- 4.3　WLAN安全技术 ................................. 57
  - 4.3.1　WLAN基本安全措施 ............. 58
  - 4.3.2　WPA/WPA2安全技术 ............ 61
  - 4.3.3　WLAN链路认证与接入认证 .. 61
  - 4.3.4　WLAN认证策略 ...................... 62
- 4.4　IEEE 802.11 MAC帧结构 ................ 63
- 4.5　工作站接入WLAN过程 ................... 65
  - 4.5.1　自治式WLAN中STA接入过程 ................................................ 65
  - 4.5.2　集中式WLAN中STA接入过程 ................................................ 66
- 小结 .................................................................. 68

## 第5章　WLAN网络设备 ................. 69

- 5.1　无线网卡 ............................................... 69
- 5.2　胖AP ..................................................... 70
- 5.3　瘦AP ..................................................... 72
  - 5.3.1　华为瘦AP命名规则 ................ 72
  - 5.3.2　华为瘦AP分类 ........................ 74
  - 5.3.3　华为瘦AP及外部端口 ........... 75
- 5.4　无线接入控制器AC ........................... 77
  - 5.4.1　接入控制器分类 ...................... 77
  - 5.4.2　接入控制器AC示例 ............... 78
  - 5.4.3　华为其他AC设备 .................... 79
- 5.5　AP天线 ................................................. 79
  - 5.5.1　华为AP天线命名规则 ........... 79
  - 5.5.2　AP天线分类 ............................. 80
- 小结 .................................................................. 81

## 第6章　自组织WLAN及实践 ......... 82

- 6.1　Ad-Hoc网络 ........................................ 82
  - 6.1.1　Ad-Hoc网络概述 .................... 82
  - 6.1.2　Ad-Hoc网络结构 .................... 84
  - 6.1.3　Ad-Hoc网络路由技术 ........... 86
- 6.2　自组织WLAN ..................................... 87
- 6.3　自组织WLAN在Windows环境的实现 ........................................................... 88
- 小结 .................................................................. 97

## 第7章　自治式WLAN及实践 ......... 98

- 7.1　自治式WLAN概述 ............................. 98
- 7.2　无线路由器与商用AP的区别 ......... 98
- 7.3　无线路由器分类 .................................. 99
- 7.4　无线路由器组网 ................................ 101
  - 7.4.1　理解无线路由器 .................... 101
  - 7.4.2　无线路由器组网方式 ........... 102
  - 7.4.3　无线路由器上网设置 ........... 103
- 7.5　无线路由器信号扩展 ....................... 107
- 7.6　Windows环境Wi-Fi热点及设置 ... 109
  - 7.6.1　理解Wi-Fi热点 ...................... 109
  - 7.6.2　计算机Wi-Fi热点相关知识 .. 109
  - 7.6.3　Windows环境热点配置 ....... 110
- 7.7　Windows 10环境Wi-Fi热点问题及探索 ................................................... 112
- 小结 ................................................................ 115

## 第8章　CAPWAP协议 ............... 116

- 8.1　CAPWAP协议产生 .......................... 116
- 8.2　基于CAPWAP协议的WLAN构成 .. 117
- 8.3　CAPWAP功能实现机制 ................. 119
- 8.4　CAPWAP工作原理 .......................... 121

8.5　CAPWAP中AC发现过程 ......123
8.6　CAPWAP协议中DTLS的使用 ......126
8.7　CAPWAP报文格式 ......128
　　8.7.1　CAPWAP控制报文 ......128
　　8.7.2　CAPWAP数据报文 ......128
　　8.7.3　CAPWAP报文格式解析 ......129
8.8　CAPWAP报文转发 ......132
小结 ......134

## 第9章　无线网络规划 ......136

9.1　WLAN网络建设 ......136
　　9.1.1　WLAN网络建设步骤 ......136
　　9.1.2　WLAN网络需求分析 ......137
　　9.1.3　WLAN网络规划设计 ......138
　　9.1.4　WLAN网络安装部署 ......138
　　9.1.5　WLAN网络测试验收 ......139
　　9.1.6　WLAN网络建设原则 ......139
9.2　为什么要进行无线网络规划 ......140
9.3　WLAN网络覆盖规划 ......140
　　9.3.1　无线网络覆盖相关概念 ......140
　　9.3.2　发射功率和信号强度 ......142
　　9.3.3　信号衰减与干扰 ......144
　　9.3.4　WLAN网络路径损耗 ......145
　　9.3.5　网络覆盖计算 ......148
　　9.3.6　无线网络覆盖规划 ......152
9.4　WLAN网络容量规划 ......152
　　9.4.1　容量规划参数 ......152
　　9.4.2　AP选型 ......154
　　9.4.3　无线网络容量规划 ......155
9.5　WLAN网络信道规划 ......155
　　9.5.1　WLAN网络2.4G频段 ......155
　　9.5.2　WLAN网络5G频段 ......156
　　9.5.3　信道捆绑 ......157
　　9.5.4　国家码 ......157
　　9.5.5　信道规划 ......157

　　9.5.6　信道和功率自动调整 ......158
9.6　WLAN网络AP布放设计 ......158
　　9.6.1　AP布放原则 ......159
　　9.6.2　供电和走线原则 ......159
9.7　WLAN网络的规划示例 ......160
　　9.7.1　无线网络规划过程 ......160
　　9.7.2　无线网络规划示例 ......161
小结 ......165

## 第10章　集中式WLAN及实践 ......166

10.1　集中式WLAN概述 ......166
10.2　AC的部署方案、接入方式和组网方式 ......167
10.3　集中式WLAN应用场景 ......168
10.4　集中式WLAN终端漫游 ......170
10.5　集中式WLAN的VLAN ......172
　　10.5.1　管理VLAN和业务VLAN ......172
　　10.5.2　集中式WLAN配置注意事项 ......173
　　10.5.3　VLAN中报文的转发流程 ......173
10.6　集中式WLAN配置流程 ......175
　　10.6.1　配置流程 ......175
　　10.6.2　WLAN模板 ......176
10.7　AC常用基本配置命令 ......177
10.8　小型WLAN基本业务配置示例 ......181
10.9　大中型WLAN基本业务配置示例 ......191
10.10　华为敏捷分布式WLAN配置示例 ......203
小结 ......208

## 第11章　分布式WLAN及实践 ......209

11.1　分布式WLAN概述 ......209
11.2　WDS网络原理 ......210
　　11.2.1　WDS基本概念 ......210
　　11.2.2　WDS实现原理 ......211

11.2.3 WDS网络架构 ..........................212
11.3 WDS网络配置方法 ..........................213
　11.3.1 WDS模板 ..........................213
　11.3.2 WDS网络配置过程 ..........................214
11.4 WDS配置示例 ..........................215
11.5 Mesh网络原理 ..........................223
　11.5.1 Mesh基本概念 ..........................223
　11.5.2 Mesh网络架构 ..........................224
　11.5.3 Mesh实现原理 ..........................225
　11.5.4 Mesh路由建立 ..........................226
　11.5.5 AP零配置上线 ..........................227
11.6 Mesh配置方法 ..........................228
　11.6.1 Mesh模板 ..........................228
　11.6.2 Mesh网络配置过程 ..........................228
11.7 Mesh网络配置示例 ..........................229
小结 ..........................236

**参考文献** ..........................236

# 第 1 章 无线网络技术

所谓无线网络，是指无须布线就能实现各种通信设备互联的网络。根据网络覆盖范围的不同，可以将无线网络划分四种类型，分别是无线个人区域网（Wireless Personal Area Network，WPAN）、无线局域网（Wireless Local Area Network，WLAN）、无线城域网（Wireless Metropolitan Area Network，WMAN）、无线广域网（Wireless Wide Area Network，WWAN）。

## 1.1 无线网络技术概述

无线网络是无线通信技术与计算机网络技术相结合的产物。无线网络极大地促进了信息化的发展，显示出巨大的发展潜力。

### 1.1.1 无线通信技术

无线通信（Wireless Communication），利用电磁波信号可以在自由空间中传播的特性进行信息交换的一种通信方式。无线通信中发送和接收数据都是通过天线实现的，发送时，天线将电磁波能量发射到媒体中（通常是空气），而接收时，天线从周围的媒体中获得电磁波。下面简要介绍无线通信技术。

1. 电磁波及电磁波的空中传播

在电子学理论中，电流流过导体，导体周围会形成磁场。交变电流通过导体，导体周围会形成交流变化的电磁场，称为电磁波。当电磁波频率高于 100 kHz 时，电磁波可以在空气中传播，并经大气层外缘的电离层反射，形成远距离传输能力。用于空间传输的电磁波，其传播的速度等于光速。

电磁波可以按照频率或波长来分类和命名。我们把频率为 30 kHz 至 300 kHz 的电磁波称为长波（低频 LF）；频率为 300 kHz 至 3 000 kHz 的电磁波称为中波（中频 MF）；频率为 3 MHz 至 30 MHz 的电磁波称为短波（高频 HF）；频率为 30 MHz 至 300 MHz 的电磁波称为超短波（米波）；频率为 300 MHz 至 300 GHz 的电磁波称为微波；频率为 300 GHz 至 400 THz 的电磁波为红外线（1 mm

扫一扫

无线网络技术概述

至 760 nm），频率为 400 THz 至 900 THz 的电磁波为可见光，由于各波段的传播特性各异，因此，可以用于不同的通信系统。电磁波频谱如图 1-1 所示。

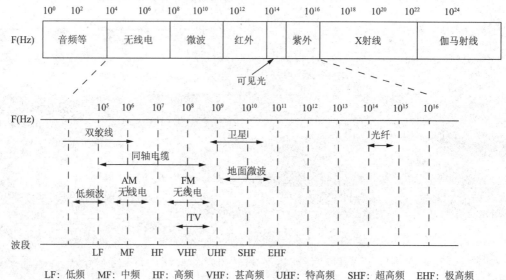

图 1-1　电磁波频谱

电磁波在空中的传播途径主要有三种方式。第一种是沿地面传播，这种电磁波称为地波。电磁波频率在 1.5 MHz 以下的长波和中波，波长较长，地面吸收损耗较少，可以采用地波传输方式，信号可以沿地面远距离传播。第二种是依靠大气电离层（60 km 以上）的反射传播，这种电磁波称为天波。电磁波频率范围在 1.5 MHz～30 MHz 的中波和短波，波长较短，地面绕射能力弱，且地面吸收损耗大，但能够被电离层反射，可以采用天波通信方式。第三种是在空间直线传播，这种电磁波称为直线波。电磁波频率大于 30 MHz 的超短波和微波，由于波长较小，不能绕过障碍物，地面吸收损耗大，而且能够穿透电离层，因此只能以直线方式传播。

例如，长波和部分中波主要沿地面传播，绕射能力强，适用于广播和海上通信。而短波具有较强的电离层反射传播能力，适用于环球通信。超短波和微波的绕射能力较差，可穿透电离层，主要沿空间直线传播，可用于视距或超视距中继通信。

电磁波在传输过程中是有损伤的。电磁波在传输过程存在各种各样的传输损伤，因此任何一种传输系统接收到的信号都不同于传输信号。对于模拟信号，损伤带来的是信号质量的降低；对于数字信号，损伤带来的是二进制位的差错。无线通信时，信号在传输过程中会出现损伤，主要损伤来源有信号衰减、噪声干扰、大气吸收、多路径接收以及电磁波折射等。

电磁波信号的强度在空气中传播是存在着衰减的。电磁波频率越高，波长越短，传播衰减越严重，传输距离就会越短。另外，无线通信使用的载波频率越高，则每个信道可以使用的带宽也就越大，传输速率也就更快（香农公式表明，数据的传输速率与信道带宽成正比，不是与载波频率成正比）。

2. 射频通信

具有远距离传输能力的高频电磁波称为射频。射频通信（Radio Frequency Communication），是利用了射频（高频电磁波）进行信息传输，它是将电信息源（模拟或数字）用高频电流进行调制（调幅或调频），形成射频信号，经过天线发射到空中，远距离端将射频信号接收后进行反调制，还原成电信息源的过程。射频通信技术在无线通信领域中被广泛使用，射频频率范围为 300 kHz～300 GHz 之间。

**注意：**

超短波和微波中，30 MHz～1 GHz 频率范围的电磁波具有全向性，通常称为无线电广播频段；微波具有方向性，微波中频域范围为 1 GHz～100 GHz 的微波频段非常适合点对点视距通信，也可用于卫星通信。

(1) 无线电广播通信

30 MHz～1 GHz 的频率范围是无线电广播通信的有效频段。这个频段不仅覆盖调频广播 FM 无线电频段（76 MHz～108 MHz），也包括超短波 VHF 和微波 UHF 电视频段，一些数据网络应用也在这一频段范围。

无线电广播与低于 30 MHz 的电磁波不同，高于 30 MHz 的电磁波能够穿透电离层，因此，无线电广播的传输局限于视距范围；无线电广播与高频处的微波区也有不同，下雨对无线电广播的衰减影响不大，而对高频处微波衰减影响较大，而且无线电广播的波长比高频处的微波区波长长，所受到的衰减也相对小一些，因此视距传输的距离相对远一些。

另外，无线电广播通信是全向性的，而微波通信是方向性的。因此，无线电广播通信不要求使用蝶形天线，而且天线也无须严格地安装到一个精确校准位置上。

无线电广播通信损耗的一个主要来源是多路径干扰。来源于地面、水域、自然或人为的物体，放置在天线之间就会形成多传输路径。多路径干扰对接收信息的影响非常明显，比如，当一架飞机从上空飞过，电视机接收的画面就可能出现重影现象。

(2) 微波通信

微波是一种高频电磁波，它的波长在 1 mm～1 m 之间，频率范围在 300 MHz～300 GHz 之间。处于 300 MHz～300 GHz 频段内的通信，称之为微波通信。与计算机技术结合用于数据传输的无线通信，主要采用微波通信。

由于微波的频率极高，波长又很短，其在空中的传播特性与光波相近，是直线前进，遇到阻挡就被反射或被阻断，因此微波通信的主要方式是空间直线传播，也称为视距通信。超过视距以后需要中继转发。一般说来，由于地球曲面的影响以及空间传输的损耗，每隔 50 km 左右，就需要设置中继站，将电磁波放大转发而延伸，这种通信方式也称为微波中继通信。

微波通信可分为大气层视距地面微波通信、对流层超视距散射通信、穿过电离层和外层自由空间的卫星通信和主要在自由空间中传播的空间通信。

微波通信在许多领域都得到了广泛的应用，微波中频域范围为 1 GHz～100 GHz 的微波频段非常适合点对点视距通信，如移动通信、卫星通信等。

(3) 卫星通信

卫星通信的最佳频率范围为 1 GHz～10 GHz，是一种微波通信，它以卫星作为中继站转发微波信号，在多个地面站之间通信，其覆盖范围远大于一般的移动通信，但卫星通信要求地面设备具有较大的发射功率，因此不易普及使用。

卫星通信可以是全球性亦可以是区域性的。全球性的采用中、低轨道卫星，区域性的采用静止轨道通信卫星。中、低轨道全球卫星通信的业务主要是话音和数据，亦可以与互联网连接。

未来卫星通信包含以下的发展趋势：高轨道卫星（地球同步轨道）通信卫星向多波束、大容量、智能化方向发展；低轨卫星群与蜂窝通信技术相结合、实现全球个人通信；另外卫星通信将与 IP 技术结合，用于提供多媒体通信和因特网接入，既包括用于国际、国内的主干网络，也包括用于提供用户直接接入。

3. 天线技术

天线用于将电磁能辐射到天空，或将天空中的电磁能收集起来，是实现无线输出和接收的最基本设备。要发送一个信号，来自转发器的无线频率电能通过天线转换为电磁能辐射到天空中；要接收一个信号，触碰到天线上电磁能会转化为无线频率电能并合成到接收器中。天线有 3 个最基本的属性：方向性、极化、增益。方向性是指信号发射方向图的形状。极化是电磁波场强矢量空间指向的一个辐射特性。增益是衡量信号能量增强的度量。天线是 WLAN 网络的重要组成部分。

天线发射信号的一个重要属性是方向性，用辐射模式描述，天线辐射模式有两种：定向辐射和全向辐射。天线按照辐射模式可以划分为全向天线、定向天线。全向天线在水平面内的所有方向上辐射出的电波能量都是相同的，但在垂直面内不同方向上辐射出的电波能量是不同的，方向图辐射类似白炽灯辐射可见光，水平方向上 360°辐射。定向天线在水平面与垂直面内的所有方向上辐射出的电波能量都是不同的，方向图辐射类似手电筒辐射可见光，朝某个方向定向辐射，相同的射频能量下可以实现更远的覆盖距离，但是是以牺牲其他区域覆盖为代价的。

天线发射信号的另一个重要属性是极性，天线按照极化方式划分为单极化天线和双极化天线。单极化和双极化在本质上都是线极化方式，通常有水平极化和垂直极化两种。单极化天线是指接收、发送是分开的两根天线，一根天线中只包含一种极化方式，无线信号是水平发射水平接收或垂直发射垂直接收，需要更多的安装空间和维护工作量。双极化天线是指接收、发送是一根天线，一根天线中包含垂直和水平两种极化方式，无线信号发射和接收相互垂直。一般情况下，单极化天线提供一个射频接口，双极化天线提供两个或三个射频接口。

天线增益是指在相同输入功率时，天线在某一规定方向上的辐射功率密度与参考天线功率密度的比值。在相同的条件下，增益越高，电波传播的距离越远。但在实际实施中，应以波束和覆盖目标区相匹配为前提合理选择天线增益。如覆盖距离较近时，为保证近点的覆盖效果，应选择低增益天线。天线增益是用来衡量天线朝一个特定方向收发信号的能力，是选择天线最重要的参数之一。增益与天线方向图密切相关，方向图主瓣越窄，副瓣越小，增益越高。主瓣宽度与天线增益关系如图 1-2 所示。

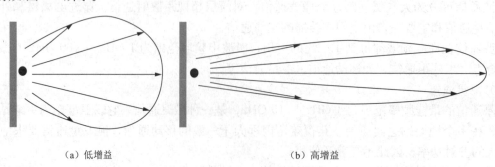

（a）低增益　　　　　　　　　　　（b）高增益

图 1-2　天线增益

全向天线，即在水平方向图上表现为360°都均匀辐射，也就是平常所说的无方向性。全向天线在通信系统中一般应用距离近、覆盖范围大、价格便宜。全向天线一般为棒状型，如图1-3所示。

图 1-3　全向天线

定向天线，在水平方向图上表现为一定角度范围辐射，也就是平常所说的有方向性。定向天线在通信系统中一般应用于通信距离远、覆盖范围小、目标密度大、频率利用率高的环境。八木天线、抛物状栅格天线、平板天线、弧形天线等都属于定向天线，如图1-4所示。

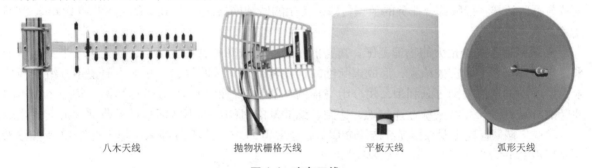

八木天线　　　　　抛物状栅格天线　　　　　平板天线　　　　　弧形天线

图 1-4　定向天线

一般狭长区域选择定向天线，比如商业街、步行街等区域。一般开阔公共活动场所选择全向天线，比如公园、广场等区域。

## 1.1.2　计算机网络技术

计算机网络技术是通信技术与计算机技术相结合的产物。计算机网络是按照网络协议，将地理位置分散的、独立的计算机相互连接的集合。连接介质可以是电话线、同轴电缆、双绞线、光纤、微波或通信卫星等。计算机网络具有共享软硬件资源和数据资源的功能，具有对共享数据资源集中管理与维护的能力。

1. 计算机网络概念

计算机网络包括计算机和网络两部分。其中计算机由计算机硬件和软件两部分所组成，常见的形式有台式计算机、笔记本电脑等。而网络就是用物理链路将各个孤立的工作站或主机连接在一起，组成数据链路，从而达到资源共享和信息通信的目的。所以，计算机网络是指将地理位置不同的多台计算机系统及其外部网络通过通信介质互联，在网络操作系统和网络管理软件及通信协议的管理和协调下，实现资源共享和信息传递的系统。

2. 网络分类

计算机网络的分类方法有多种，其中最主要的方式是根据覆盖范围进行分类。计算机网络按照覆盖的地理范围进行分类，可以很好地反映不同类型网络的技术特征。按照覆盖的地理范围分，计算机网络可以分为四种类型：

① 个人区域网（Personal Area Network，PAN）。
② 局域网（Local Area Network，LAN）。
③ 城域网（Metropolitan Area Network，MAN）。
④ 广域网（Wide Area Network，WAN）。

个人区域网主要用无线通信技术实现联网设备之间的通信，作用范围在 10 m 左右，比较典型的设备有无线鼠标、无线键盘等。目前，无线个人区域网主要使用 IEEE 802.15.4 标准、蓝牙技术与 ZigBee 标准。

局域网是一种在局部区域范围内使用的，由多台计算机和网络设备连接起来组成的网络。覆盖范围通常在 10 km 范围之内。局域网一般属于一个单位或部门，可以用于办公室、企业、园区、学校等主干网络。比较典型的局域网有以太网（Ethernet）和无线局域网技术（WLAN）。

城域网是作用范围在广域网与局域网之间的网络，其网络覆盖范围通常可以延伸到整个城市，可以在 10 km ~ 100 km 城市范围。一般以光纤作为传输介质，将多个局域网连接形成大型网络，支持数据、语音、视频综合业务的数据传输。常用的城域网技术有万兆以太网技术和 IP over SDH 技术。

广域网通常跨接很大的物理范围，覆盖的范围比局域网和城域网都广，从几十千米到几千千米，它能连接多个城市或国家，形成国际性的远程网络。广域网的通信子网主要使用分组交换技术。广域网的通信子网可以利用公用分组交换网、卫星通信网和无线分组交换网，将分布在不同地区的局域网或计算机系统互连起来，达到资源共享的目的。如因特网是世界范围内最大的广域网。目前广域网互连主要采用光纤传输介质，底层采用 SDH 和 WDM 技术。用于支持 IP 业务技术主要采用 IP over SDH 和 IP over WDM 技术。

3. 网络体系结构（OSI、TCP/IP）

计算机网络由多台计算机主机组成，主机之间需要不断的交换数据。要做到有条不紊地交换数据，每台主机都必须遵守一些事先预定好的通信规则。协议就是一组控制数据交互过程的通信规则。

网络协议由三个要素组成：

① 语法。语法是用户数据与控制信息的结构与格式。
② 语义。语义是解释控制信息每个部分的含义，它规定了需要发出何种控制信息，以及做出什么样的响应。
③ 时序。时序是对事件发生顺序的详细描述。简单地说，语法表达要做什么，语义表达要怎么做，时序表达做的先后顺序。

对于结构复杂的计算机网络来说，为保证计算机网络有条不紊地交换数据，必须制定大量的协议，构成一套完整的协议体系。为便于组织管理协议体系，一般采用层次结构来管理协议。

协议分层具有许多优点。各层之间相对独立，某一层并不需要知道它的下层是如何实现的，而仅仅需要知道该层通过层间的接口所提供的服务即可；分层结构可以简化设计工作，将一个庞大而复杂的系统变得容易实现；分层结构使网络灵活性增强，当某一层发生变化时，只要层间接口关系保持不变，则这层上下层均可不受影响；有助于标准化工作，可以做到每一层的功能及其所提供的服务都有精确的说明。

如何划分协议的层次是网络体系结构的另一个重要问题，层次划分必须适当。层次太多会造成系统开销的增加，层次太少又会造成每层的功能不明确、相邻层间接口不明确，从而减低协议的可靠性。一般网络体系结构的层次为 4～7 层。

为便于描述计算机网络，引入一个重要概念——网络体系结构。我们可以这样理解网络体系结构的概念，即网络体系结构是网络分层、各层协议以及层间接口的集合。常用的网络体系结构有 OSI/RM 网络体系结构和 TCP/IP 网络体系结构。

（1）OSI/RM 网络体系结构

早期的计算机网络，不同制造商具有不同的体系结构，只有同一家制造商生产的网络设备组成的网络才可以通信，不同结构不同网络的计算机不能通信。为了促进异种网络的互联通信，20世纪 70 年后期，国际化标准组织（ISO）制定了一个参考模型，该模型称为 ISO 开放系统互联参考模型，简称 OSI/RM。

OSI 参考模型把整个网络划分为 7 个层次，图 1-5 给出广域网结构和 OSI 参考模型结构示意图。这 7 层从低到高层分别是：物理层、数据链路层、网络层、传输层、会话层、表示层、应用层。

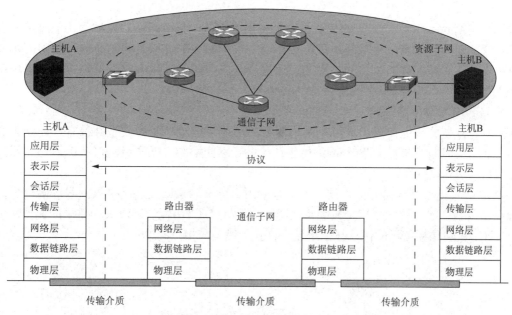

图 1-5  广域网结构和 OSI 参考模型结构示意图

① 物理层。

物理层（Physical Layer）是 OSI 模型的最底层，涉及网络物理设备之间的接口，其目的是向高层提供透明的二进制流传输。物理层提供为监理、维护和拆除物理链路所需要的机械、电气、功能和过程特征。

② 数据链路层。

数据链路层（Data Link Layer）制定在网络上沿着网络链路在相邻节点之间移动数据的技术规

范。主要任务是加强物理层传输原始比特的功能，使之对网络层显现为一条无错线路。

③ 网络层。

网络层（Network Layer）的实质性功能是将信息分组从源计算机选择路径发送给目的地计算机。由于互联网是有大量异构网络通过路由器相互连接起来的，因此网络层主要功能是通过路由器实现路径选择和数据转发的功能。

④ 传输层。

传输层（Transport Layer）负责端到端的通信，是七层模型中负责数据通信的最高层，又是面向网络通信的低三层和面向信息处理的高三层之间的中间层。传输层要实现两个目的：一是提供可靠的端到端的通信；二是向会话层提供独立于网络的传输服务。

⑤ 会话层。

会话层（Session Layer）的主要目的是提供一个面向用户的连接服务，它给会话用户自检的对话和活动提供组织和同步所必需的手段，以便对数据的传输提供控制和管理。传输协议负责产生和维持两点之间的逻辑连接，而会话协议在上述连接服务基础上，提供一个用户接口。

⑥ 表示层。

表示层（Presentation Layer）是处理与数据表示有关的问题，包括转换、机密和压缩等。每台计算机有它自己表示数据的内部方法，所以需要协议和转换来保证不同计算机可以彼此理解。

⑦ 应用层。

应用层（Application Layer）的任务是为最终用户服务，每个应用协议都是为解决某一类具体的应用问题，而问题的解决往往是通过位于不同主机中的多个进程之间的通信和协同工作来完成的。为解决具体问题而彼此通信的进程为应用进程。应用层的具体内容就是规定应用进程在通信时所遵循的协议。

（2）TCP/IP 网络体系结构

OSI 参考模型的研究促进了计算机网络体系的形成，但 OSI 参考模型并没有成为真正意义上的网络体系结构标准。随着 TCP/IP 网络体系结构在互联网中的广泛应用，TCP/IP 网络体系结构成为公认的互联网协议标准。

TCP/IP 参考模型将网络分成 4 层，分别是应用层、传输层、互联网络层、网络接口层。TCP/IP 参考模型与 OSI 参考模型层次对应关系如图 1-6 所示。TCP/IP 是 Internet 中重要的通信协议，它规定了当计算机通信所使用的协议数据单元、格式、报头与相应的动作。

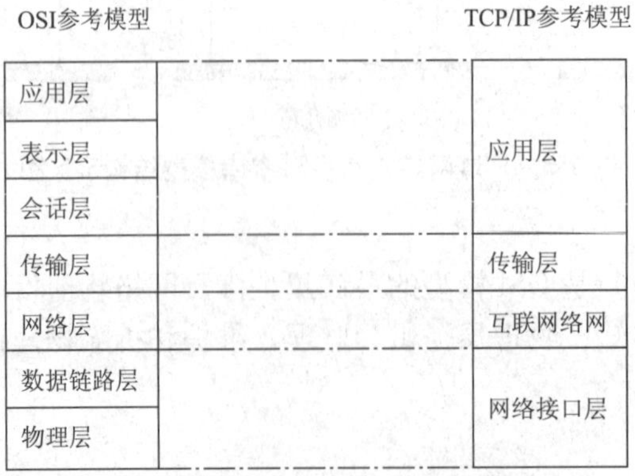

| OSI参考模型 | TCP/IP参考模型 |
|---|---|
| 应用层 | 应用层 |
| 表示层 | |
| 会话层 | |
| 传输层 | 传输层 |
| 网络层 | 互联网络网 |
| 数据链路层 | 网络接口层 |
| 物理层 | |

图 1-6　TCP/IP 参考模型与 OSI 参考模型层次对应关系

① 网络接口层。

网络接口层（Host-to-Network Layer）是 TCP/IP 参考模型的最底层，它负责发送和接收 IP 分组。TCP/IP 协议对网络接口层并没有规定具体协议，它采用开放的策略，允许使用局域网、城域网、广域网的各种协议。这体现了 TCP/IP 体系的开放性、兼容性，是 TCP/IP 成功的基础。

② 互联网络层。

互联网络层（Internet Layer）使用 IP 协议。IP 协议是一种不可靠、无连接的数据报传输协议，它提供的是尽力而为的服务，主要功能包括路由选择和数据转发。

③ 传输层。

传输层（Transport Layer）负责在会话进程之间建立端到端的连接。传输层使用两个不同协议，一个是传输控制协议 TCP，一个是用户数据报协议 UDP。TCP 是一种可靠的、面向连接的传输协议。UDP 是一种不可靠的、无连接的传输协议。

④ 应用层。

应用层（Application Layer）是 TCP/IP 参考模型中的最高层。应用层包含各种标准的网络应用协议，包括 TLENET、FTP、SMTP、HTTP、DNS、DHCP 等。

(3) 具体网络体系结构

OSI 的七层协议体系结构概论清晰，理论完整，但它复杂且不实用。TCP/IP 协议体系得到了广泛使用，但它实际只定义了最上面的三层，最下面的网络接口层并没有具体内容。网络接口层采用开放的策略，允许使用各种局域网、广域网等。即网络接口层由具体的网络决定。而具体实际网络一般包括数据链路层和物理层两层，即 OSI 体系结构中最低两层。因此具体网络的体系结构是包括五层协议的体系结构。有时也把最底下两层合称为网络接口层。具体五层的网络体系结构如图 1-7 所示。

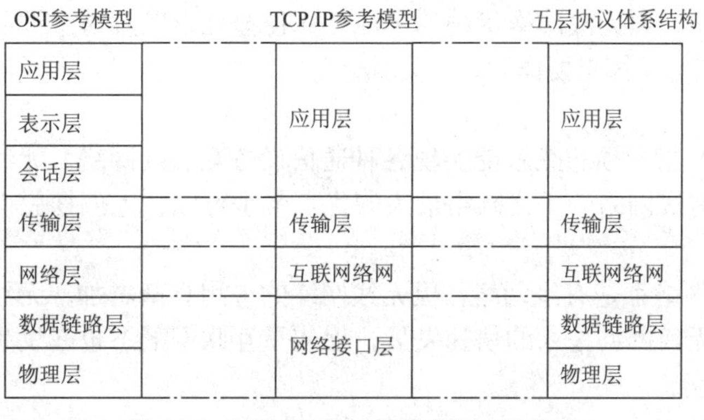

| OSI参考模型 | TCP/IP参考模型 | 五层协议体系结构 |
|---|---|---|
| 应用层 | 应用层 | 应用层 |
| 表示层 | | |
| 会话层 | | |
| 传输层 | 传输层 | 传输层 |
| 网络层 | 互联网络网 | 互联网络网 |
| 数据链路层 | 网络接口层 | 数据链路层 |
| 物理层 | | 物理层 |

图 1-7 多种网络体系结构分层对应关系

4. 网络传输设备

网络传输设备在数据通信过程中起到了非常重要的作用。这里简要介绍网络适配器、交换机和路由器。

(1) 网络适配器

计算机与局域网的连接是通过网络适配器（Network Adapter）进行的。网络适配器又称为网络接口卡（Network Interface Card，NIC），简称为网卡。网卡是工作在链路层的网络组件，是局域网中连接计算机和传输介质的接口。它不仅能实现与局域网传输介质之间的物理连接和电信号匹配，还涉及帧的发送与接收、帧的封装与拆封、介质访问控制、数据的编码与解码以及数据缓存的功能等。

（2）交换机

根据使用网络类型不同，交换机可以分为以太网交换机、令牌交换机、ATM 交换机等。但随着网络的发展，目前局域网主要采用以太网技术。因此，以太网交换机是目前局域网交换机的主流交换机，以太网交换机几乎成为局域网的标准交换设备。这里所指的交换机是指以太网交换机。交换机基本功能包括学习功能、数据过滤/转发、阻断环路三个功能。交换机数据转发有三种方式：直通转发、存储转发、无碎片直通转发，不同的交换机往往支持不同的转发方式。

（3）路由器

路由器是网络层设备，有多种网络接口，用来将异构的通信网络连接起来，通过处理 IP 地址来转发 IP 分组，形成一个虚拟的 IP 通信网络。路由器是真正的网络与网络的互联设备，通过它可以将不同的网络连接起来，使网络具有可扩展性。

路由器工作在网络层，实现网际互联，主要完成网络层的功能。路由器负责将数据分组从源端主机经过最佳路径传送到目的主机。路由器必须具备两种功能：路由选择和数据转发。其主要作用就是确定到达目的网络的最佳路径，并完成分组信息的转发。

路由器和交换机都能完成数据的转发，但路由和交换的不同在于：交换发生在 OSI 网络标准参考模型的第二层（数据链路层），而路由发生在第三层（网络层）。这一区别决定了路由器和交换机在实现各自功能的方式上是截然不同的。

### 1.1.3　无线网络技术

随着无线通信技术的广泛应用，传统的有线网络已经越来越不能满足人们的需求，于是，将无线通信技术与计算机网络技术相结合形成无线网络应运而生，且发展迅速。尽管无线网络还不能完全独立于有线网络，但无线网络优越的灵活性和便捷性，以及易于扩展等特性，使得无线网络在数据通信领域越来越发挥重要作用。

1. 无线网络概念

所谓无线网络，是指无须布线就能实现各种通信设备互联的网络。无线网络是计算机网络的一种，与之对应的是有线网络，无线网络最大的优点就是可以让人们摆脱有线的束缚，可以灵活便捷地沟通。

虽然目前大多数网络都是有线网络，但无线网络的应用日渐增加，无线网络规模越来越大，应用场合越来越多。无线网络技术的快速发展，促使了互联网形态也在发生变化。无线互联网、移动互联网等概念应运而生。

2. 无线网络分类

无线网络是对用无线电技术传输数据的网络的总称，与计算机网络对应，根据无线网络覆盖范围的不同，可以将无线网络划分为无线个人区域网（WPAN）、无线局域网（WLAN）、无线城域网（WMAN）和无线广域网（WWAN）。

（1）无线个人区域网

无线个人区域网主要是 IEEE 802.15 技术标准。主要包括蓝牙（Bluetooth，IEEE 802.15.1）技术、ZigBee（IEEE 802.15.4）技术。蓝牙可实现固定设备、移动设备和楼宇个人域网之间的短距离数据交换，工作在 2.4 GHz～2.485 GHz。ZigBee 是一种新兴的近距离、低复杂度、低功耗、低数据速率、低成本的无线网络技术，工作在 2.4 GHz 和 868/915 MHz。无线个人区域网主要用于短距离无线通信，一般传输距离在 10 m 左右，传输速率较低。

(2) 无线局域网

无线局域网主要是 IEEE 802.11 技术标准。无线局域网标准包括家用射频工作组提出的 HomeRF、美国的 IEEE 802.11 协议、欧洲的 HiperLAN2 等。目前占主导地位的无线局域网标准是美国的 IEEE 802.11 协议。基于 IEEE 802.11 标准的无线局域网允许在局域网络环境中使用可以不必授权的 ISM（Industrial Scientific Medical，工业科学医学）频段中的 2.4 GHz 或 5 GHz 射频波段进行无线连接。WLAN 的出现是为了解决有线网络无法克服的困难。WLAN 适用于很难布线的地方（比如受保护的建筑物、机场等）或者经常需要变动布线结构的地方（如展览馆等），主要采用无线局域网技术。无线局域网一般传输距离在 100 m 左右，传输速率较高。

(3) 无线城域网

无线城域网主要是 IEEE 802.16 技术标准。1999 年成立的 IEEE 802.16 工作组，专业用来研究宽带固定无线接入技术（Broadband Wireless Access，BWA）规范，后又引入了移动性接入，目标是建立一个全球统一的宽带无线接入标准，主要用于无线城域网组网。IEEE 802.16 技术标准也称为 WiMAX（Worldwide Interoperability for Microwave Access，全球微波互联接入）技术。无线城域网一般传输距离为几公里到几十公里不等，传输速率较高。

(4) 无线广域网

无线广域网的重要标准是 IEEE 802.20 技术标准。IEEE 802.20 也称为 MBWA（Mobile Broadband Wireless Access，移动宽带无线接入），是为了实现高速移动环境下的高速率数据传输，以弥补 IEEE 802.1x 协议族在移动性上的劣势，属于无线广域网的范畴。IEEE 802.20 技术可以有效解决移动性与传输速率相互矛盾的问题，它是一种适用于高速移动环境下的宽带无线接入系统空中接口规范，其工作频率小于 3.5 GHz。其目标是在高速列车行驶环境下（时速达 250 km/h）能向每个用户提供高达 1 Mbit/s 的接入速率，并具有永远在线的特点。

3. 无线网络协议模型

无线网络仍然采用分层的体系结构。不同类型的无线网络重点关注的协议层次不完全一样，比如无线局域网、无线个人区域网，一般不考虑路由，这类网络没有制定网络层协议，网络层一般采用 IP 协议。由于无线网络中无线频谱的复杂性，以及无线网络存在共享介质访问问题，所以无线网络的物理层（PHY）协议和媒体访问控制层（MAC）协议是无线网络分层协议模型中的主要内容。

## 1.2 无线个人区域网

随着通信技术的迅速发展，人们提出了在人的周围几米范围之内通信的需求，这样就出现了个人区域网络（Personal Area Network，PAN）和无线个人区域网络（Wireless Personal Area Network，WPAN）的概念。无线个人区域网 WPAN 为近距离范围内的设备建立无线连接，把几米范围内的多个设备通过无线方式连接在一起，使它们可以相互通信甚至接入 LAN 或 Internet。

1998 年 3 月，IEEE 802.15 工作组成立。这个工作组致力于 WPAN 网络的物理层和媒体访问层的标准化工作，目标是为在个人操作空间内相互通信的无线通信设备提供通信标准。

在 IEEE 802.15 工作组内有四个任务组（Task Group, TG），分别制定适合不同应用的标准。这些标准在传输速率、功耗和支持的服务等方面存在差异。

① 任务组 TG1：制定 IEEE 802.15.1 标准，又称蓝牙技术标准。这是一个中等速率、近距离的 WPAN 网络标准，通常用于手机、PDA 等设备的短距离通信。

② 任务组 TG2：制定 IEEE 802.15.2 标准，研究 IEEE 802.15.1 与 IEEE 802.11（无线局域网标准，WLAN）的共存问题。

③ 任务组 TG3：制定 IEEE 802.15.3 标准，又称为 UWB 技术或超波段技术。研究高传输速率无线个人区域网络标准。该标准主要考虑无线个人区域网络在多媒体方面的应用，追求更高的传输速率和服务品质。

④ 任务组 TG4：制定 IEEE 802.15.4 标准，针对低速无线个人区域网络（Low-Rate Wireless Personal Area Network，LR-WPAN）制定标准。该标准把低能量消耗、低速率传输、低成本作为重点目标，旨在为个人或者家庭范围内不同设备之间的低速互连提供统一标准。2000 年 12 月，IEEE 成立 IEEE 802.15.4 工作组，2003 年 12 月，IEEE 正式发布了 IEEE 802.15.4 标准，标准包括物理层和媒体访问控制层。

无线个人区域网 WPAN 技术主要包括低速率的 ZigBee 技术（IEEE 802.15.4）、中速率的 Bluetooth 技术（IEEE 802.15.1）和高速率的 UWB 技术（IEEE 802.15.3a）。UWB 技术是一种能够实现高速率的短距离通信技术，但由于 IEEE 802.15.3a 物理层两种技术方案始终无法取得统一，最终在 2016 年 1 月召开的 IEEE 802 会议上，IEEE 802.15.3a 工作组经过投票，解散了该任务组，UWB 在 IEEE 的标准化进程被终止。这里主要介绍 Bluetooth 技术和 ZigBee 技术。

## 1.2.1 Bluetooth 技术

1994 年，爱立信注意到无线短距离通信的应用前景非常广阔，开始着手研究在移动电话和它的附件间实现低成本、低功耗的无线接口，并将这项无线通信技术取名为蓝牙（Bluetooth）。1998 年 5 月，爱立信、诺基亚、东芝、IBM 和英特尔公司等五家著名厂商联合成立蓝牙技术联盟（Bluetooth SIG），负责制定蓝牙的技术标准和进行产品测试，同时调节全球蓝牙技术的具体应用。2000 年初开始，以爱立信为首的众多公司都开始制造和出售蓝牙芯片，而且蓝牙产品的体积越来越小，价格越来越低。

目前，蓝牙技术共经历了五代，多个版本。分别是第一代 V1.X（IEEE 802.15.1—2002）、第二代 2.X、第三代 3.0、第四代 4.X、第五代 5.X。其标准内容不断得到更新和增强。

蓝牙技术联盟于 1999 年 7 月公布第一代蓝牙 V1.0a，即基本速率（BR）版本，理论峰值为 721 kbit/s。2001 年公布蓝牙 V1.1 版本，V1.1 版本是 Bluetooth SIG 和 IEEE 802.15 工作组共同开发的，即 IEEE 802.15.1—2002，传输速率为 748～810 kbit/s。2003 年，Bluetooth SIG 发布蓝牙 V1.2 版本，IEEE 802.15 工作组发布 IEEE 802.15.1—2005 版本。注意：2005 年，IEEE 802.15 工作组发布 IEEE 802.15.1—2005（也称 IEEE 802.15.1a）之后，IEEE 802.15.1 标准的研究关闭，其新的标准由蓝牙技术联盟开发发布。

2004 年 11 月，蓝牙技术联盟推出第二代蓝牙 V2.0，主要体现在传输速率为 1.8 Mbit/s～2.1 Mbit/s，可以有全双工的工作方式。2009 年 4 月推出第三代蓝牙 V3.0，理论上最高传输速率达到 24 Mbit/s，是蓝牙 2.0 的 8 倍。2010 年 6 月以后，分别推出了蓝牙 V4.0、蓝牙 V4.1 和蓝牙 V4.2。蓝牙 4.X 包括三个子规范，即传统蓝牙技术、高速蓝牙和新的蓝牙低功耗技术，主要体现在低功耗技术上。2016年6月以后，分别推出了蓝牙V5.0、蓝牙V5.1和蓝牙V5.2，第五代蓝牙技术在低功耗模式具备更远更快的传输能力，同时增加准确定位能力，重点支持物联网应用。

蓝牙技术工作在2.4 GHz的工业、科学和医疗（ISM）频段，无须申请许可证。蓝牙技术具有非常好的抗干扰能力，能够组建临时性对等连接，可以同时进行语音与数据传输。

蓝牙技术可以应用于手机、笔记本电脑，以及其他数字设备，如数字照相机、数字摄像机等，实现短距离通信。还可以将蓝牙系统嵌入微波炉、洗衣机、电冰箱、空调机等传统家用电器中，实现无线智能控制。

## 1.2.2 ZigBee技术

2001年8月，ZigBee联盟成立。2002年下半年，英国英维思（Invensys）公司、日本三菱电气公司、美国摩托罗拉公司以及荷兰飞利浦半导体公司共同宣布，它们将加盟"ZigBee联盟"，以研发名为"ZigBee"的下一代无线通信标准，这一事件成为该项技术发展过程中的里程碑。ZigBee主要目标是通过加入无线网络功能，为消费者提供更富弹性、更易用的电子产品。ZigBee技术能融入各类电子产品，应用范围横跨全球民用、商用、公用及工业用等市场。

ZigBee可工作在2.4 GHz（全球流行）、868 MHz（欧洲流行）和915 MHz（美国流行）3个频段上，无须申请许可证。分别具有最高250 kbit/s、20 kbit/s和40 kbit/s的传输速率，它的传输距离在10～75 m的范围内。作为一种无线通信技术，ZigBee具有距离短、速率低、功耗低、成本低、低复杂度、安全等特点。

ZigBee技术包括低层的物理层、媒体访问控制层的协议规范，以及高层的网络层、安全层、应用层等的协议规范。ZigBee技术的低层协议规范，是由IEEE 802.15工作组中第四任务组研究制定，所发布的标准为IEEE 802.15.4系列。而ZigBee技术高层的协议规范，则是由ZigBee联盟负责制定的，ZigBee联盟及其规范对LR-PWAN的广泛应用起到了重要推进作用。

ZigBee低层规范为IEEE 802.15.4标准，第一个版本发布于2003年10月，它定义了在无线个人区域网中，使用低数据速率、低功率和低复杂度的短距离射频传输的数据通信设备的协议和兼容互连。其定义的物理层和媒体访问控制层规范，以实现与固定式、便携式和移动式设备的低数据速率无线连接。这些设备的功耗非常低，通常在10 m的个人操作空间范围内。

ZigBee网络的低层规范仅仅是该技术存在的基础，要想在实际应用场景中应用，必须有高层规范的支撑。ZigBee的高层协议规范是2006年2月发布的《ZigBee规范》，后在2007年和2015年进行了两次大的修订。目前ZigBee技术的高层规范应符合《ZigBee—2015规范》。该版本规范主要包括四个方面的内容：ZigBee规范概述、应用层规范、网络规范和安全服务规范。

依据IEEE 802.15.4—2011标准规定，ZigBee技术的LR-WPAN有两种设备：全功能设备（Full-Function Device，FDD）和精简功能设备（Reduced-Function Device，RFD）。FDD既可以与FDD通信，也可以与RFD通信；RFD只能与FDD通信，RFD设备主要用于简单的控制应用。

依据IEEE 802.15.4—2011标准规定，ZigBee技术的LR-WPAN有两种拓扑结构：星状拓扑结构和对等拓扑结构。星状拓扑结构有一个名为PAN协调器的中央控制器和多个从设备组成，PAN协调器必须是一个具备完全功能的设备FFD，从设备既可以是FFD，也可以是RFD。在实际应用中，应根据应用情况，采用不同功能的设备，合理构造通信网络。对等拓扑结构中同样存在一个PAN协调器设备，但该网络不同于星状拓扑结构，该网络中的任何一个设备都可以与其通信范围内的其他设备进行通信。对等拓扑结构能够构成相对复杂的网络结构，如网状拓扑结构网络。

## 1.3 无线局域网

无线局域网是局域网的一种组网方式，是通过无线介质进行数据传输的局域网。随着数据终端形式的发展演进（如笔记本电脑、智能手机、PDA 等），这些可以移动的数据终端接入网络势必要破除线缆的束缚，因此，无线局域网应运而生。

WLAN 实现移动数据终端到局域网的接入，此时的接入，数据是通过空中接口进行传送的，为了使数据在空中有效传送，IEEE 研究制定了 IEEE 802.11 系列标准，规定了 WLAN 的空中接口的物理层和媒体访问控制层规范。IEEE 802.11 标准是不断演进的，后续发布了多个标准，包括 IEEE 802.11a/b/g/n/ac/ax 等。无线局域网一般无线传输距离在 100 m 左右，目前主流 IEEE 802.11ac 标准，其理论传输速率最高达 1 Gbit/s。

一提到 WLAN，经常会出现"Wi-Fi"术语，甚至把两者等同起来。其实两者的含义不同，Wi-Fi 是指通过认证的 WLAN 的产品，是由 Wi-Fi 联盟 WFA 进行认证的，通过认证的产品不仅符合 IEEE 802.11 相应的标准规范，同时表明此类产品符合相应标准互操作性、安全性和可靠性要求。Wi-Fi 仅仅是 WLAN 内涵的一部分，但由于 Wi-Fi 联盟对 WLAN 技术推动的极大影响力，使其品牌"Wi-Fi"成为 WLAN 的代名词。

本书后续章节主要介绍 WLAN 技术及其应用。

## 1.4 无线城域网

无线城域网技术包括非标准化的 LMDS（Local Multipoint Distribution Services，本地多点分配业务）、MMDS（Multichannel Microwave Distribution System，多路微波分配系统），以及标准化的 WiMAX 技术等。

现在人们常说的无线城域网，多指以宽带无线接入技术（Broadband Wireless Access，BWA）为基础的宽带无线城域网络（BWMAN），可实现固定终端用户和移动终端用户的宽带业务接入。

### 1.4.1 LMDS 技术

本地多点分配业务 LMDS 技术利用高频率、高容量、点对多点、视距微波传输等技术，可以提供双向话音、数据及视频图像业务，能够实现从 $N \times 64$ kbit/s（$N=1 \sim 32$）到 2 Mbit/s，甚至高达 155 Mbit/s 的用户接入速率，具有很高的可靠性。LMDS 工作频段很高，一般在 20 GHz $\sim$ 40 GHz（不同国家标准不同），可用带宽为 1 GHz 以上，其信号适宜用户比较密集的近距离视距传输，一般在 5 km 范围内。依据其技术特点，LMDS 适用于人口密集、通信业务量大的城市主干网至用户终端的无线接入。该技术享有"无线光纤"的美誉。LMDS 技术在我国由电信部门支持。

### 1.4.2 MMDS 技术

多路微波分配系统技术是一种无线电视系统技术，最初用于传输单相无线电视信号。1998 年，FCC（美国联邦通讯委员会）批准运营商采用双向的数据业务传输。MMDS 的高速数据接入的发展促进了 MMDS 的发展。MMDS 工作频率在 2.5 GHz $\sim$ 3.5 GHz，带宽在 200 MHz 左右，传输速率大致为 100 MHz 频率带宽能够提供 300 kbit/s $\sim$ 400 kbit/s 的数据带宽。相对于 LDMS 来说，工作频率低,传输速率低,绕过障碍物的能力比 LMDS 强,受雨天影响比 LMDS 小。根据其技术特点,MMDS 适于用户相对分散,传输距离在 50 km 范围内,以及用户比较少的地区。MMDS 技术在我国是由广电部门支持的。

## 1.4.3 WiMAX 技术

全球微波互联接入技术是一个基于开放标准的技术,又称为 802.16 无线城域网,工作频段采用的是无须授权频段,范围在 2 GHz～66 GHz 之间,频道带宽可根据需求在 1.5 MHz～20 MHz 范围进行调整,能提供面向互联网的高速连接,第一代 WiMAX 数据传输速率可高达 70 Mbit/s,数据传输距离最远可达 50 km。但 WiMAX 没有全球统一的工作频段,在中国也没有获得频段资源。

WiMAX 技术中 IEEE 802.16 标准分为 IEEE 802.16a、IEEE 802.16c、IEEE 802.16d、IEEE 802.16e、IEEE 802.16f、IEEE 802.16g、IEEE 802.16m 等多个标准,其中代表性的有 IEEE 802.16d、IEEE 802.16e、IEEE 802.16m。IEEE 802.16d、IEEE 802.16e 等标准在 IEEE 的正式名称为 Wireless MAN,而 IEEE 802.16m 的正式名称为 Wireless MAN-Advanced。

IEEE 802.16d（IEEE 802.16-2004）：固定无线接入,面向企业用户,提供长距离传输。固定式 WiMAX 系统包括基站（Base Station,BS）、用户站（Customer Premise Equipment,CPE）以及网管系统等主要部分,构成点到多点的星状拓扑结构。基站和用户站之间的空中接口遵循 IEEE 802.16d 规范,定位于最后一公里的接入,结构简洁。

IEEE 802.16e（IEEE 802.16-2004）：也称移动 WiMAX,定位于个人用户,支持用户在移动状态下宽带接入,支持高达 120 km/h 的移动速度。基于 IEEE 802.16e 的移动 WiMAX 技术物理层采用了 MIMO（Multiple-Input Multiple-Output,多进多出技术）以及 OFDMA（Orthogonal Frequency Division Multiple Access,正交频分多址）等先进技术,可以提供较好的移动宽带无线接入。2007 年 10 月 19 日,在国际电信联盟在日内瓦举行的无线通信全体会议上,经过多数国家通过,移动 WiMAX 正式被批准成为继 WCDMA、CDMA2000 和 TD-SCDMA 之后的第四个全球 IMT-2000(3G) 国际标准。

IEEE 802.16m（IEEE 802.16-2007）：也称为 Wireless MAN-Advanced 或 WiMAX2,是继 802.16e 后的第二代移动 WiMAX 国际标准。从总体上看,802.16m 的平均用户吞吐量比 802.16e 的平均用户吞吐量要大很多,在只承载数据业务时,802.16m 的上下行平均用户吞吐量要比 802.16e 大两倍以上。对终端移动性的支持方面,802.16m 也比 802.16e 有很大的增强,系统将支持移动速率高达 350 km/h 的终端用户的接入及正常通信。802.16m 是为了满足人们对无线传输速率日益增长的需求和高速移动性的要求而出现的下一代无线标准,其核心技术采用了 OFDMA 多址技术和 MIMO 天线技术。

2012 年 1 月 18 日,国际电信联盟在 2012 年无线电通信全体会议上,正式将 LTE-Advanced 和 WirelessMAN-Advanced（WiMAX2）技术规范确立为 IMT-Advanced（4G）国际标准,我国主导制定的 TD-LTE-Advanced 和欧洲标准化组织 3GPP 主导的 FDD-LTE-Advance 同时成为 IMT-Advanced 国际标准。

> **注意:**
> LMDS 技术和 MMDS 技术分别得到部分地方电信公司和地方广电部门的支持,LMDS 和 MMDS 的技术和产品都获得了一定范围的应用。但是,由于各厂商提供的设备采用了私有协议,无法实现互连互通,从而加大了终端成本,大规模应用受到限制。

WiMAX 推行的 IEEE 802.16 标准是一种开放的宽带无线接入技术，它在具有高速率数据传输优势的同时，兼具移动性，其中移动 WiMAX（IEEE 802.16e）在 2007 年成为 IMT-2000（3G）国际标准；第二代移动 WiMAX（IEEE 802.16m）在 2012 年成为 IMT-Advanced（4G）国际标准，同时也得到华为、中兴等公司的支持并组建部分 WiMAX 网络。

然而，据 IEEE 介绍，研发 IEEE 802.16m 标准的时间超过 4 年。虽然 IEEE 802.16m 下行峰值速率实现低速移动、热点覆盖场景下传输速率达到 1 Gbit/s 以上；高速移动、广域覆盖场景下传输速率达到 100 Mbit/s，频谱效率最高达到 10 (bit/s)/Hz。但遗憾的是，大部分建设 4G 网络的运营商选用的是 LTE-Advanced 技术。

## 1.5 无线广域网

无线广域网是指覆盖全国范围或全球范围的无线网络，它提供更大范围的无线接入，与无线个人网、无线局域网、无线城域网相比，更加强调快速移动性。典型的无线广域网例子就是电信移动通信系统、卫星通信系统，以及 IEEE 802.20 移动宽带接入网。

IEEE 802.20 也称为 MBWA（Mobile Broadband Wireless Access，移动宽带无线接入），其目标是在高速列车行驶环境下（时速达 250 km/h）能向每个用户提供高达 1 Mbit/s 的接入速率，是为满足高移动性和高吞吐量要求而设计无线接入技术，并具有性能好、效率高、成本低和部署灵活的特点。但比较遗憾的是，2006 年 6 月 15 日，IEEE 标准委员会令人遗憾地宣布，暂停 IEEE 802.20 工作组的一切活动，IEEE 802.20 标准夭折。这里不做详细介绍。

卫星通信系统由卫星端、地面端、用户端三部分组成。卫星端在空中起中继站的作用，即把地面站发上来的电磁波放大后再返送回另一地面站。地面站则是卫星系统与地面公众网的接口，地面用户也可以通过地面站出入卫星系统形成链路，地面站还包括地面卫星控制中心，及其跟踪、遥测和指令站。用户端即是各种用户终端。

按照工作轨道区分，卫星通信系统一般分为以下 3 类：低轨道卫星通信系统、中轨道卫星通信系统、高轨道卫星通信系统。

低轨道卫星通信系统，距地面 500 km～2 000 km，传输时延和功耗都比较小，但每颗卫星的覆盖范围也比较小，低轨道卫星通信系统由于卫星轨道低、信号传播时延短，所以可支持多跳通信；链路损耗小，可以降低对卫星和用户终端的要求，可以采用微型/小型卫星和手持用户终端。但由于轨道低，每颗卫星所能覆盖的范围比较小，要构成全球系统需要数十颗卫星，如铱星系统有 66 颗卫星。

中轨道卫星通信系统，距地面 2 000 km～20 000 km，传输时延要大于低轨道卫星，但覆盖范围也更大，典型系统是国际海事卫星系统。中轨道卫星通信系统可以说是同步卫星系统和低轨道卫星系统的折中，中轨道卫星系统兼有这两种方案的优点，同时又在一定程度上克服了这两种方案的不足之处。

高轨道卫星通信系统，距地面 35 800 km，即同步静止轨道。理论上，用三颗高轨道卫星即可以实现全球覆盖，传统的同步轨道卫星通信系统的技术最为成熟。自从同步卫星被用于通信业务以来，用同步卫星来建立全球卫星通信系统已经成为建立卫星通信系统的传统模式。但是，同步卫星有一个不可克服的障碍，就是较长的传播时延和较大的链路损耗，严重影响到它在某些通信领域的应用，特别是在卫星移动通信方面的应用。

已建成并投入应用的卫星通信系统主要有铱星（Iridium）系统、Globalstar 系统、ORBCOMM 系统、IC0 全球通信系统、Ellips0 系统、Teledesic 系统等。

电信移动通信系统以及现在的 3G、4G、5G 技术属于无线广域网技术，在 1.6 节中进行介绍。

## 1.6 电信无线移动通信技术

电信无线移动通信技术，概要地说，包括 1G、2G、3G、4G、5G 技术。其中，1G 和 2G 技术主要用于语音通信，不适合作为互联网接入技术。3G、4G、5G 既可以用于语音通信，也可以用于数据通信，可用作互联网接入。下面分别简要介绍。

扫一扫

电信无线移动通信技术

### 1. 1G（First Generation）

第一代移动通信技术，以模拟技术为基础的蜂窝无线电话系统。FDMA（Frequency Division Multiple Access，频分多址）技术是第一代移动通信的技术基础，1G 无线系统在设计上只能传输语音流量，2.4 kbit/s 传输速率。1995 年第一代模拟制式手机问世。AMPS（Advanced Mobile Phone System，高级移动电话系统）为 1G 网络的典型代表。

### 2. 2G（Second Generation）

第二代移动通信技术，以数字语音传输技术为核心。2G 技术分为两种：一种是基于 TDMA（Time Division Multiple Access，时分多址）技术所发展出来的 GSM（Global System for Mobile Communication，全球移动通信系统），工作频率为 900 MHz～1 800 MHz，提供 9.6 kbit/s 的传输速率；另一种则是 CDMA（Code Division Multiple Access，码分多址）技术为规格的移动通信系统，具有 8 kbit/s（IS-95A）或 64 kbit/s（IS-95B）传输速率。1996 到 1997 年出现第二代 GSM、CDMA 等数字制式手机。为支持手机数据业务，2G 时代产生了 3G 的过渡技术，主要包括在 GSM 下的 GPRS 技术（General Packet Radio Service，通用分组无线服务技术）和 EDGE 技术（Enhanced Data rates for Global Evolution，GSM 演进的增强数据速率）。GPRS 的传输速率可达 56 kbit/s～114 kbit/s。EDGE 技术的传输速率可达 384 kbit/s～500 kbit/s。从 2G 到 3G 的过渡技术又称为 2.5G 技术。利用 2.5G 技术，手机可以浏览 WAP（Wireless Application Protocol，无线应用协议）网站信息。2018 年 4 月，联通正式关闭 2G 网络。

### 3. 3G（3rd Generation）

第三代移动通信技术，是指支持高速数据传输的蜂窝移动通信技术，CDMA 技术是第三代移动通信系统的技术基础。国际电信联盟（ITU）在 2000 年 5 月全会批准通过了 IMT-2000 的无线接口技术规范（RSPC）建议，基于 CDMA 技术的三个标准被 ITU 接纳，形成了 3G 的三大标准，即 WCDMA、CDMA2000 和 TD-SCDMA。2007 年，又批准 WiMAX 称为 3G 标准。ITU 划分了 230 MHz 带宽给 IMT-2000，其中 1 885 MHz～2 025 MHz 及 2 110 MHz～2 200 MHz 频带为全球基础上可用于 IMT-2000 的业务。3G 能够同时传送声音及数据信息，3G 技术对数据传输速率的基本要求是高速移动环境速率达到 144 kbit/s，室外步行环境速率达到 384 kbit/s，室内环境为 2 Mbit/s。2007 年，国外就已经产生 3G 技术，而中国也于 2008 年成功开发出中国的 3G 技术 TD-CDMA。2009 年 1 月 7 日，工业和信息化部为中国移动、中国电信和中国联通发放 3 张第三代移动通信(3G)牌照，此举标志着中国正式进入 3G 时代。3G 牌照的发放方式是：中国移动获得 TD-SCDMA 牌照，中国电信获得 CDMA2000 牌照，中国联通获得 WCDMA 牌照。

## 4. 4G（4th Generation）

第四代移动通信技术，4G 的关键技术包括 OFDMA、MIMO 等技术，并采用基于 IP 协议的分组核心网（Evolved Packet Core，EPC）。4G 集 3G 与 WLAN 于一体，并能够快速传输音频、视频和图像等。4G 标准的 LTE 频段非常多，在国内目前 LTE 分为四个频段：A 频段、D 频段、E 频段和 F 频段，它们的频率范围依次为 2 010 MHz～2 025 MHz、2 570 MHz～2 620 MHz、2 320 MHz～2 370 MHz 和 1 880 MHz～1 920 MHz。4G 能够以 100 Mbit/s 以上的速度下载，比目前家用的 ADSL 带宽高很多，并能够满足几乎所有用户对无线服务的要求。此外，4G 可以在 DSL 和有线电视调制解调器没有覆盖的地方部署，然后再扩展到整个地区。4G 有着不可比拟的优越性。2013 年 12 月 4 日下午，工业和信息化部向中国移动、中国电信、中国联通正式发放了第四代移动通信业务牌照（4G 牌照），中国移动、中国电信、中国联通三家均获得 TD-LTE 牌照，此举标志着中国电信产业正式进入了 4G 时代。

国际电信联盟在 2012 年将 LTE-Advanced 和 WirelessMAN-Advanced（802.16m）技术规范确立为 IMT-Advanced(4G)国际标准。但大部分建设 4G 网络的运营商选用的是 LTE-Advanced 技术。

LTE（Long Term Evolution，长期演进）技术是由 3GPP（3rd Generation Partnership Project，第三代合作伙伴技术）组织制定的通用移动通信系统技术标准，于 2004 年 12 月正式立项并启动。LTE 引入了 OFDMA 和多天线 MIMO 等关键传输技术，显著增加了频谱效率和数据传输速率（峰值速率能够达到上行 50 Mbit/s，下行 100 Mbit/s），并支持多种带宽分配：1.4 MHz，3 MHz，5 MHz，10 MHz，15 MHz 和 20 MHz 等，频谱分配更加灵活，系统容量和覆盖显著提升。LTE 无线网络架构更加扁平化，减小了系统时延，降低了建网成本和维护成本。LTE 的技术指标与 4G 非常接近，与 4G 相比较，除最大带宽、上行峰值速率两个指标略低于 4G 要求外，其他技术指标都已经达到了 4G 标准的要求。

为了满足 IMT-Advanced 的性能要求，3GPP 推出了 LTE-Advanced，LTE-Advanced 是对 LTE 技术的演进。采用技术包括载波聚合技术（Carrier Aggregation）、增强型上下行 MIMO 技术、协作多点传输与接收技术（Coordinated Multiple Point Transmission and Reception，CoMP）、中继（Relay）技术等。在 LTE-Advanced 技术指标中，每个 4G 信道占用 100 MHz 带宽，峰值速率为下行 1 Gbit/s，上行 500 Mbit/s；峰值频谱效率为下行 30 (bit/s)/Hz，上行 15 (bit/s)/Hz。

根据双工方式不同 LTE 系统分为 TDD-LTE（Time Division Duplexing）和 FDD-LTE（Frequency Division Duplexing）。TDD 代表时分双工，上下行在同一频段上按照时间分配交叉进行；FDD 代表频分双工，是上下行分处不同频段同时进行。这两种制式的不同点，也是各自的优缺点。TDD 因为上下行在同一频段上，所以可以更好利用频谱资源，更易于布置；FDD 因为上下行在不同频段同时进行，各行其是，所以数据传输能力更强，但对频谱资源的要求更高。

TDD-LTE（中国称为 TD-LET）是由中国主导的，由 TD-SCDMA 演进而来；FDD-LTE 是由 WCDMA 演进而来。我国于 2013 年 12 月 4 日首先发放的是 TD-LET 牌照。2015 年，工信部向中国电信、中国联通发放 FDD-LTE 牌照。2018 年 4 月 3 日，工信部向中国移动颁发了 FDD-LTE 牌照。

**注意：**

4G 技术中，TD-LTE 技术在我国政府的支持下，2014 年得到了大量应用。全球采用 TDD 频谱的运营商也开始选择 TD-LTE 技术。主流的 WiMAX 运营商（如 Sprint）明确将演进到 TD-LET 技术，也就是说，后期那些采用 WiMAX2 技术的网络将升级到 WiMAX2.1，也就是 TD-LTE。

## 5. 5G（5th-Generation）

第五代移动通信技术，是 4G 之后的延伸。在 2015 年无线电通信全会上，国际电联无线电通信部门正式确定了 5G 的法定名称是"IMT-2020"。2017 年，我国工信部无线电管理局规划 3 300 MHz～3 600 MHz 和 4 800 MHz～5 000 MHz 频段作为 5G 系统的工作频段，其中，3 300 MHz～3 400 MHz 频段原则上限室内使用。5G 网络的理论下行速度为 10 Gbit/s(相当于下载速度 1.25 GB/s)。2019 年 6 月，工信部正式向中国电信、中国移动、中国联通、中国广电发放 5G 商用牌照，中国正式进入 5G 商用元年。

5G 发展的驱动力主要来自两个方面：一是以 LTE-advanced 技术为代表的 4G 已全面商用，需要启动新一代移动通信技术的研究；二是随着移动数据需求大量增长，现有移动通信系统难以满足未来发展需要。5G 通信的关键技术包括大规模天线技术、新型多址技术、新型信息编码技术、超密集组网技术、设备到设备（D2D）通信技术等。5G 通信具有增强移动带宽、低功耗大连接、超高可靠性低延时等特点。国际标准化组织 3GPP 定义了 5G 的三大应用场景，分别是增强移动带宽场景（eMBB），如大流量移动宽带业务，侧重于人与人之间的通信；海量机器类通信场景（mMTC），也称大规模物联网业务，如智能家居等，侧重于人与物之间的通信；超高可靠性低延时通信场景（uRLLC），如无人驾驶工业自动化等业务，侧重于物与物之间的通信。

## 小结

本章结合无线通信技术与计算机网络技术介绍了无线网络基本技术。同时介绍无线网络分类，并分别介绍个人区域网 WPAN、无线局域网 WLAN、无线城域网 WMAN、无线广域网 WWAN 四种网络。最后介绍了电信的移动通信技术，特别是重点介绍 3G、4G 和 5G 技术。

结合无线网络技术的介绍，我们可以看到，无线网络技术的数据通信应用主要体现在 WLAN 和 WMAN 中。WLAN 采用 IEEE 802.11a/b/g/n/ac/ax 技术，目前主要采用 IEEE 802.11ac。WMAN 主要采用电信移动通信技术中的 4G\5G 技术。

WLAN 采用 IEEE 802.11 技术，用于 100 m 范围内的无线组网方案，最主要应用如家庭网络，另外可以用于主要使用笔记本电脑的小型办公室，以及企事业单位的会议室、图书馆等公共场所。

WMAN 目前主要采用 4G/5G 技术，可以用于个人无线手机上网，也可以作为小型企业的互联网接入方式，还可以作为大中型企业网络互联网接入的有线补充，以避免因有线接入中断而无法上网。

本书后续内容主要介绍无线局域网技术及实践。

# 第 2 章

# WLAN 网络技术

以有线电缆或光纤作为传输介质的有线局域网应用广泛，但有线传输介质的铺设成本高，位置固定，移动性差。随着人们对网络的便携性和移动性的要求日益增强，传统的有线网络已经无法满足需求，WLAN 技术应运而生。目前，WLAN 已经成为一种经济、高效的网络接入方式。通过 WLAN 技术，用户可以方便地接入到无线网络，并在无线网络覆盖区域内自由移动，彻底摆脱有线网络的束缚。

## 2.1 无线局域网概述

### 2.1.1 什么是无线局域网

无线局域网是指在局部区域范围内以无线介质代替有线局域网中的部分或全部传输介质所构成的网络。无线局域网技术包括家用射频工作组提出的 Home RF、IEEE 802.11 协议、HiperLAN 等。目前占主导地位的无线局域网技术标准是 IEEE 802.11 协议。这里介绍的 WLAN 技术是目前广泛使用的基于 IEEE 802.11 标准系列的无线局域网技术，即利用高频信号（2.4 GHz 和 5 GHz）作为传输介质的无线局域网。

基于 IEEE 802.11 标准的无线局域网允许在局域网络环境中使用可以不必授权的 ISM（Industrial Scientific Medical，工业科学医学）频段中的 2.4 GHz 或 5 GHz 射频波段进行无线连接。IEEE 802.11 协议有多个标准系列，包括 IEEE 802.11a/b/g/n/ac/ax 等协议。目前主流 IEEE 802.11ac 标准传输速率可达 1 Gbit/s。

输出功率为 100 mW 的无线接入点 AP，覆盖距离理论值为 100 m 左右。实际覆盖距离依赖现实环境，影响覆盖范围的因素包括建筑物结构和电磁干扰等。在一般办公室大楼内，覆盖距离为 15～30 m。

### 2.1.2 无线局域网的特点

无线局域网本质的特点是不再使用通信电缆将计算机与网络连接起来，而是通过无线的方式进行连接，利用电磁波在空中进行信息传输，从而使网络构建和终端移动更加灵活。具体来说，具有以下特点：

1. 移动性

在有线网络中，网络设备的安放位置受网络位置的限制，而无线局域网在无线信号覆盖区域内的任何一个位置都可以接入网络。无线局域网另一个最大的优点在于其移动性，连接到无线局域网的用户可以移动且能同时与网络保持连接。

2. 灵活性

安装便捷，使用简单，组网灵活。无线局域网可以免去或最大程度地减少网络布线的工作量，一般只要安装一个或多个接入点设备，就可建立覆盖整个区域的局域网络。无线局域网不但可以将网络延伸到线缆无法连接的地方，还可方便地增减、移动和修改设备。可以组建单区域网络，也可以组建多区域网络。

3. 易于进行网络调整

对于有线网络来说，办公地点或网络拓扑的改变通常意味着重新建网。重新布线是一个昂贵、费时、浪费和琐碎的过程，无线局域网可以避免或减少以上情况的发生。

4. 故障定位容易

有线网络一旦出现物理故障，尤其是由于线路连接不良而造成的网络中断，往往很难查明，而且检修线路需要付出很大的代价。无线网络则很容易定位故障，只需更换故障设备即可恢复网络连接。

5. 易于网络扩展

无线局域网有多种部署方式，可以很快从只有几个用户的小型局域网扩展到上千用户的大型网络，并且能够提供漫游等有线网络无法实现的功能。

由于无线局域网有以上诸多优点，因此其发展十分迅速。当前，无线局域网已经在企业、医院、商店、工厂、学校和机场等场合得到了广泛的应用。

## 2.1.3　无线局域网中的基本概念

无线局域网应用系统中，包含一些基本概念，如射频信号（Radio Frequency，RF）、无线接入点控制与规范（CAPWAP）、工作站（Station）、接入点 AP（Wireless Access Point）、无线集中控制器、虚拟接入点 VAP、AP 域、基本服务集（Basic Service Set，BSS）、扩展服务集（Extended Service Set，ESS）、服务集标识（Service Set Identifier，SSID）等。下面首先介绍这些基本概念。

① 射频信号：提供基于 IEEE 802.11 标准的 WLAN 技术的传输介质，是具有远距离传输能力的高频电磁波。本文指的射频信号是 2.4G 或 5G 频段的电磁波。

② 无线接入点控制与规范（Control And Provisioning of Wireless Access Points，CAPWAP）：由 RFC5415 定义，实现接入点 AP 和接入控制器之间的互连通信的一个通用封装和传输机制。

③ 工作站 STA：指支持 IEEE 802.11 标准的终端设备。例如，带无线网卡的计算机、支持 WLAN 的手机等。

④ 接入点 AP：为工作站提供基于无线接入服务，起到有线网络和无线网络的桥接作用。在 IEEE 802.11 标准中称为接入点，在 RFC5415 定义的 CAPWAP 协议中称为无线终端点（Wireless Termination Point，WTP）。随着集中式无线网络的产生，AP 分为了胖 AP 和瘦 AP 两种。后续文档中 AP 为泛称，且大多数情况下，指代的是应用于企业级网络的瘦 AP。

- 胖 AP（FAT-AP）：在自治式网络架构中提供工作站的无线接入服务。胖 AP 实现所有无线接入功能。所有的无线通信，以及从有线网络向无线终端的连接，都由胖 AP 来处理及完成，也可以称为独立 WTP。后续文档中称为胖 AP。
- 瘦 AP（FIT-AP）：在集中式网络架构中提供 STA 的无线接入服务。区别于胖 AP，瘦 AP 只提供可靠、高性能的无线连接功能，其他的增强功能统一在接入控制器上集中实现，也可以称为受控 WTP。后续文档中称为瘦 AP。

⑤ 虚拟接入点 VAP：AP 设备上虚拟出来的业务功能实体。用户可以在一个 AP 上创建不同的 VAP 来为不同的用户群体提供无线接入服务。

⑥ AP 域：可以将一组 AP 划分在一个域里。域的划分由企业根据实际部署进行规划，通常一个域对应一个"热点"。

⑦ 接入控制器（Access Controller，AC）：在集中式网络架构中，AC 对无线局域网中的所有瘦 AP 进行控制和管理。例如，AC 可以通过与认证服务器交互信息来为 WLAN 用户提供认证服务。

⑧ 服务集标识符：表示无线网络的标识，用来区分不同的无线网络。例如，当我们在笔记本电脑上搜索可接入无线网络时，显示出来的网络名称就是 SSID。根据标识方式不同，SSID 又分为两种。

- 基本服务集标识符（Basic Service Set Identifier，BSSID），表示 AP 上每个 VAP 的数据链路层 MAC 地址。VAP 与 BSSID 的关系如图 2-1 所示。

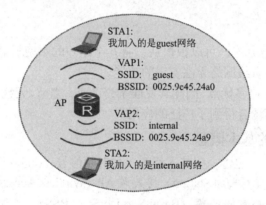

图 2-1 VAP 与 BSSID 的关系图

- 扩展服务集标识符（Extended Service Set Identifier，ESSID），是一个或一组无线网络的标识，如图 2-1 中所示的 "guest" 或 "internal"。STA 可以先扫描所有网络，然后选择特定的 SSID 接入某个指定无线网络。通常，我们所指的 SSID 即为 ESSID。

注意：
BSSID 标识一个 AP 或 VAP，采用 MAC 地址标识，SSID 标识一个无线网络，采用字符串标识。

⑨ 基本服务集：IEEE 802.11 提供服务基本单元，是一个 AP 所覆盖的范围，由一个 AP 和若干个工作站组成。在一个 BSS 的服务区域内，STA 可以相互通信。

⑩ 扩展服务集：由多个使用相同 SSID 的 BSS 组成扩展服务器 ESS。扩展服务器 ESS 中多个 AP 通过二层广播进行连接并使用相同的 SSID。

基本服务集 BSS 和扩展服务集 ESS 的关系如图 2-2 所示。

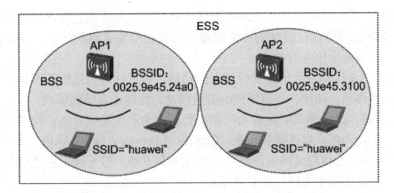

图 2-2  SSID、BSSID、BSS 与 ESS 的关系图

## 2.2 WLAN 的发展

### 2.2.1 WLAN 协议族

**1. IEEE 802.11 协议标准**

1990 年 7 月，IEEE 成立 IEEE 802.11 任务组，负责制定无线局域网物理层和媒体访问控制协议标准。1997 年 6 月，IEEE 802.11 标准制定完成，并于 1997 年 11 月发布。1997 年由多家公司发起成立无线局域网联盟（WLANA），并有越来越多的通信公司加盟。通信设备生产厂家也在 IEEE 802.11 标准和联盟协议的基础上，实现了无线局域网产品的标准化。1998 年开始，许多厂商开始推出基于 IEEE 802.11 标准的无线局域网产品。

1997 年 11 月推出的 IEEE 802.11 标准为第一代 WLAN 标准，定义了无线局域网的物理层和 MAC 层标准。

物理层：使用 2.4 GHz 的 ISM 波段，采用射频通信方式，信号调制编码可以采用直接序列扩频（DSSS）和跳频扩频（FHSS）技术，数据传输速率为 1 Mbit/s 和 2 Mbit/s。也可以采用波长介于 850 nm ~ 950 nm 的红外波段进行传输。

媒体访问控制层：采用带有冲突避免的载波侦听多路访问（Carrier Sense Multiple Access with Collision Avoid，CSMA/CA）协议。

IEEE 802.11 协议支持的无线局域网，在能够给网络用户带来便捷和实用的同时，也存在着一些缺陷。它的不足之处体现多个方面，同时这些不足之处也推动无线局域网技术的改进、增补和扩充。具体不足之处体现在以下几个方面：

① 带宽方面。由于无线频率资源的限制以及无线局域网通信技术的限制，无线局域网的带宽远小于有线网带宽。因此无线局域网的一个重要研究发展方向是提高无线局域网的传输带宽。

② 可靠性方面。无线局域网采用无线信道进行通信，而无线信道是一个不可靠信道，存在各种各样的干扰和噪声，从而引起信号的衰减和误码，进而导致网络吞吐量的下降和不稳定。另外，由于无线传输的特殊性，还可能产生"隐蔽终端""暴露终端"现象，影响系统的可靠性。

③ 覆盖范围方面。无线局域网采用低功率和高频率电磁波进行通信，电磁波的低功率和高频率限制了无线局域网的覆盖范围。如何扩大无线网络的覆盖范围也是无线网络部署需要充分考虑的问题。

扫一扫

WLAN的发展

④ 安全性方面。无线局域网采用电磁波通信，电磁波不要求建立物理的连接通道，且无线信号是发散的，不像有线网络存在固定的安全保障，无线信号覆盖到的地方，存在被非授权用户的监听和恶意干扰，造成通信信息的泄漏。

⑤ 移动性方面。无线局域网虽然支持站点的移动，但对站点大范围的移动的支持机制还不完善，还不能支持高速移动，即使在小范围内的低速移动，性能还会受到影响。

⑥ 服务质量方面。无线局域网标准和产品主要面向突发性数据业务，对于语音、视频等多媒体业务的适应差，不能为用户提供服务质量（Quality of Service，QoS）保证。

⑦ 无线网管方面。无线局域网虽然支持扩展服务集 ESS，但无线设备是单个管理，对于大型无线网络，无线设备的管理不方便，配置难度大。

2. IEEE 802.11 协议族

最初 IEEE 802.11 标准存在诸多缺陷，特别是最高速率只能达到 2 Mbit/s，在传输速率上不能满足人们的需求。因此，人们在不断地研究之后，推出一系列协议标准，这些协议标准是以 IEEE 802.11 为基础进行的改进、增补和扩充。

这些改进、增补和扩充的协议主要是针对 IEEE 802.11 在带宽、可靠性、覆盖范围、安全性、移动性、服务质量等方面的不足进行的改进。分为两大类：一类是对 IEEE 802.11 物理层功能的扩充；一类是对 IEEE 802.11 媒体访问控制层功能的扩充。下面给出物理层的扩充协议和部分 MAC 层的扩充协议：

① 物理层扩充：802.11a、802.11b、802.11g、802.11n、802.11ac、802.11ax。

② MAC 层扩充：802.11e、802.11h、802.11i、802.11k、802.11r、802.11s、802.11v、802.11w 等。

对于 IEEE 802.11 物理层功能的扩充协议在下一小节介绍，这一节简要介绍 MAC 层相关的部分扩充协议。

- IEEE 802.11e，是对 WLAN 服务质量的支持。
- IEEE 802.11h，用于 5 GHz 频段的频谱管理，使其符合 5 GHz 无线局域网的欧洲标准。IEEE 802.11h 涉及两种技术：一种是动态频率选择（DFS）；另一种技术是传输功率控制（TPC），可用于无线覆盖半径的调整。
- IEEE 802.11i，无线网络的安全标准，WPA（Wi-Fi Protected Access）是其子集。
- IEEE 802.11k，该规范规定了无线局域网络频谱测量规范。该规范的制订体现了无线局域网络对频谱资源智能化使用的需求。
- IEEE 802.11r：支持移动设备从基本服务器 BSS 到 BSS 的快速切换，支持时延敏感服务，如不同接入点 AP 间站定漫游。
- IEEE 802.11s：IEEE 802.11s 是 IEEE 802.11 MAC 层协议的补充，规定如何在 IEEE 802.11a/b/g/n 协议的基础上构建 Mesh 网络。
- IEEE 802.11v：用于减少网络冲突，提高网络管理的可靠性。
- IEEE 802.11w：扩展 IEEE 802.11 对管理和数据帧的保护，以提高网络安全。

## 2.2.2 WLAN 物理层标准演进

1. IEEE 802.11b 协议标准

1999 年 9 月，IEEE 进行了很多更新，推出 IEEE 802.11b 标准和 IEEE 802.11a 标准。其中 IEEE 802.11b 标准对 IEEE 802.11 的物理层作出了一定修改，兼容 IEEE 802.11，工作在 2.4 GHz 频段。保留

DSSS 的信号调制编码方式，增补了补码键控 CCK 调制方式。当采用 CCK 调制方式时，速率支持 5.5 Mbit/s 和 11 Mbit/s 两种模式。

2. IEEE 802.11a 协议标准

IEEE 802.11b 工作于 2.4 GHz 的公共频段，容易与同一工作频段的蓝牙、微波等设备形成干扰，且速度较低。为了解决这个问题，在 IEEE 802.11b 通过的同年，IEEE 802.11a 标准随即产生。

IEEE 802.11a 标准对 IEEE 802.11 的物理层作出了一定修改。信号调制编码改用正交频分复用技术。IEEE 802.11a 标准工作于 5 GHz 频段，最大数据传输速率提高到 54 Mbit/s。

IEEE 802.11a 与 IEEE 802.11b 不兼容，用户使用 IEEE 802.11b 标准的设备，进入 IEEE 802.11a 标准的区域中，无法与该区域采用 IEEE 802.11a 标准的 AP 节点进行联系，无法上网。为解决这一问题，无线网络设备制造商推出了双频双模（双频指同时支持 2.4 GHz 和 5 GHz，双模指同时支持 IEEE 802.11b、802.11a 两种模式）的 AP，可支持两种不同标准 WLAN 设备接入 WLAN 网络。

3. IEEE 802.11g 协议标准

2003 年，结合 IEEE 802.11b 与 IEEE 802.11a 的优点，IEEE 又推出了 IEEE 802.11g 协议标准。IEEE 802.11g 采用 2.4 GHz 频段，同时引入正交频分复用 OFDM 编码技术。IEEE 802.11g 标准描述的速率为 54 Mbit/s，此为物理层传输速率，而实际可获得的吞吐量为 20～24 Mbit/s。干扰实际吞吐量的因素包括无线通信的不稳定性、无线环境的不停变化、物理建筑的构成、AP 的位置、用户数等。

IEEE 802.11g 与 IEEE 802.11b 兼容，但与 IEEE 802.11a 不兼容。为解决三种模式不兼容的问题，无线网络设备制造商推出了双频三模（双频指同时支持 2.4 GHz 和 5 GHz，三模指同时支持 802.11b、802.11a、802.11g 三种模式）的 AP，可支持三种不同标准 WLAN 设备接入 WLAN 网络。

4. IEEE 802.11n 协议标准

2009 年 9 月，IEEE 正式批准 IEEE 802.11n 协议标准，IEEE 802.11n 是对 IEEE 802.11—2007 标准的修正规格。IEEE 802.11n 协议标准的目标在于改善 IEEE 802.11a 与 IEEE 802.11g 两项无线网络标准在上网速率上的不足。

IEEE 802.11n 是 IEEE 802.11 协议中继 IEEE 802.11b/a/g 后又一个无线传输标准协议。其中的关键技术有：块应答（Block ACK）技术、多进多出技术、OFDM 技术、40 MHz 频宽模式、帧聚合（Frame Aggregation）技术、短保护间隔（Short Guard Interval，Short GI）技术等。

IEEE 802.11n 的多进多出 MIMO 为单用户多进多出。天线结构支持 4×4 MIMO，即 4 天线发送、4 天线接收，支持 4 个空间流。每空间流最大速率 150 Mbit/s。IEEE 802.11n 可以工作在 2.4 GHz 和 5 GHz 频段，最大传输速度理论值为 600 Mbit/s。

5. IEEE 802.11ac 协议标准

IEEE 802.11ac 是 IEEE 802.11 家族的又一项无线网络标准，IEEE 于 2013 年推出。IEEE 802.11ac 采用 5 GHz 频带提供高带宽的无线局域网，俗称 5G Wi-Fi（5th Generation of Wi-Fi，第五代 Wi-Fi 技术）。IEEE 802.11ac 的目标在于提高 Wi-Fi 无线传输的速度，使无线上网能够提供与有线网上相当的传输性能。

IEEE 802.11ac 是 IEEE 802.11n 的继承者，提供了 IEEE 802.11a 和 IEEE 802.11n 设备在 5 GHz 频段运作的向后兼容性。它采用并扩展了源自 IEEE 802.11n 的空中接口（Air Interface）概念，包括：

更宽的射频带宽，更多的 MIMO 空间流（Spatial Streams），下行多用户的 MIMO（MU-MIMO），以及更高密度的调制（Modulation）等。

IEEE 802.11ac 相比较于 IEEE 802.11n 具有以下变化：

① IEEE 802.11ac 采用了更高的射频带宽。IEEE 802.11n 的射频带宽最高为 40 MHz；而 IEEE 802.11ac 的射频带宽为 80 MHz，最高可支持 160 MHz。

② IEEE 802.11ac 支持更多的空间流。IEEE 802.11n 天线支持 4×4MIMO、4 个空间流；而 IEEE 802.11ac 天线支持 8×8 MIMO、8 个空间流。

③ IEEE 802.11ac 支持下行 MU-MIMO；IEEE 802.11n 是单用户的 MIMO，而 IEEE 802.11ac 支持下行 4×4 MU-MIMO。

④ IEEE 802.11ac 采用更高阶的调制技术，IEEE 802.11ac 采用的是 256QAM 调制技术，IEEE 802.11n 采用的 64QAM 调制技术。

**注意：**

IEEE 802.11ac 协议产品有两个版本，2013 年推出的第一批 IEEE 802.11ac 产品称为 Wave1，2016 年推出的较新的高带宽产品称为 Wave2，增加了对下行多用户多进多出 MU-MIMO 的支持。当采用 80 MHz 带宽时，单个空间流最大带宽 433.3 Mbit/s；当采用 160 MHz 带宽时，单个空间流最大带宽 867 Mbit/s。最大传输速度理论值为 6.9 Gbit/s。

6. IEEE 802.11ax 协议标准

IEEE 在 2018 年 6 月发布 IEEE 802.11ax/D3.0，2019 年 2 月发布 IEEE 802.11ax/D4.0，目前仍为标准草案。IEEE 802.11ax 提供了更大的网络容量、更高的效率、更好的性能和较低的时延。目标是在密集用户环境中将用户的平均吞吐量比 IEEE 802.11ac 标准提高至少 4 倍，并发用户数量提升 3 倍以上。因此，IEEE 802.11ax 又称为高效率无线标准（High-Efficiency Wireless，HEW）。

IEEE 802.11ax 和 IEEE 802.11ac 协议的主要区别有四个方面：一是支持的工作频率不同，IEEE 802.11ac 只支持 5 GHz 的工作频段，而 IEEE 802.11ax 可以同时支持 2.4 GHz 和 5 GHz 工作频率；二是 IEEE 802.11ac 只在 Wave2 中支持下行 4×4 MU-MIMO，是可选功能，而 IEEE 802.11ax 支持上行和下行的 8×8 MU-MIMO，是强制性必备功能；三是 IEEE 802.11ax 支持更高阶的调制技术，IEEE 802.11ac 支持 256QAM 调制技术，而 IEEE 802.11ax 支持 1024QAM 调制技术；四是 IEEE 802.11ac 采用了效率更高的传输方式，IEEE 802.11ac 采用的正交频分技术传输，而 IEEE 802.11ax 在上行和下行方向都采用了正交频分多址技术传输技术。

IEEE 802.11ax 借鉴并采用了 4G 技术中正交频分多址技术，可以在同一信道中复用传输多个用户数据。而 IEEE 802.11ac 中使用的正交频分技术在同一信道只能传输单用户数据，OFDM 将信道划分为多个子载波，主要用于防止干扰，同一信道的子载波传输的是单用户数。

IEEE 802.11ax 支持 2.4 GHz 和 5 GHz 频段，向下兼容 802.11 11a/b/g/n/ac。IEEE 802.11ax 最多支持 8 个空间流，单个空间流最大速率为 1 200 Mbit/s，最大传输速率理论值为 9.6 Gbit/s。

## 2.2.3　WLAN 物理层标准综述

WLAN 标准演进是以 IEEE 802.11 协议的物理层技术改进为主线的，其主要目标是提高无线局域网的传输速率。WLAN 物理层技术演进变化如图 2-3 所示。当前市场上主流 WLAN 产品是采用 IEEE 802.11ac 协议标准的产品。

# 第 2 章 WLAN 网络技术

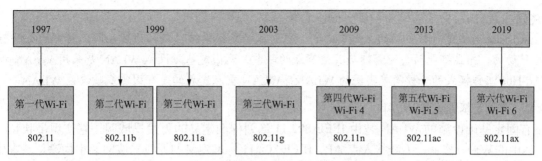

图 2-3  IEEE 802.11 标准演进

2018 年 10 月，为了更好地普及推广，由无线网络标准组织 Wi-Fi 联盟 WFA 对不同 Wi-Fi 标准制定了新的命名，IEEE 802.11ax 协议标准被命名为 Wi-Fi 6，而此前的 IEEE 802.11n 更名为 Wi-Fi 4，IEEE 802.11ac 更名为 Wi-Fi 5，将 Wi-Fi 标注用统一的方式呈现。Wi-Fi 联盟于 2019 年 9 月启动 Wi-Fi 6 认证计划，Wi-Fi 6 目前是 IEEE 802.11 无线局域网标准的最新版本，并且向上兼容 IEEE 802.11a/b/g/n/ac 协议标准。

## 2.3 WLAN 分类

WLAN 可以按照多种方式分类，这里按照两种方式进行分类：一是按照组网方式分类；二是按照管理便捷性分类。

### 2.3.1 按照 WLAN 组网方式分类

无线局域网按照组网方式可以分为两大类：一类是无固定基础设施的 WLAN；另一类是有固定基础设施的 WLAN。所谓固定基础设施，是指预先建立起来，能够覆盖一定地理范围面积的固定基站。比如蜂窝移动电话使用的覆盖全国的大量固定基站，无线局域网使用的无线接入点 AP（Access Point）。

扫一扫

WLAN的分类

1. 无固定基础设施 WLAN

无固定基础设施 WLAN 是基于 WLAN 技术的自组网络，也称为自组织 WLAN。这种无线网络没有固定基础设施，是由一些处于平等地位的移动工作站 STA 通过无线通信组成的临时网络。整个网络没有固定的基础设施，每个节点都是移动的，并且都能动态地保持与其他节点的联系，如图 2-4 所示。

自组织 WLAN，是一种比较特殊的组网方式，它通过把一组需要互相通信的无线网卡的 ESSID 设为同值来组网，这样就可以不必使用接入点 AP，构成一种特殊的无线网络应用模式。几台计算机装上无线网卡，通过适当配置，即可达到相互连接、资源共享的目的。自组织 WLAN 一般用作特殊用途，随着 WLAN 技术的发展，无固定基础设施 WLAN 组网方式逐渐被其他组网方式取代。

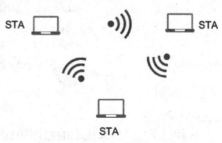

图 2-4  无固定基础设施 WLAN

> **注意：**
> Ad-Hoc 网络是一种多跳的、无中心的、自组织的无线网络，又称为多跳网，其中的每个节点都是移动的，并且都能动态地保持与其他节点的联系。无固定基础设施 WLAN 是采用 WLAN 技术对 Ad-Hoc 工作模式的一种简单实现的 WLAN。WLAN 重点发展的是有固定基础设施 WLAN。

2. 有固定基础设施 WLAN

有固定基础设施的 WLAN 是由 IEEE 802.11 系列标准定义的无线局域网，它使用星状拓扑结构，其中的基础设施就是无线接入点 AP。IEEE 802.11 标准定义的无线局域网最小构建是基本服务器 BSS，一个基本服务集包括一个接入点 AP 和若干个移动工作站 STA。移动工作站无论与本 BSS 通信，还是和其他 BSS 的站点通信，都必须通过本 BSS 的接入点 AP。

自 1997 年 IEEE 802.11 标准提出以来，无线局域网接入速率不断提高，而 IEEE 802.11a/b/g 标准的不断推出也极大地推动了 WLAN 的发展。WLAN 已经不仅仅是作为小型网络用于对有线网络的补充，而是逐渐往大型网络和独立组网方向发展。

早期的无线局域网虽然支持扩展服务集 ESS，但需要对每个无线接入点 AP 进行单独配置和管理。这种管理方式对于组建基于一个办公室、一个家庭等只有一个或少量几个接入点 AP 的小型无线网络，非常适合。但对于大型无线网络，比如校园机场无线网络、办公楼宇无线网络等，这类无线网络需要接入大量接入点 AP，存在无线接入点 AP 管理不方便，配置难度大的问题。针对组建大型有固定基础设施 WLAN，接入点 AP 管理不方便，配置难度大的问题，WLAN 供应商开始研究新的 WLAN 体系架构和 WLAN 解决方案，旨在解决这些问题。

无线接入点控制与配置协议工作组通过对主流的 WLAN 解决方案进行研究，把有固定基础设施的 WLAN 具体解决方案分为三种类型：自治式 WLAN、集中式 WLAN、分布式 WLAN。

（1）自治式 WLAN：自治式无线局域网架构（Autonomous WLAN Architecture）

自治式无线局域网架构下，每个 AP 实现所有的 IEEE 802.11 服务功能，每个 AP 的功能都是自治的。所有的无线通信都由 AP 来处理及完成，并实现从有线网络向无线终端的连接。在这种架构下，每个 AP 也是单独配置和管理的，因此，这类 AP 又称为胖 AP（FAT-AP）。这种架构又称为胖 AP（FAT-AP）架构，如图 2-5 所示。

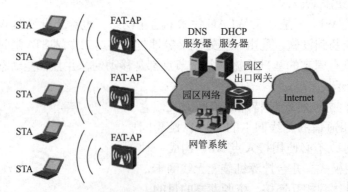

图 2-5 FAT-AP 架构 WLAN

这种以 FAT-AP 为核心的组网模式由无线接入点（AP）、无线工作站（STA）以及分布式系统（DS）构成，覆盖的区域称为基本服务区（BSS）。其中 AP 用于在无线工作站和有线网络之间接收、缓存和转发数据。AP 的覆盖半径能达到 100 m 左右，其工作机制类似有线网络中的集线器（HUB），无线终端可以通过 AP 进行终端之间的数据传输，也可以通过 AP 的"WAN"口与有线网络互通。在自治式 WLAN 中，用户接入无线网络的过程即为 STA 与 FAT-AP 的关联过程。

FAT-AP 普遍应用于 SOHO 家庭网络或小型无线局域网。有线网络入户后，可以部署胖 AP 进行室内覆盖，室内无线终端可以通过胖 AP 访问 Internet。FAT-AP 不适合作为企业无线网络的无线 AP 进行部署。

SOHO 家庭网络采用的胖 AP 设备，一般都具有路由功能，也称为无线路由器。无线路由器一般配置 DHCP（动态主机配置）服务和 NAT（网络地址转换）服务，用户工作站 STA 通过无线路由器接入网络即可访问外部网络。

（2）集中式 WLAN：集中式无线局域网架构（Centralized WLAN Architecture）

在集中式无线局域网架构下，通过一个或多个接入控制器 AC 集中管理和控制多个 AP 设备，所有 IEEE 802.11 无线服务功能由 AP 和接入控制器 AC 共同完成。接入控制器 AC 的主要功能是管理、控制和配置网络中存在的 AP 设备。接入点 AP 只实现了一部分 IEEE 802.11 服务功能，主要是完成无线射频接入功能，因此又称为瘦 AP（FIT-AP）。这种架构又称为接入控制器+瘦 AP（AC+FIT-AP）架构，如图 2-6 所示。AP 和 AC 之间采用 CAPWAP 协议进行通信，AP 与 AC 间可以跨越二层网络或三层网络。

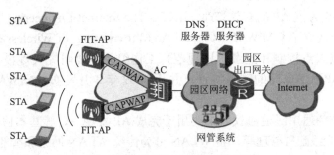

图 2-6　AC+FIT-AP 架构 WLAN

接入控制器+瘦 AP 无线局域网，用户接入无线网络的过程分两步：第一步是 FIT-AP 与 AC 建立 CAPWAP 隧道；第二步是 STA 与 FIT-AP 关联，接入无线网络。瘦 AP 本身不能配置，需要利用接入控制器 AC 进行集中控制、管理、配置。这种 AC+FIT-AP 架构的 WLAN 用于企业网无线覆盖，在 AP 数量众多的时候，通过接入控制器 AC 来管理配置，可以简化工作量。因此接入控制器+瘦 AP 架构在企业无线网络建设中得到广泛应用。

（3）分布式 WLAN：分布式无线局域网架构（Distributed WLAN Architecture）

分布式 WLAN 是在自组织无线网络的基础发展起来的，是由一组具有无线收发装置的移动节点组成的无线多跳网络。无线多跳网络中无线节点能够通过有线或无线媒体进行连接形成分布式网络，其中通过有线与以太网连接的节点充当通往外部网络的网关，包括无线分布式系统（WDS 网络）和基于 IEEE 802.11s 无线网状网络（Mesh 网络）。

3. WLAN 组网方式分类小结

WLAN 按照组网方式分为两大类：分别是无固定基础设施 WLAN 和有固定基础设施 WLAN。无固定基础设施 WLAN 又称为自组织 WLAN，有固定基础设施 WLAN 又分为自治式 WLAN、集中式 WLAN、分布式 WLAN 三类。因此，也可以说 WLAN 按照组网方式分为自组织 WLAN、自治式 WLAN、集中式 WLAN、分布式 WLAN 四类。

四种WLAN组网方式中，自组织WLAN主要应用于战场推进中的部队通信以及发生地震、水灾后的营救等特殊场景；自治式WLAN主要应用于SOHO家庭网络和小型无线网络；集中式WLAN主要应用于企业网络无线覆盖；分布式WLAN包括WDS网络和Mesh网络，分布式WLAN技术理念先进，逐步得到主流网络公司的支持，主要应用于一些特殊复杂的环境，如地铁、码头等不便于有线部署的环境，是对集中式WLAN的扩展。

实际WLAN建设主要采用两种模式：一种称为FAT-AP模式，一种称为AC+FIT-AP模式。

FAT-AP模式即自治式WLAN，是SOHO家庭网络和小型无线网络采用的主要方式。采用的设备为胖AP。实际网络建设一般采用具有路由功能的胖AP，称为无线路由器。无线路由器配置DHCP（动态主机配置）服务和NAT（网络地址转换）服务，用户工作站STA通过无线路由器接入网络即可访问外部网络。

AC+FIT-AP模式即集中式WLAN，是企业网无线覆盖采用的主要方式。采用的设备包括接入控制器AC和多个瘦AP。AP和AC之间采用CAPWAP协议进行通信，AP与AC间可以跨越二层网络或三层网络。同时也支持无线接入点AP之间的无线连接，形成分布式系统WDS网络或无线Mesh网络。

### 2.3.2 按照WLAN管理便捷性分类

为了便于实现对接入点AP的有效管理，IETF（The Internet Engineering Task Force，互联网工程任务组）于2005年成立了CAPWAP（Control And Provisioning of Wireless Access Points Protocol Specification，无线接入点控制和配置协议规范）工作组，主要研究大规模无线局域网的解决方案，以便标准化瘦AP和AC间的隧道协议，并于2009年3月发布CAPWAP协议（RFC5415和RFC5416）。

CAPWAP协议作为通用隧道协议，主要用于完成AP发现AC等基本协议功能。这里根据无线网络是否支持智能无线配置管理等，将WLAN分为传统WLAN网络和智能WLAN网络。

#### 1. 传统WLAN

传统的IEEE 802.11协议标准定义了两种基本服务集（Basic Service Set，BSS）：一种是以接入点AP为中心，工作站(STA)在AP的控制下通信，这种BSS称为基础结构基本服务集(Infrastructure BSS)，组成的网络又称为自治式WLAN；一种是无须AP的转接，多个工作站可以直接对等的相互通信，这种BSS又称为独立基本服务集（Independent BSS，IBSS），组成的网络称为自组织WLAN。IEEE 802.11支持基础设施网络BSS中的AP通过分布式系统DS与其他BSS相连，构成扩展服务集ESS，如图2-7所示。注意扩展服务集ESS中无线AP是通过有线连接形成的。

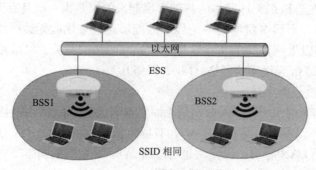

图2-7 扩展服务集ESS

传统 WLAN 把 IEEE 802.11 定义的所有功能都在同一个接入点 AP 中实现，这种 AP 也称为胖 AP。利用胖 AP 组建大型无线局域网存在以下问题：

① 大型 WLAN 建网时，需要对大量的接入点 AP 进行逐一配置，包括网管 IP 地址、SSID 和加密认证方式等无线业务参数、信道和发射功率等射频参数、ACL 和 QoS 等服务策略，网络管理人员的负担非常大。

② 为了管理接入点 AP，需要维护大量接入点 AP 的 IP 地址和设备的映射关系。

③ 接入点 AP 的边缘网络需要更改 VLAN、ACL 等配置以适应无线用户的接入，为了能够支持用户的无缝漫游，需要在边缘网络上配置所有无线用户可能使用的 VLAN 和 ACL。

④ 查看网络运行状况和用户统计时需要逐一登录到接入点 AP 设备才能完成查看。在线更改服务策略和安全策略设定时也需要逐一登录到 AP 设备才能完成设定。

⑤ AP 设备的丢失意味着网络配置的丢失，静态保存在 AP 中的配置信息可能称为泄密渠道。

这里把组网方式分类中无固定基础设施的 WLAN 和以胖 AP 为中心的自治式 WLAN 称为传统 WLAN。传统 WLAN 应用配置简单，主要用于小型无线局域网建设。

2. 智能 WLAN

随着无线网络管理协议 CAPWAP 的推出，无线网络开始采用集中式 WLAN 组网模式和分布式 WLAN 组网方案。这类网络采用无线集中控制器 AC 和瘦 AP，通过 CAPWAP 协议，利用无线集中控制器 AC 对大量瘦 AP 进行集中管理，无线网络和无线设备管理方便。这里把以无线集中控制器 AC 和瘦 AP 为无线网络设备并支持智能管理的 WLAN 称为智能 WLAN。

集中式 WLAN 和分布式 WLAN，是采用无线集中控制器 AC 和瘦 AP 为无线设备并支持智能管理，因此属于智能 WLAN。智能 WLAN 主要用于大型无线局域网络建设。

## 2.4 传统 WLAN 技术的改进

### 2.4.1 自治式 WLAN 的问题及其解决办法

传统 WLAN 中，基础的网络结构（Infrastructure）是自治式的，它把 IEEE 802.11 标准定义的所有功能都在同一个接入点 AP 中实现。大规模的 WLAN 由成百上千个 AP 组成，WLAN 的建设维护需要对网络中的每一个 AP 分别进行配置、管理、控制，网络管理者的负担非常大；无线资源的管理，也需要在全网进行动态协调。由于 AP 之间相对独立，要实现全网动态协调也非常困难，安装在不安全地方的 AP 丢失后也会成为泄密渠道。

为解决自治式网络结构存在的问题，集中式 WLAN 网络结构被提出。在这种组网模式中，存在一个集中式的设备——接入控制器 AC。接入控制器 AC 对网络中所有接入点 AP 进行统一管理、控制、配置。这里的接入点 AP 与 IEEE 802.11 标准中定义的 AP 有所不同，是轻量级 AP（FIT-AP，瘦 AP），它只实现了标准 AP 的部分功能。接入控制器 AC 和瘦 AP 配合实现传统胖 AP 的所有功能。接入控制器负责无线网络的接入控制、转发和统计、AP 的配置监控、漫游管理、AP 的网管代理、安全控制等；FIT-AP 负责 IEEE 802.11 报文的加解密、IEEE 802.11 的 PHY 功能、接收接入控制器的管理等简单功能。

## 2.4.2 自组织 WLAN 的问题及其解决办法

传统自组织 WLAN 中工作站 STA 以完全独立的形态存在而不能接入分布式系统 DS，不能接入外部网络。传统 WLAN 中扩展服务集 ESS 缺乏对独立基本服务集 IBSS 的支持，不具有自组织 WLAN 模式无须接入点 AP 而组网的优势。也就是说，扩展服务集 ESS 不能满足既需要采用自组织工作模式，又需要 Internet 接入的应用场景。

对于需要将 ESS 和 IBSS 进行组合形成一个新型的无线多跳网络，即对传统的扩展服务集 ESS 进行 Mesh 扩展，形成无线 Mesh 网络的需求。IEEE 于 2004 年 7 月成立 IEEE 802.11s 任务组，研究基于 IEEE 802.11 的无线 Mesh 网络解决方案，并于 2006 年 6 月确定 IEEE 802.11s 最初草案，于 2011 年 7 月正式发布。

IEEE 802.11s 是 IEEE 802.11 的 MAC 层协议的补充，规定如何在 IEEE 802.11a/b/g/n 协议的基础上构建无线 Mesh 网络。IEEE 802.11s 中定义的无线 Mesh 网络框架如图 2-8 所示，BSS 并不需要直接连接到有线局域网，可以通过无线多跳连接，最终连接到有线局域网中。IEEE 802.11s 定义了三种类型的新节点，见表 2-1，分别是 Mesh 节点（MP）、Mesh 接入节点（MAP）、Mesh 门户桥节点（MPP）。MP 是支持无线局域网的 Mesh 服务的 IEEE 802.11 实体，没有 AP 的功能，只能作为中继节点；MAP 是拥有 MP 全部功能，并提供接入点 AP 功能的 MP；MPP 是 MAC 协议数据单元进入和离开 Mesh 网络的桥接门户出入口设备。

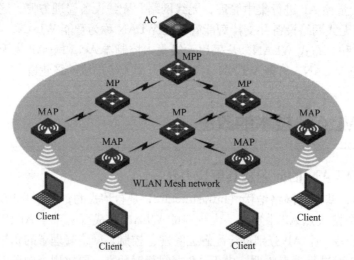

图 2-8 基于 IEEE 802.11s 无线 Mesh 网络

表 2-1 无线 Mesh 网络节点类型表

| 概　念 | 描　述 |
| --- | --- |
| Access Controller（AC） | 控制和管理 WLAN 内所有的 AP |
| Mesh Point（MP） | 通过无线与 MPP 连接的，但是不接入 Client 的无线接入点 |
| Mesh Access Point（MAP） | 同时提供 Mesh 服务和接入服务的无线接入点 |
| Mesh Portal Point（MPP） | 通过有线与互联网或 AC 连接的无线接入点 |
| Mesh 链路 | 由一系列 Mesh 连接级联成的无线链路 |

由于在无线 Mesh 网络发展过程中，厂商在标准制定之前就开发了产品并进行销售，初期的

IEEE 802.11s 草案标准包含厂商利益的博弈，现有的 IEEE 802.11s 定义的无线 Mesh 网络性能还有待提高。

## 2.4.3 WLAN 带宽问题及其解决办法

1. 低速 WLAN 标准

自从 1997 年 IEEE 802.11 标准实施以来，先后有 802.11、802.11b、802.11a、802.11g、802.11e、802.11f、802.11h、802.11i、802.11j 等标准制定或者酝酿，但是 WLAN 依然面对着"带宽不足、漫游不方便、网管不强大、系统不安全"的问题。典型的标准为 802.11、802.11b、802.11a、802.11g，单空间信道，射频带宽为 20 MHz，最高速率为 54 Mbit/s。

IEEE 802.11 标准定义了物理层和媒体访问控制层。物理层定义了两种射频 RF 传输方式和一种红外传输方式。RF 工作在 2.4 GHz 频段，可以采用跳频扩频（Frequency-Hopping Spread Spectrum，FHSS）或直接序列扩频（Direct Sequence Spread Spectrum，DSSS）技术。FHSS 采用 GFSK（Gauss frequency Shift Keying，高斯频移键控）调制技术，速率为 1 Mbit/s；DSSS 采用 BPSK（Binary Phase Shift Keying，二进制相移键控）和 DQPSK（Differential Quadrature Reference Phase Shift Keying，差分正交相对相移键控）调制技术，支持 1 Mbit/s 和 2 Mbit/s 数据传输速率。

IEEE 802.11b 标准工作在 2.4 GHz 频段，物理层可以采用中高速直接序列扩频（HR/DSSS）技术，采用 BPSK 和 DQPSK 调制技术是速率分别为 1 Mbit/s 和 2 Mbit/s；当采用 CCK（Complementary Code Keying，补偿编码键控）调制技术，速率可达 11 Mbit/s，无须直线传播，使用范围室外为 300 m，办公环境为 100 m 左右。

IEEE 802.11a 标准工作在 5 GHz 频段，物理层速率可达 54 Mbit/s，传输层可达 25 Mbit/s；可提供 10 Mbit/s 的以太无线帧接口和 TDD/TDMA（时分双工和时分多址）的空中接口。IEEE 802.11a 传输技术为多载波传输技术、正交频分多路复用技术，OFDM 使用 52 个 OFDM 副载波，其中 48 个用于传输数据，其余 4 个是引示副载波（Pilot Carrier），总带宽为 20 MHz。可以采用二进制相移键控（BPSK），四进制相移键控（QPSK），16 QAM（Quadrature Amplitude Modulation，正交振幅调制）或者 64 QAM 调制技术。

IEEE 802.11g 标准在 2.4 GHz 频段使用正交频分复用调制 OFDM 技术，数据传输速率最高可达 54 Mbit/s。IEEE 802.11g 能够与 IEEE 802.11b 系统互联互通，为了保障与 IEEE 802.11b 兼容，采用 DSSS/OFDM 可选调制方式。OFDM 调制保障传输速率达到 54 Mbit/s；采用 DSSS/CCK 调制保障后向兼容性。

2. 高速 WLAN 标准

为了实现高带宽、高质量的 WLAN 服务，使无线局域网达到以太网的性能水平，IEEE 802.11n、IEEE 802.11ac、IEEE 802.11ax 应运而生。

IEEE 802.11n 工作在 2.4 GHz 和 5 GHz 两个频段，射频带宽为 40 MHz，两个空间信道，理论上支持 4 个空间信道，600 Mbit/s 带宽。IEEE 802.11n 标准在于改善 IEEE 802.11a 与 IEEE 802.11g 标准，并对 Wi-Fi 的传输和接入进行了重大改进，引入 MIMO 天线技术，MIMO 与 OFDM 技术结合形成的 MIMO-OFDM 技术，64QAM 调制技术，基于 MIMO 的一些高级功能，如波束成形、空间复用等，使得传输速率得到极大提高。另外，IEEE 802.11n 还采用智能天线技术，通过多组独立天线组成的天线阵列，可以动态调整波束，保证让 WLAN 用户接收到稳定的信号，并可以减少其他信号的干扰，使其覆盖范围有所扩大，WLAN 移动性极大提高。

IEEE 802.11ac 工作在 5 GHz 频段，俗称 5G Wi-Fi，理论上能够提供最少 1 Gbit/s 带宽进行多站式无线局域网通信。IEEE 802.11ac 标准最关键的特点是四项技术分别是 80/160 MHz 频宽、8 路 MIMO 空间流、MU-MIMO 技术和 256QAM 调制模式。其中 MU-MIMO 技术是 802.11ac Wave2 标准的突出特点。

　　IEEE 802.11ax 标准关键的技术：支持上下行 8×8 MU-MIMO，支持 1 024QAM 调制模式，而且在上行和下行方向都采用了正交频分多址技术传输技术，可以在同一信道中复用传输多个用户数据。

 **注意：**

　　IEEE 802.11n 中提到的 MIMO 是 SU-MIMO（Single User Multiple Input Multiple Output），即"单用户多入多出"；而 IEEE 802.11ac Wave2 时期的 MIMO 和 IEEE 802.11ax 中的 MIMO 是 MU-MIMO（Multi User Multiple Input Multiple Output）技术，即"多用户多入多出"。

## ■ 小结

　　本章主要介绍了 WLAN 的概念、WLAN 技术发展、WLAN 分类以及传统 WLAN 技术的改进，重点是无线局域网 WLAN 的分类。这里将 WLAN 按照两种方式分类：一种是按 WLAN 组网方式分类，将 WLAN 分为自组织 WLAN、自治式 WLAN、集中式 WLAN、分布式 WLAN 四种类型；一种是按照 WLAN 管理便捷性分类，将 WLAN 分为传统 WLAN 和智能 WLAN 两种类型。并将自组织 WLAN 和自治式 WLAN 作为传统 WLAN，将集中式 WLAN 和分布式 WLAN 作为智能 WLAN。

　　通过本章的学习，可以了解 WLAN 技术的重点知识和技术，总体把握本教材后续章节的内容。后续章节内容安排结合了 WLAN 的分类，这里给出后续章节内容安排。

　　首先介绍 WLAN 网络基础知识，以及 WLAN 设备，分三章，分别是第 3 章 WLAN 物理层，第 4 章 WLAN 媒体访问控制层，第 5 章 WLAN 网络设备。

　　然后介绍传统 WLAN 技术及其实现，分为两章，分别是第 6 章自组织 WLAN 及实践和第 7 章自治式 WLAN 及实践。

　　最后介绍智能 WLAN 技术及其实现，分四章，分别是第 8 章 CAPWAP 协议，第 9 章无线网络规划，第 10 章集中式 WLAN 及实践，第 11 章分布式 WLAN 及实践。

# 第 3 章

# WLAN 物理层

通过 WLAN 技术，用户可以方便地接入到无线网络，并在无线网络覆盖区域内自由移动，彻底摆脱有线网络的束缚。WLAN 已经成为一种经济、高效的网络接入方式。WLAN 主要采用 IEEE 802.11 系列协议标准。IEEE 802.11 标准定义了无线局域网的物理层和 MAC 层标准。本章主要介绍 802.11 的物理层技术。

## 3.1 IEEE 802.11 体系结构

1997 年 6 月，IEEE 802.11 标准制定完成，并于 1997 年 11 月发布。最初 IEEE 802.11 标准存在诸多缺陷，人们在不断地研究之后推出一系列协议标准，这些协议标准是以 IEEE 802.11 为基础进行的改进、增补和扩充。

目前，在我国组建的 WLAN 网络普遍基于 IEEE 802.11 系列协议标准，IEEE 802.11 系列标准定义了单一的 MAC 层和多样的物理层。其中物理层成熟的标准有 IEEE 802.11b、IEEE 802.11a、IEEE 802.11g、IEEE 802.11n 和 IEEE 802.11ac 等。它们在 IEEE 802 家族中的角色位置如图 3-1 所示。

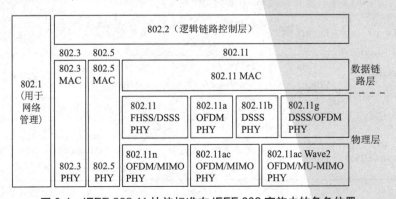

图 3-1　IEEE 802.11 协议标准在 IEEE 802 家族中的角色位置

IEEE 802.11 协议标准，主要定义了无线局域网的物理层 PHY 和媒体访问控制层 MAC 功能。无线局域网的物理层技术主要用于提高无线数据传输速率，无线局域网的数据链路层技术主要用于媒体访问控制和安全认证等。IEEE 802.11 系列标准的体系结构如图 3-2 所示。

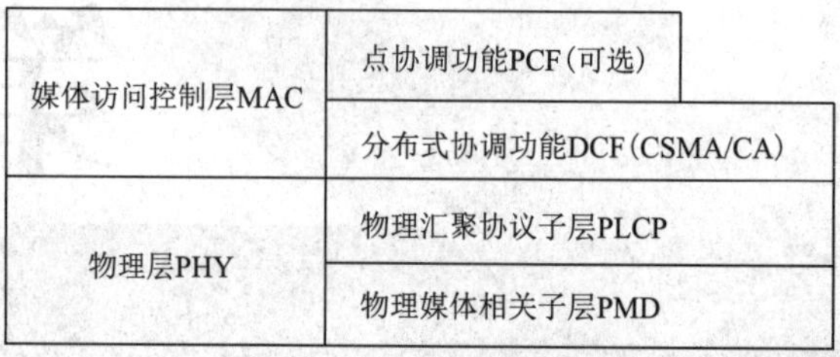

| 媒体访问控制层MAC | 点协调功能PCF（可选） |
| --- | --- |
| | 分布式协调功能DCF（CSMA/CA） |
| 物理层PHY | 物理汇聚协议子层PLCP |
| | 物理媒体相关子层PMD |

图 3-2　IEEE 802.11 体系结构

1. WLAN 物理层

根据 WLAN 体系结构，物理层 PHY 被分层物理汇聚协议子层 PLCP 和物理媒体相关子层 PMD。物理汇聚协议子层 PLCP 负责完成 MAC 帧到物理层数据帧的映射，物理媒体相关子层 PMD 主要完成物理实体之间通过无线介质的比特发送和接收。

IEEE 802.11 物理层主要定义了无线协议的工作频段、编码调制方式以及最高速率的支持。其中关键技术是编码调制技术，编码调制技术应用在物理媒体相关子层 PMD。根据 IEEE 802.11 的多种物理层协议标准，可以看到 IEEE 802.11 各协议标准对应的物理层传输技术有所不同，这些物理层传输技术主要包括：扩频通信技术（跳频扩频 FHSS 技术、直接序列扩频 DSSS 技术）、正交频分复用 OFDM 通信技术和多入多出 MIMO 天线技术等。采用不同传输技术又决定了不同的频段和传输速率，见表 3-1。

表 3-1　IEEE 802.11 系列标准协议

| 协议标准 | 物理层技术 | 支持频段 | 支持传输速率 | 是否兼容其他协议标准 | 商用情况 |
| --- | --- | --- | --- | --- | --- |
| 802.11 | FHSS/DSSS | 2.4 GHz | 1 和 2 Mbit/s | 不兼容 | 1997 年发布，早期标准，目前产品均支持 |
| 802.11b | DSSS | 2.4 GHz | 1、2、5.5 和 11 Mbit/s | 不兼容 | 1999 年发布，早期标准，目前产品均支持 |
| 802.11a | OFDM | 5 GHz | 6、9、12、18、24、36、48 和 54 Mbit/s | 不兼容 | 1999 年发布，实际应用较少 |
| 802.11g | DSSS/OFDM | 2.4 GHz | 6、9、12、18、24、36、48 和 54 Mbit/s | 兼容 802.11b | 2003 年发布，目前大规模商用 |
| 802.11n | OFDM/MIMO | 2.4 GHz<br>5 GHz | 理论支持最大速率为 600 Mbit/s | 兼容 802.11a、802.11b 和 802.11g | 2009 年发布，目前大规模商用 |
| 802.11ac | OFDM/MIMO | 5 GHz | 理论支持最大速率为 1 300 Mbit/s | 兼容 802.11a 和 802.11n | 2013 年发布，目前大规模商用 |
| 802.11ac Wave2 | OFDM/MU-MIMO | 5 GHz | 理论支持最大速率为 6.9 Gbit/s | 兼容 802.11a、802.11n 和 802.11ac | 2016 年发布，目前未大规模商用 |

## 第 3 章　WLAN 物理层

### 2. 媒体访问控制层

媒体访问控制是 WLAN 的关键技术，IEEE 802.11 MAC 层通过协调功能（Coordination Function）来确定 BSS 中的工作站 STA 之间如何发送或接收数据。IEEE 802.11 的 MAC 层包括两个子层，分别对应分布式协调功能（Distributed Coordination Function，DCF）和点协调功能（Point Coordination Function，PCF）机制。

> **说明：**
> WLAN 的物理层技术主要包括扩频传输技术、OFDM 传输技术、天线技术等。本章后面内容首先简要介绍无线数据通信知识、物理层编码和调制技术，然后介绍扩频传输技术、OFDM 传输技术、天线技术。内容不涉及过深的技术细节，主要是让读者知道这些传输技术，了解这些传输技术的功能。

## 3.2 无线数字通信基础知识

无线通信是利用电磁波信号可以在自由空间中传播的特性进行信息交换的一种通信方式。为了保证无线通信效果，克服远距离信号传输中的问题，必须要对信源信息进行编码，形成二进制码组信号，并通过载波调制将码组信号频谱搬移到高频信道中进行传输。

### 1. 无线数字通信系统

如图 3-3 所示，一个典型的无线数字通信系统可以分为三部分，即信源系统、无线信道、信宿系统。

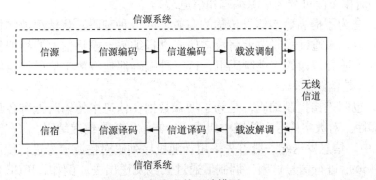

**图 3-3　数字通信系统模型**

信源是指产生各种信息的实体，信源发出的信号可以是模拟信号，也可以是数字信号，如文字、语言、图像、视频、声音等。信源直接产生的信号无论是模拟信号，还是数字信号，都是基带信号，即频率比较低、波长较长的信号。

模式信号或连续信号，是指用连续变化的物理量表示的信息，其信号的幅度、频率或相位随时间作连续变化。在一段连续的时间间隔内，其代表信息的特征量可以在任意瞬间呈现为任意数值的信号。

数字信号或离散信号，是指自变量是离散的、因变量也是离散的信号，这种信号的自变量用整数表示，因变量用有限数字中的一个数字来表示。在使用时间域的波形表示数字信号时，代表不同离散数值的基本波形称为码元。

## 2. 编码

对于信源信号是数字信号的，需要将信源数字信号转换成适合信道传输的二进制数字信号，再经过数字信道传输。将一种数字信号转换成适合信道传输的二进制码组信号的过程称为编码。这种编码方式很多，最基本的编码方式有不归零编码、归零编码、曼彻斯特编码、差分曼彻斯特编码、nB/mB 编码等。这类编码也称为基带调制。

对于信源数字信号，也经常采用扰码技术。扰码的作用是在发送端将传送的码变换成"0""1"近似等概率且前后独立的随机码，以降低长串"0"或长串"1"出现的概率，同时保证接收端能够提取定时信号。经过扰码后的信号可以在接收端进行解扰，还原出原始的比特序列。扰码技术也是一种编码技术，用于信源编码。

对于信源信号是模拟信号的，需要进行模数转换，也就是经过抽样和量化形成多电平数字信号（一般是 128 或 256 个电平），然后再经过编码器转换成适合信道传输的二进制数字信号，最后经过数字信道传输。将模拟信号量化后的多电平数字信号转换成适合传输的二进制码组信号的过程称为编码。用于将模拟信号转换为数字信号过程中使用的编码技术，有脉冲编码调制（Pulse Code Modulation，PCM）和增量调制编码 DM（ΔM）。目前国际上多采用 8 位二进制编码的脉冲编码调制。

由于在无线通信中存在干扰和衰落，在信号传输过程中可能出现差错，因此需要对数字信号采取必要的纠错、检错。对数字信号在信道上进行纠错、检错处理，称为纠错、检错编码。这种编码以增强数据在信道中传输时抵御各种干扰的能力，提高系统的可靠性。常用的检错码有汉明码、RS 编码、卷积码、低密度奇偶检验码 LDPC、Turbo 码等。

设计无线通信系统的目的就是把信源产生的信息有效可靠地传送到目的地。根据无线数据通信系统中编码的对象不同可分为信源编码和信道编码。

信源编码，是为了提高数字信号传输的有效性的一种编码。将信源数字信号转换成适合信道传输的二进制码组，或通过扰码技术将数字信号进行编码，或将信源的模拟信号量化后的多点电平数字信号转换为适合传输的二进制码组，这三种编码都是将数字信号转换成适合信道传输的二进制码组的过程，是信源编码。

信道编码，也叫差错控制编码，是为了增强数据在信道中传输时抵御各种干扰的能力，提高数据通信的可靠性。对数字信号在信道中纠错、检错编码就是信道编码。

在 WLAN 中，信息发送端一般首先采用伪随机序列码对信源信号进行扰码，然后采用卷积码进行信道编码，最后进行信号扩频、调制后通过天线发送出去。例如，IEEE 802.11ac 中物理层使用正交振幅调制 OFDM 传输技术，在发送端首先采用伪随机序列码进行扰码，然后采用二进制卷积码进行信道编码，最后通过 QPSK 或 QAM 调制后通过 MIMO 天线发送出去。

## 3. 调制

一般情况下，编码后的数字信号，还是基带信号，可以直接在有线介质中直接传输。但如果要进行长距离传输或无线传输，还必须对数字信号使用高频载波进行处理后，才能在信道中进行传输，这个过程称为载波调制，简称为调制。

要传输的信号称为调制信号，根据调制信号是模拟信号还是数字信号，载波调制可分为模拟调制和数字调制。被调制的高频谐波或周期性脉冲信号用来运载需要传输的调制信号，称为载波。根据载波是高频谐波还是脉冲信号，调制可以分为连续波调制和脉冲调制。载波调制的本质是将频率较低的需要传输的低频信号搬移到较高频率的频段,并利用高频进行信号传输。

在无线传输中,信号是以电磁波的形式通过天线辐射到空间的。为了获得较高的辐射效率,天线的尺寸一般应大于发射信号波长的四分之一。而信源产生基带信号包含的较低频率分量的波长较长,致使天线过长而难以实现。因此需要通过载波调制,把基带信号的频谱搬至较高的载波频率上,可以大大减少辐射天线的尺寸。另外,载波调制可以把多个基带信号分别搬移到不同的载频处,以实现信道的多路复用,提高信道利用率。最后,载波调制可以扩展信号带宽,提高抗干扰、抗衰落能力,提高传输的信噪比。信噪比的提高是以牺牲传输的带宽为代价的。因此,在无线通信系统中,选择合适的载波调制方式是关键所在。

无线数字通信采用的数字连续波调制,简称数字调制。数字调制是现代通信的重要方法,与模拟调制相比有许多优点,数字调制具有更好的抗干扰性能,更强的抗信道损耗,以及更好的安全性。

最基本三种数字调制技术为:幅移键控调制(Amplitude Shift Keying,ASK)、频移键控调制(Frequency Shift Keying,FSK)和相移键控调制(Phase Shift Keying,PSK),如图3-4所示。

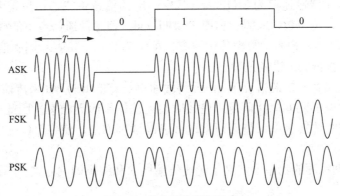

图 3-4　基本数字调制技术

幅移键控调制 ASK,以基带数字信号控制载波的幅度变化的调制方式,又称数字调幅。如果采用二进制调制信号,则为二进制幅移键控 BASK;采用多进制调制信号,则为 MASK。

频移键控调制 FSK,以基带数字信号控制载波的频率变化的调制方式,又称数字调频。如果采用二进制调制信号,则为二进制频移键控 BFSK;采用多进制调制信号,则为 MFSK。

相移键控调制 PSK,以基带数字信号控制载波的相位变化的调制方式,又称数字调相。如果采用二进制调制信号,则为二进制相移键控 BPSK;采用多进制调制信号,则为 MPSK。

从基本的数字调制技术扩展而来的调制技术有高斯滤波最小频移键控(Gaussian Filtered Minimum Shift Keying,GMSK)(全球移动通信系统 GSM 采用 GMSK 调制方式)、四相相移键控调制(Quadrature Phase Shift Keying,QPSK)(3G 制式下行链路采用 QPSK 调制方式)、正交振幅调制(Quadrature Amplitude Modulation,QAM)、正交频分复用调制 OFDM 等。

4. 码组与码元

码组,又称为码字,无线通信中,将信源的信息序列按照独立的分组进行处理和编码,编码时将每 $k$ 个信息位分为一组进行独立处理,变换成长度为 $n$($n>k$)的二进制码组。码组是信道编码的结果,信道编码方式不同,码组二进制位数不同。

码元,在数字通信中常用时间间隔相同的符号来表示一个二进制数字。这样的时间间隔内的信号称为码元，而这个时间间隔被称为码元长度。值得注意的是当码元的离散状态 $M$ 大于 2 个时，此时码元为 $M$ 进制码元。比如，如果一个码元信号携带 1 个二进制位，2 种离散状态，则称为二进制码元；如果一个码元信号携带 2 个二进制位，4 种离散状态，则称为四进制码元。如果一个码元信号携带 3 个二进制信号，8 种离散状态，则称为八进制码元。一个码元信号携带二进制数据位数不同，是采用不同调制方式调制的结果。

码组是无线通信中对信源信息分组后进行信道编码的结果，是一定长度的二进制数据信息，也是基带信号。码元是对基带信号进行调制的结果，是一段时间间隔的脉冲信号，可携带多位二进制数据。

## 3.3 WLAN 调制技术

扫一扫

WLAN编码调制技术

根据奈氏准则，在理想低通信道（无噪声、带宽受限）条件下，为了避免码间串扰，极限码元传输速率为 $2W$ Baud（其中，$W$ 为信道带宽，单位是 Hz；Baud 为波特），代表每秒传输码元数，即码元速率 $B=2W$ Baud。理想低通信道下的极限数据传输速率 $C=2W\log_2 M$，其中，$C$ 表示数据传输速率，单位为 bit/s；$M$ 表示调制信号状态数，$\log_2 M$ 表示每个码元携带的二进制位数。

在信道带宽一定的情况下，码元传输速率是有上限的，如果传输速率超过这个上限，就会出现严重的码间串扰问题，使接收端无法识别码元信息。因此，在信道带宽一定的情况下，要提高数据的传输速率，就必须采取多进制调制方法，使每个码元能携带更多的个比特位数的信息。

IEEE 802.11 系列标准的物理层定义了无线传输技术和编码调制方式。不同的传输技术和编码技术，传输速率不同。

IEEE 802.11 协议采用了直接序列扩频 DSSS 和跳频扩频 FHSS 传输技术，其中直接序列扩频通信采用差分二进制相移键控 DBPSK（1 Mbit/s）和差分四进制相移键控 DQPSK（2 Mbit/s）调制方式，跳频扩频采用高斯频移键控 GFSK 调制方式。

IEEE 802.11b 协议保留直接序列扩频 DSSS 传输技术，同时增补了补码键控（Complementary Code Keying，CCK）调制方式。补码键控 CCK 既是一种调制方式，也是一种高速的直接序列扩频传输技术，与 DSSS 传输技术兼容。

IEEE 802.11a 协议改用正交频分复用 OFDM 传输技术和调制技术。OFDM 传输的工作方式是将一个高速的载波波段分解为多个子波段，然后以并行方式传输。每个子频段可以采用多种调制方式，包括二进制相移键控 BPSK 调制，四相相移键控 QPSK 调制、16QAM 调制、64QAM 调制等，不同的调制方式，传输速率不同。

后续 IEEE 802.11g/n/ac/ax 协议主要采用了正交频分复用 OFDM 传输和调制技术。为了提高传输速率，高速率的协议采用了更高阶的 QAM 调制方式。其中 IEEE 802.11g 采用了 64QAM，IEEE 802.11n 采用了 64QAM，IEEE 802.11ac 采用 256QAM 调制方式，IEEE 802.11ax 采用 1024QAM 调制方式。

这里主要介绍目前 OFDM 传输技术中使用的 QPSK 和 QAM 调制方式。

## 3.3.1 正交相移键控 QPSK 调制

相移键控是以基带数字信号控制载波的相位变化的调制方式。如果采用 2 种调制信号进行调制，则为二进制相移键控 BPSK，如果采用 $M$（$M=2^K$，$K=1$，$2$，$3$，…）种调制信号进行调制，则为 MPSK。

正交相移键控 QPSK，也称为四进制相移键控，或四相相移键控。即采用四种相位信号表示四种状态符号，即 00，01，10，11 四种状态。采用 QPSK 方式调制，需要对于输入的二进制序列进行分组，每 2 位一组，用载波的四种相位符号来表征。这种表示 2 位状态符号的相位信号就是四进制码元。

QPSK 调制是对串行输入的二进制码每 2 位分成一组，假定前一位为 A，后一位为 B。首先经过串并转换后变成两路宽度加倍的并行码，且两路信号在时间上对齐。再分别进行极性变换，把单极性码变成双极性码，并与载波相乘，形成正交的双边带信号。最后通过加法器输出形成 QPSK 信号。QPSK 调制如图 3-5 所示。

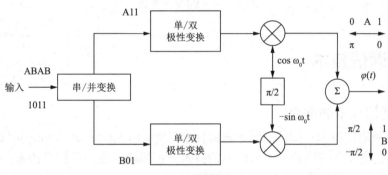

图 3-5  QPSK 调制

## 3.3.2 正交振幅调制 QAM 调制

在最基本的二进制幅移键控 ASK 系统中，若利用正交技术传输 ASK 信号，则传输速率提高一倍，如果再把多进制调制技术结合起来，则可以进一步提高传输速率。这种技术就是正交振幅调制 QAM。QAM 是利用两路基带信号对两个相互正交的同频载波进行双边带调幅，利用已调信号的频谱在同一带宽内的正交性，实现两路并行信号的传输的调制方法。

QAM 调制方法有二进制 QAM（4QAM），四进制 QAM（16QAM），八进制 QAM（64QAM），十六进制 QAM（256QAM）等，分别有 4、16、64、256 个矢量点，对应的空间矢量端点分布图称为星座图。4QAM，16QAM，64QAM 调制星座图如图 3-6 所示。QAM 调制方式中电平数与信号状态的对应关系为 $M=m^2$，其中 $m$ 为电平数，$M$ 为信号状态。如四进制 QAM（16QAM）中有 4 种电平，16 种信号状态。

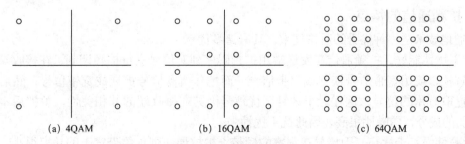

图 3-6  QAM 调制星座图

QAM 调制是将原始的二进制数据信号，转换成 $m$ 进制信号，然后进行正交调制，最后再相加形成 QAM 信号。如图 3-7 所示，输入的二进制数字序列通过串/并变换，交替选取比特，转换为两个独立的二进制数据流 $x'(t)$ 和 $y'(t)$，这两组二进制数据经过 $2/m$ 变换器转变为两路 $m$ 多进制并行信号 $x(t)$ 和 $y(t)$，再进行正交调制，最后通过加法器形成 AQM 调制信号输出。

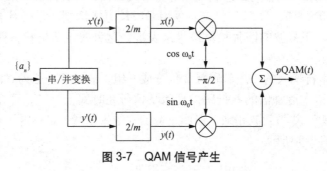

图 3-7 QAM 信号产生

## 3.4 扩频通信技术

### 3.4.1 扩频通信技术的概念

扫一扫

扩频通信技术与OFDM传输技术

扩频通信技术，即扩展频谱通信技术（Spread Spectrum Communication），是指用比信号带宽宽得多的频带来传输信息的技术。扩频通信是一种信息传输方式，广泛应用于卫星、导航、移动通信和计算机通信领域。

扩频通信中用宽频信号传递信息主要是为了提高信息的抗干扰能力。信息论中的香农公式 [$C=W\log_2(1+S/N)$] 表明频带宽度越大、信噪比越大，则信道传输速率越高。因此，在给定的传输速率不变的情况下频道带宽和信噪比是可以互换的，可以用扩展频谱换取对信噪比要求的降低，即在强干扰的条件下可保证可靠安全的通信，这正是扩频通信的重要理论依据。

扩频通信的基本特点是扩频通信的信号所占有的频带宽度远大于所传信息必需的最小带宽。频带的扩展是通过一个独立的扩频码序列来完成，用编码及调制的方法来实现的，该码序列与所传信息数据无关，在接收端则用同样的码序列进行相关同步接收、解扩及恢复所传信息数据。

在一般的窄带通信中，已调制编码的信号在接收端都要通过解调来恢复所传递的信息。但在扩频通信中，接收端用与发送端相同的扩频码序列与收到的扩频信号进行相关解调，来恢复所传递的信息。相关解调起到解扩的作用，及把扩展以后的信号恢复成原来所传的信息。

### 3.4.2 扩频通信的特点

扩频通信技术是一种优秀的通信技术，具有诸多优点：

① 抗干扰性能好。扩频通信在发送端用扩频码序列对信号进行扩频调制，在接收端用相关解调技术来解扩，使用宽带信号恢复成窄带信号，而把非所需信号扩展成宽带信号，然后通过窄带滤波技术提取有用的信号。这样对于各种干扰信号因其在接收端的非相关性，解扩后窄带信号中只有很微弱的成分，信噪比很高，因此抗干扰性强。

② 隐蔽性强、干扰小。因信号在很宽的频带上被扩展，则单位带宽上的功率很小，即信号功

率谱密度很低。信号淹没在白噪声之中，别人难于发现信号的存在，再加之不知扩频编码，就更难拾取有用信号。而极低的功率谱密度，也很少对其他电信设备构成干扰。

③ 易于实现码分多址。扩频通信提高了抗干扰性能，但付出了占用频带宽的代价。如果让许多用户共用这一宽频带，则可大大提高频带的利用率。由于在扩频通信中存在利用扩频码序列的扩频调制，充分利用各种不同码型的扩频码序列之间优良的自相关特性和互相关特性，在接收端利用相关检测技术进行解扩，则在分配给不同用户码型的情况下可以区分不同用户的信号，提取出有用信号。这样就可以在一宽频带上许多对用户可以同时通话而互不干扰。

④ 易于重复使用频带，提高频带利用率。由于扩频通信要用扩频编码进行扩频调制发送，而信号接收需要用相同的扩频编码之间的相关解扩才能得到，这就给频率复用和多址通信提供了基础。充分利用不同码型的扩频编码之间的相关特性，分配给不同用户不同的扩频编码，就可以区别不同用户的信号。众多用户只要配对使用自己的扩频编码，就可以互不干扰地同时使用同一频率通信，从而实现了频率复用，使拥挤的频谱得到充分的利用。扩频通信是以各用户使用不同的扩频编码来共用同一频率。采用扩频通信多址方式的频谱利用率高于采用频分多址方式的频谱利用率。

### 3.4.3 扩频通信的过程

扩频通信方式是把信息的频谱扩展后形成宽带传输，而在接收端经过相关处理后，恢复成窄带信息数据。一般典型的扩频通信系统由发送端、信道、接收端三部分组成，如图 3-8 所示。

发送端需要对信源产生的信号进行信源编码、信道编码、载波调制以及扩频调制，然后将扩频调制后的信号通过信道发送出去。扩频信号一般通过无线信道进行传递。接收端接收到扩频信号后，要完成解扩频、载波解调、信道译码、信源译码，最后得到原始信息，提供给信宿。

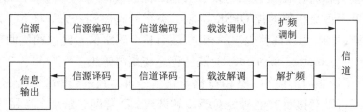

图 3-8 扩频通信过程

### 3.4.4 扩频技术类型介绍

扩频技术通常有直接序列扩频 DSSS、跳频扩频 FHSS、跳时扩频（Time Hopping Spread Spectrum，THSS），以及它们的混合形式，另外还有 Chirp 扩频技术（CSS，也称线性脉冲调频）。

WLAN 中在 IEEE 802.11 和 IEEE 802.11b 协议标准中扩频传输技术主要使用了 DSSS 和 FHSS 扩频技术，另外还有键控补码 CCK 高速直接序列扩频传输技术，它与 DSSS 传输技术兼容。这里简要介绍 DSSS、CCK 和 FHSS 扩频技术。

1. 直接序列扩频 DSSS

一般的窄带通信系统直接将信号在发射机中利用射频进行调制后由天线发射出去。但在扩展频谱通信中，还需要增加一个扩展频谱的处理过程。常用的扩展频谱的方式是用高码率的伪随机码序列对窄带信号进行相移键控调制，形成扩展后的宽带信号，扩展后的宽频信号再送到发射机中进行射频调制后由天线发射出去。解扩实际上就是扩频的反变换，通常也是用与发送端相同的调制器，并用与发送端完全相同的伪随机码序列对收到的宽带信号再一次进行相移键控，再一次的相移键控正好把扩频信号恢复成相移键控前的原始信号。

直接序列扩频是在发送端直接用具有高码率的扩频码序列（伪随机码，PN 码）对信息比特流进行调制，从而扩展信号的频谱。在接收端用与发送端相同的扩频码序列进行相关解扩，把扩展宽的扩频信号恢复成原始信息。直接序列扩频也是一种数字调制方法，是将出入信号与一定的扩频码序列进行"模二加"调制。

IEEE 802.11 和 IEEE 802.11b 在 1 Mbit/s 和 2 Mbit/s 低速传输时，采用直接序列扩频 DSSS。直接序列扩频就是通过 11 位巴克码进行扩频调制。比如，在发射端将"1"用 11000100110 代替，而将"0"用 00110010110 去代替，这个过程就实现了扩频。而在接收机处把收到的序列 11000100110 恢复成"1"，把 00110010110 恢复成"0"，这就是解扩。

2. 键控补码 CCK

IEEE 802.11b 在 5.5 Mbit/s 和 11 Mbit/s 高速率传输时，采用的扩频技术是键控补码 CCK 技术。CCK 是一种软扩频技术，采用 8 位补码序列作为扩频码序列。注意：为了与直接序列扩频中 11 位巴克码扩频兼容，要求键控补码调制能实现调制前后相同长度的码元上载有相同的信息量。

具体来说，在键控补码调制中，调制使用的补码序列为四相码（四种相位），码长为 8 位，即 8 位补码序列对应一个 CCK 码字。在编码空间中，8 位四相补码序列共 65 536 个码字，但满足补码序列定义、互相正交可供使用的 CCK 码字只有 64 (26) 个，每个 CCK 码字只能对应 6 比特数据。而 CCK 码字中每位数据都含有一个相同的初始相位参数 $\phi$，有 4 种可能相位取值，通过对 CCK 码字相位进行调制，可以调制出 2 比特数据。从而实现调制后的 8 比特数据对应调制前的 8 比特数据。

当采用补码键控传输时，在发送端将以字节为单位，数据信号经过串并转换成 8 路信号，其中第 2 路到第 7 路采用正交相移键控 QPSK 调制，决定补码序列，第 0 路和 1 路信号采用差分四进制相移键控 DQPSK 调制，用以调整码字的相位，最后整个码字信号经过相位调整后分为 I（In-phase component）路和 Q（Quadrature component）路两路正交信号输出。

发送端经过 CCK 调制后形成的 I 路和 Q 路两路信号可再经过 QPSK 调制或 I/Q 调制后合成一路信号输出，接收端可以对接收的信号经 QPSK 解调或 I/Q 解调分解出 I 路和 Q 路两路信息。I/Q 调制技术是把要传输的数字信息分为 I 路和 Q 路信号，通过 I/Q 调制器分别改变正交载波信号（相对于载波信号有 90°相位差）的幅度，然后再合成在一起。这种调制方式具有实现简单、调制方式灵活、频谱利用效率高等特点，在现代通信技术中广泛使用。I/Q 调制能够非常轻松地将独立的信号分量合成到一个复合信号中，随后再将这个复合信号分解为独立的信号分量。

在接收端对接收到两路信号经匹配滤波器后送入码字相关器组，其结果送入判决器选择对应码字，该码字分别送入译码器和 QPSK 解调器，分别解调出调制时选择码字的 6 比特数据和确定码字相位的 2 比特数据，形成原始数据信号。

3. 跳频扩频 FHSS

跳频扩频技术，是指信号载波在一个宽的频带上不断从一个频率跳变到另一个频率。发射机频率跳跃的次序和相应的频率由一串随机序列决定，接收机必须采用相同的跳频序列，在适当的时候调整到适当的频率，才能正确接收数据。一个 FHSS 系统利用多个信道，其中信号由一个信道跳到另一个基于伪噪声序列的信道。

在跳频扩频系统中，为了避免干扰，发送器改变发射信号的中心频率，信号频率的变化总是按照某种随机的模式安排的,这种随机模式只有发射器和接收器才了解。在无干扰的情况下,FHSS 系统的性能与不采用跳频的系统是一致的,当遇到窄带干扰时,由于 FHSS 系统的载波频率一直处于变化之中,干扰和频率选择性衰落只破坏传输信息的一部分,在其他中心频率处传送的信号却不受影响,因此,在出现干扰信号或者系统处于频率选择性衰落信道时,系统仍然可以提供可靠的传输。

在 WLAN 中,跳频扩频在 1997 年发布的 IEEE 802.11 协议标准中定义,传输速率为 1 Mbit/s 和 2 Mbit/s。但随后推出的一系列 WLAN 物理层标准中都没有使用跳频扩频传输技术 FHSS。

## 3.5 OFDM 传输技术

OFDM (Orthogonal Frequency Division Multiplexing) 即正交频分复用技术,是一种多载波调制技术,也是一种信道复用传输技术。OFDM 是 WLAN 协议标准 IEEE 802.11a、IEEE 802.11g、IEEE 802.11n、IEEE 802.11ac 和 IEEE 802.11ax 的物理层核心技术。

OFDM 具有频带利用率高、抗多径能力强,能够有效抑制码间干扰 (Inter Signal Interference, ISI) 和信道间干扰 (Inter Channel Interference, ICI)。采用 OFDM 多载波调制技术的另一原因是 OFDM 可以利用快速傅里叶反变换和快速傅里叶变换 (IFFT/FFT) 代替多载波调制和解调,有效提高 OFDM 调制解调的速度。

OFDM 主要思想是将信道划分成若干个相互正交的子信道,将高速串行数据流转换成并行的多个低速子数据流,并调制到每个子信道载波中进行传输。

在发送端,首先对比特流数据信号进行扰码,卷积编码,然后进行串并转换,形成多路子信号,每路子信号进行 QAM 或 QPSK 调制后,将多路正交子信道载波采用快速傅里叶反变换 (IFFT) 叠加在一起,再加上保护间隔 (GI),形成 OFDM 信号,通过天线发送出去。

在接收端,接收到 OFDM 信号首先去保护间隔,然后采用快速傅里叶变换 (FFT) 将多路载波信号分离出来,再通过 QAM 或 QPSK 解调,最后通过并串转换、卷积解码、解扰等过程还原出原始比特流信号。

OFDM 调制中的各个载波是相互正交的,每个载波在一个符号时间内有整数个载波周期,正交信号可以避免子信道间干扰 (ICI)。而且 OFDM 调制中将高速信息数据流通过串并变换,分配到速率相对较低的若干子信道,每个子信道中的符号周期相对增加,这样可减少因无线信道多径时延扩展所产生的时间弥散性对系统造成的符号间干扰 (ISI)。

另外,OFDM 信号还由于引入保护间隔,在保护间隔大于最大多径时延扩展的情况下,可以最大限度地消除多径带来的符号间干扰。如果用循环前缀作为保护间隔,还可避免多径带来的信道间干扰。

传统频分复用技术 FDM 是将频段分割成若干个子频段,但为了保证每个子频段间相互不干扰,要在每个子频段间留有一定的间隔,导致了频带的浪费。而 OFDM 将频段分割成若干个子频段,各子频段之间频谱重叠,同时各子频段载波满足相互正交,从而保证每个子频段信息的提取。和传统的频分复用技术 FDM 相比,OFDM 技术的频谱利用率更高。

以 IEEE 802.11a 为例,IEEE 802.11a 工作在 5 G 频段,信道带宽为 20 MHz,分成 64 子载波,

每个子载波大约是 300 kHz。其中 48 个子载波用于数据传输，4 个子载波用作导频子载波进行信道估计，12 个子载波置零用于降低邻信道干扰。当子信道采用 64QAM 调制时，速率可达 54 Mbit/s。

## 3.6 MIMO 天线技术

在传统的无线通信系统中，发射端和接收端通常是各使用一根天线进行发送和接收，这种天线可以称为单入单出系统（Single Input Single Output，SISO）。对于这样的系统，香农提出在带宽受限且有噪声的信道中，为了不产生误差，信息的数据传输速率有上限值，信道极限速率计算公式为 $C=W\log_2(1+S/N)$。其中 $W$ 代表信道带宽，$S$ 代表信号输出功率，$N$ 代表噪声输出功率，$S/N$ 代表信噪比，假定 $\eta=\log_2(1+S/N)$，代表信道带宽利用率。香农公式表明，无论采用什么样的调制方案和信道编码方式，信道速率只能接近这个上限速率，而不能超过这个上限速率。根据香农公式，一般来说，提高无线信道速率有两种方法：①拓宽已使用频带宽度；②提高带宽利用率。在频带宽度一定的情况下，主要是通过提高带宽利用率，来提高信道传输速率。

根据香农公式，提高带宽利用率可以通过增加信噪比，信噪比每增加 3 dB，信道每赫兹每秒可增加 1 比特。而提高信噪比主要通过提高发送功率来实现。在现实中，国家通信管理部门一般对无线设备的发射功率是有一定限制的。因此需要采取其他方法来提高带宽利用率。

提高带宽利用率的另一种方法是使用分集技术。所谓分集技术，就是分散发送或接收，集中处理的技术。分集技术的基本原理是通过多个信道（时间、频率或者空间）接收到承载相同信息的多个副本，由于多个信道的传输特性不同，信号多个副本的衰落就不会相同，接收机使用多个副本包含的信息能比较正确地恢复出原发送信号。采用分集技术，发射机不必提高发送功率，也能保证信道情况较差时链路的正常连接。

如果发射端使用多根天线，接收端使用单根天线，这种分集称为发射分集；如果接收端使用多根天线，发送端使用单根天线，这种分集叫作接收分集。通过将发送分集和接收分集技术结合起来，就演变形成了 MIMO 技术。MIMO 系统是在发送端和接收端均采用多根天线，传输信息流经过时空编码形成多个子信息流经空间信道传输后由多个接收天线接收。多个子信息流在空间信道传输，各发射信号占用同一频段，并未增加带宽。若各发射、接收天线间的通道响应独立，则 MIMO 系统在同一频段就创造多个并行空间信道，通过这些并行空间信道独立传输信息，数据传输速率必定得到提高。

实验室研究证明，采用传统无线通信技术，在点到点的固定微波系统中，带宽利用率有 10～12 (bit/s)/Hz，即每赫兹带宽每秒传输 10～12 bit，在移动蜂窝通信系统中仅有 1～5 (bit/s)/Hz。而在采用 MIMO 技术系统中，在室内传播的情况带宽利用率可以达到 20～40 (bit/s)/Hz。

最大数据传输率是表征通信系统的最重要标志之一。对于发射天线数为 $N$，接收天线数为 $M$ 的多入多出（MIMO）系统，假定信道为独立的瑞利衰落信道[①]，并假设 $N$、$M$ 很大，则信道最大

---

① 瑞利衰落信道（Rayleigh Fading Channel）是一种无线信号传播环境的统计模型。这一信道模型能够描述由电离层和对流层反射的短波信道，以及建筑物密集的城市环境。瑞利衰落适用于从发射机到接收机不存在直射信号（Line of Sight，LoS）的情况，否则应使用莱斯衰落信道作为信道模型。

# 第 3 章　WLAN 物理层

传输速率 $C$ 近似为：$C=[\min(M,N)]B\log_2(\rho/2)$。其中 $B$ 为信号带宽，$\rho$ 为接收端平均信噪比，$\min(M,N)$ 为 $M$、$N$ 的较小者。上式表明，功率和带宽固定时，多入多出系统最大传输速率随最小天线数的增加而线性增加。利用 MIMO 信道可以成倍地提高无线信道最大传输速率和带宽利用率。另外，MIMO 技术还可以提高信道的可靠性，降低误码率。

在 WLAN 技术标准中，2009 年推出的 IEEE 802.11n 标准首先在物理层引入了 MIMO 技术（最多 4 条空间流），以及信道绑定技术。将信道带宽提升到 40 MHz，物理层传输速率提高到 600 Mbit/s。

随着 WLAN 技术的进一步发展和通信需求量的急剧增加，2013 年，推出了 IEEE 802.11ac 标准，IEEE 802.11ac 工作在 5 GHz 频段，引入更多空间流的 MIMO（8 条空间流），更高阶的调制方式（256QAM 调制）、更高信道带宽（绑定带宽 160 MHz），以及多用户 MIMO（MU-MIMO）技术[1] 等，物理层传输速率高达 6.93 Gbit/s。

## 小结

本章首先介绍了 WLAN 的 IEEE 802.11 体系结构，IEEE 802.11 体系结构包括 WLAN 物理层和媒体访问控制层。然后介绍了无线数字通信、物理层编码和调制技术等基础知识。最后重点介绍 WLAN 物理层知识，WLAN 的物理层技术主要包括扩频传输技术、OFDM 传输技术、天线技术等。

本章内容不涉及过深的技术细节，主要是让读者了解、熟悉这些传输技术，知道这些物理层技术的功能。

---

① 传统的 WLAN 在一个传输机会下只能接入一个用户，在多用户场景下，用户间还需要竞争接入机会，增大了用户的等待时间，同时增加了协议开销。采用多用户 MIMO（MU-MIMO）技术，可以同时接入多个用户，多个用户以空分多址的方式来实现并行通信，可以充分利用发送天线。

# 第 4 章

# WLAN 媒体访问控制层

IEEE 802.11 媒体访问控制层 MAC 主要功能包括媒体访问控制、多媒体业务及服务质量，以及对安全认证的支持等。具体对应协议标准包括 IEEE 802.11、IEEE 802.11e，以及 IEEE 802.11i 等协议标准。

## 4.1 WLAN 访问控制

扫一扫

WLAN访问控制

在无线局域网中，节点之间采用共享信道进行信息传输。同一时刻仅有一个节点传输数据，如果两个和多个节点同时传输数据，接收信号就要发射混淆，因此 MAC 层的关键问题是节点接入控制问题。即对于一个共享信道，当信道的使用产生竞争时，如何采取有效的协调机制来分配信道的使用权，也就是媒体访问控制 MAC 技术。MAC 层协议就是定义以一定的顺序和有效的方式分配节点访问媒体的规则。

IEEE 802.11 详细定义了媒体访问控制层 MAC 的协议规范。MAC 层通过协调功能（Coordination Function）来确定基本服务集中的节点之间如何发送或接收数据。定义了两种介质访问控制的方法，分别是分布式协调功能（DCF，Distributed Coordination Function）和点协调功能（Point Coordination Function，PCF），如图 4-1 所示。

| 媒体访问控制层MAC | 点协调功能PCF（可选） |
|---|---|
| | 分布式协调功能DCF（CSMA/CA） |

图 4-1 媒体访问控制层

分布式协调功能 DCF：DCF 是 IEEE 802.11 基本的访问方法，提供异步数据服务，其核心是载波侦听多点接入/冲突避免（CSMA/CA）。它包括载波侦听机制、帧间隔机制和随机退避机制。每个节点使用 CSMA 机制争用信道来获取数据帧的发送权。DCF 包括两种访问方式：基本访问方式（Basic Access）和可选的 TRS/CTS 预约访问方式。

点协调功能 PCF：PCF 建立在 DCF 的基础之上，是一种中心控制访问机制，仅用于有基础设施的网络，是可选协调机制。这种协调机制中，各站点的优先权由点协调器来协调，点协调器只存在于无线接入点 AP 中。用类似于探询的方法把数据帧的发送权轮流交给各节点，从而避免碰撞冲突。对于时间敏感的业务，如分组语音，可以使用无争用服务的点协调功能 PCF 进行传送。

目前绝大多数无线设备使用 DCF 模式，使用载波侦听多路访问/冲突避免 CSMA/CA 技术争用信道。无线局域网中的无线信号覆盖范围有限，并非所有的站点都能够听见对方。因此，IEEE 802.11 标准提出了载波侦听多路访问冲突避免 CSMA/CA 技术来实现信道争用，多点接入。

## 4.1.1 CSMA/CA 技术

对于有线连接的共享信道局域网，采用载波侦听多路访问/冲突避免技术，即 CSMA/CD 技术来争用信道，实现多点接入。但对于无线局域网，能够采用载波侦听多点接入 CSMA，但不能使用碰撞检测 CD 技术。这是由于无线信道的传输特性决定的，无线信号在信道传输过程中是逐渐减弱的，发送方无法检测到产生碰撞后的回传信息，无法实现边发送边检测信道。因此，无线局域网在共享信道争用过程没有使用碰撞检测技术。

有线局域网采用 CSMA/CD 技术发送数据，在发送数据前检测信道，信道空闲就立即发送数据，信道忙就随机推迟发送，而且在信息发送过程中边发送边检测信道，一旦发生碰撞就立即停止发送。而无线局域网不能使用碰撞检测，只要开始发送数据，就不能中途停止发送数据，无线局域网一旦发送碰撞，信道资源的浪费就比较严重，因此，无线局域网应尽量减少或避免碰撞的产生。为此，无线局域网的基本访问方式采用了载波侦听多点接入以及冲突避免技术和确认（ACK）技术，即使用 CSMA/CA 技术来争用共享信道，实现多点接入，同时还利用 ACK 信号来确认信号是否成功发送。

CSMA/CA 使用帧间间隔、载波侦听和随机退避等机制来争用信道和碰撞避免，实现共享信道多点接入。下面首先介绍 CSMA/CA 工作原理，然后介绍帧间间隔、载波侦听、随机退避机制、竞争窗口等概念。

1. CSMA/CA 基本访问方式工作流程

采用 CSMA/CA 技术的基本访问方式的工作原理如图 4-2 所示。

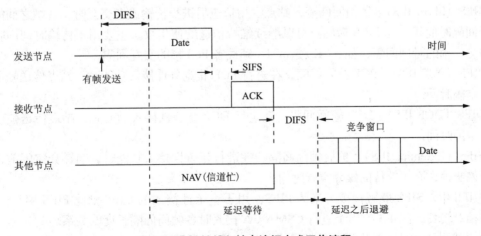

图 4-2　CSMA/CA 基本访问方式工作流程

CSMA/CA 具体工作流程如下：

① 发送节点开始有数据要发送（非重传数据），先检测信道空闲状态。

- 如果检测到信道空闲，则等待一个 DIFS（DCF Inter Frame Space）时间后，发送节点开始发送数据，并等待确认。发送节点发送数据帧中携带了 NAV 信息，其他工作站接收到此帧后更新自己的 NAV 信息，表明在这段时间内信道忙，如果有数据要发送，需要延迟等待。
- 如果检测到信道忙，发送节点就要等待检测到信道空闲并经过时间 DIFS 后，执行二进制退避算法，并启动退避计时器。在退避计时器减少到零之前，一旦检测到信道忙，就冻结退避计时器；一旦信道空闲，退避计时器就继续计时。当退避计时器时间减少到零时（此时信道必定空闲）。发送节点就发送整个数据帧并等待确认信号。

② 发送节点发送数据，接收节点接收数据，当接收节点接收到完整的数据帧后，等待 SIFS 时间后发送确认（ACK）相应帧进行确认。

③ 发送节点若收到确认，就说明发送的帧被接收节点正确接收，信道开始空闲。等待 DIFS 时间后，需要发送数据的各个工作站开始利用退避算法争用信道。退避计时器最先减小到零的工作站发送数据帧。

④ 若发送节点在规定的时间内没有收到确认帧 ACK，就必须重传此帧（使用 CSMA/CA 争用信道），直到收到确认信息，或经过若干次重传失败后放弃重传。

> **注意：**
> 网络分配向量（Network Allocation Vector，NAV）用在虚拟载波监听中，其作用相当于一个计数器，用来虚拟地反映信道的忙与闲，非零为忙，零为闲。

### 2. 帧间间隔

为了尽量避免碰撞，IEEE 802.11 规定，所有的节点在完成数据发送后，必须等待一段时间间隔才能发送下一帧。这段时间间隔称为帧间间隔（Inter Frame Space，IFS）。帧间间隔的长短取决于该节点要发送的帧的类型。高优先级的帧需要等待的时间较短，可优先获得发送权，低优先级的帧就必须等待较长的时间。至于各种帧间间隔的具体时长，则取决于帧所使用的的物理特性。具体来说，包括 SIFS、PIFS、DIFS、EIFS 等帧间间隔。

① SIFS（Short IFS）：短帧间间隔，站点占用信道后进行传输或者交互时，各帧之间的间隔时间。由于间隔时间短，在 SIFS 后站点可以继续维持信道的使用权。主要用于传输时间内收发端之间的立即交互帧的时间间隔，如 ACK 帧、CTS 帧或者 Poll 帧的交互间隔。

② PIFS（PCF IFS）：PCF 帧间间隔。在进行 PCF 非竞争性接入功能时，站点传送帧前必须等待的媒介空闲时间。

③ DIFS（DCF IFS）：DCF 帧间间隔。在进行 DCF 竞争性接入功能时，站点传送帧前必须等待的媒介空闲时间。

④ EIFS（Extended IFS）：扩展帧间间隔。在进行竞争性接入功能时，当媒介空闲前，如果站点检测到差错帧，必须等待的媒介空闲时间。

上述 IFS 中，SIFS 最短，接下来为 PIFS，用于竞争性接入的 DIFS 则比 PIFS 稍长，而 EIFS 帧间间隔相对较长。图 4-3 给出了进行 CSMA/CA 接入时各帧间间隔长度的关系。

随着无线局域网技术的发展，后期又增加了仲裁帧间间隔 AIFS（Arbitration IFS）和减短帧间间隔 RIFS（Reduced IFS）。其中仲裁帧间间隔 AIFS 是 IEEE 802.11e 协议增加的一种帧间间隔，它存在多个 AIFS，其中最小 AIFS 间隔与 PIFS 间隔相同。减短帧间间隔 RIFS 是 IEEE 802.11n 定义的更短 IFS，比 SIFS 短，用于替代 SIFS 以提高连续传输效率。

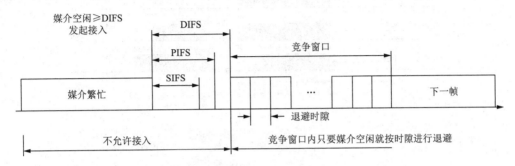

图 4-3 SIFS/PIFS/DIFS 帧间间隔长度关系

3. 载波侦听

为了让节点在发送数据时能够检测到可能存在的冲突，IEEE 802.11 采用两种载波侦听方法。一种是物理层的直接载波侦听，一种是 MAC 层的虚拟载波侦听。

物理层直接载波侦听。某个节点如果要发送数据，必须先使用物理层的空中接口进行物理层的载波侦听，通过对收到信道的强度是否超过一定的门限数值来判断是否有其他节点在信道上发送数据。如果检测到信道空闲，则等待一个 DIFS 时间后，源节点开始发送数据。如果信道忙，则延迟传送，继续监听信道直到当前数据发送结束并进入信道空闲状态。

MAC 层虚拟载波侦听(Virtual Carrier Sense)。MAC 帧首部的第二个字段为持续时间(Duration)。源站点发送数据时，把需要占用信道的时间写入持续时间字段。如果其他节点检测到信道忙，则获取处于发送中数据帧的此字段值，并根据此字段的值调整本节点的网络分配向量 NAV。NAV 指出了经过多长时间才能完成这次数据帧的传输，才能使信道转入空闲状态。其他站点在该时间段内停止发送数据，减少碰撞。

4. 随机退避

当信道从忙转入空闲后，任何一个节点要发送数据帧时，只要不是要发送的第一个帧（如果是第一帧，检测到信道空闲，则等待一个 DIFS 时间后，直接开始发送数据），不仅必须等待一个 DIFS 的间隔，而且还要进入竞争窗口，采用二进制指数退避算法计算随机退避时间，并启动退避计时器，当退避计时器的时间减小到零时，就开始发送数据。为了避免几个节点同时发送数据，所有想发送数据的节点就都要执行退避算法，这样可以大大减少发送碰撞的概率。

5. 竞争窗口

竞争窗口又称退避时间。如果同时有多个节点需要发送数据，都检测到信道忙，就需要执行退避算法，即每个节点随机退避一段时间再发送数据。退避时间是时隙的整数倍，其大小是由物理层技术决定的。节点每经历一个时隙的时间就检测一次信道，若检测到信道空闲，退避计数器继续倒计时；若检测到信道忙，就冻结退避计时器的剩余时间，重新等待信道变为空闲并再等待 DIFS 后，从剩余时间开始继续倒计时。直到退避计时器的时间减小到零，发送节点开始发送数据帧，如图 4-4 所示。

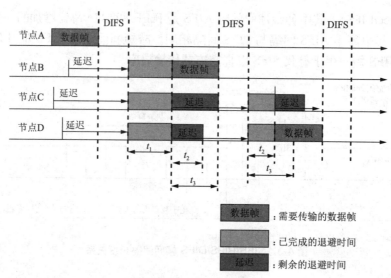

图 4-4 退避原理图

① 节点 A 正在占用无线信道发送数据帧，此时，节点 B、节点 C 和节点 D 也想发送数据，检测到无线信道忙，开始等待延迟发送。

② 待节点 A 的数据帧发送完成后，所有节点需要等待 DIFS 时间。DIFS 帧间隔时间后，需要发送数据帧的节点会随机生成一个退避时间并启动退避计时器。假设节点 B 的退避时间为 $t_1$，节点 C 的退避时间为 $t_1+t_3$，节点 D 的退避时间为 $t_1+t_2$。

③ $t_1$ 时间后，节点 B 退避计时器最先减小到零，开始发送数据。

④ 节点 C 和节点 D 检测到无线信道忙，需要停止退避，冻结退避计时器的剩余时间并继续等待，直到节点 B 的数据帧传输完成后，再等待一个 DIFS 时间后，节点 C 和节点 D 的退避计时器继续倒计时。

⑤ $t_2$ 时间后，节点 D 退避计时器最先减小到零，开始发送数据帧。

⑥ 节点 C 检测到无线信道忙，需要停止退避，冻结退避计算机的剩余时间并继续等待，直到节点 D 的数据帧传输完成后在等待一个 DIFS 时间后，节点退避计算机继续倒计时。

⑦ $t_3-t_2$ 时间后，节点 C 退避计时器减小到零，开始发送数据帧。

## 4.1.2 RTS/CTS 预约访问方式

由于受到障碍物等造成的信道衰减和噪声干扰等各种因素的影响，以及距离较远而无法侦测到对方，可能导致无线通信中的两个站点互为隐蔽节点，隐蔽节点可能导致网络碰撞增加。为了解决隐蔽节点问题，IEEE 802.11 定义了可选的无线信道预约访问方式。在节点发送数据前利用请求发送控制帧（Request To Send，RTS）和允许发送控制帧（Clear To Send，CTS）首先对信道进行预约。

RTS 帧和 CTS 帧首部的"持续时间"字段指示了完成本次收到的信号传输需要经过多少时间，即要占用信道的时间。该时间包括了 RTS 请求帧和 CTS 响应帧的传输时间、数据帧发送时间、确认帧 ACK 发送时间，以及 2～3 个短帧间间隔（SIFS）。从图 4-5 中可以看到，RTS 帧的持续时间为图中其他节点的网络分配向量 NAV（RTS），CTS 帧的持续时间为图中其他的节点的网络分配向量 NAV（CTS）。

# 第 4 章 WLAN 媒体访问控制层

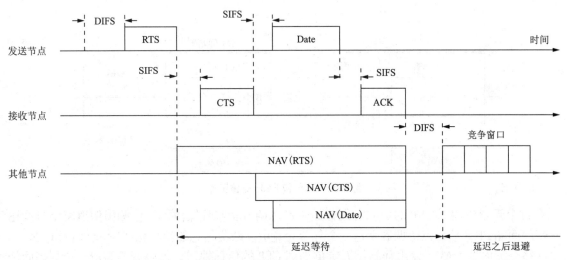

图 4-5 RTS/CTS 预约访问方式具体工作流程

RTS/CTS 预约访问方式工作流程如下：

① 发送节点检测到信道空闲并且等待了 DIFS 间隔后，发送控制帧 RTS，用于请求发送数据，其中包括这次通信所需要的持续时间。

② 接收节点若正确收到 RTS 帧，且信道空闲，在等待 SIFS 间隔后发送一个控制帧 CTS，用于允许发送，它也包括这次通信所需的持续时间。

③ 发送节点在正确接收到允许发送的控制帧 CTS 后，等待 SIFS 时间后发送 Data 数据帧。

④ 接收节点收到数据帧后，等待一个 SIFS 间隔后，就向发送端发送一个确认帧 ACK。

⑤ 其余的全部节点侦听到 RTS 帧或 CTS 帧后，依照其帧首部的"Duration"字段来分别更新各自的网络分配向量 NAV，从而得到了具体的延迟接入信道的时间，避免碰撞发生。

RTS/CTS 预约访问方式可以对隐蔽节点所引起的碰撞问题进行有效地避免，减少因冲突造成的数据帧的重传，从而提高网络吞吐量。但 RTS/CTS 预约访问方式会使网络通信效率有所下降（每次通信需要额外增加 RTS/CTS 帧长数据）。因此，RTS/CTS 预约访问方式适合于数据帧较长的数据传输，可避免因发送碰撞重发而浪费更多的时间。

## 4.1.3 点协调功能 PCF

分布式协调功能 DCF 提供了尽力而为的服务，无法满足实时业务对时延和抖动等指标的需求，为了提供延迟受限的服务，IEEE 802.11 标准在 DCF 的基础上定义了点协调功能 PCF，点协调功能 PCF 是在 DCF 之上实现的替代接入方式。PCF 的基本原理是利用点协调器对节点进行轮询，集中控制介质的访问。点协调功能 PCF 只能用于有基础设施的 WLAN 中，由接入点 AP 来担任点协调器。

如图 4-6 所示，点协调功能 PCF 建立在 DCF 的基础之上，采用 DCF 和 PCF 交替工作的方式。PCF 以超帧为周期进行数据帧的发送，每个超帧周期包括一个无竞争周期（Contention-Free Period，CFP）和一个竞赛周期（CP），无竞争周期传输实时业务，点协调功能 PCF 发挥作用；竞争周期传输非实时业务，分布式协调功能发挥作用。

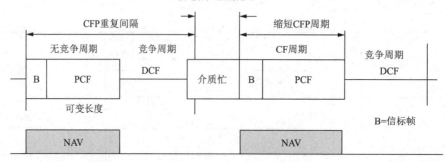

图 4-6 DCF 和 PCF 交替工作

在每个无竞争周期 CFP 的标称时间开始，点协调器将监听媒体。当检测出信道空闲时间达到 PCF 帧间间隔 PIFS 后，点协调器发送一个包含无竞争参数集信息的信标帧（Beacon Frame），同时设定网络分配向量 NAV。发出初始化无竞争周期 CFP 的信标帧后，点协调器等待一个短帧间间隔 SIFS，然后根据情况发送数据帧或轮询帧。

点协调器根据轮询列表（Poll-List）分别询问关联的工作站节点。工作站节点必须得到轮询后才能发送数据，一个无竞争轮询授权（CF-Poll）发送一个帧。

点协调器在每个无竞争周期 CFP 结束后，发送 CF-END 帧或 CF-END+ACK 帧，任何接收到 CF-END 帧或 CF-END+ACK 帧的工作站节点将复位网络分配向量 NAV，以便顺利进入竞争周期 CP 内。

一个超帧周期结束，点协调器使用 PIFS 竞争对媒体访问。如果媒体空闲，点协调器获得及时接入和一个紧挨着的完整超帧。如果在超帧尾部，无线信道正处于忙状态，则点协调器必须等待直至信道空闲，方可获得接入，这会导致下一个循环中减少的超帧周期。

## 4.2 WLAN 服务质量 QoS

扫一扫

WLAN 服务质量和 WLAN 安全技术

通过分布式协调功能 DCF 实现信道竞争的机制，对于所有设备的数据流，DIFS 时间间隔是固定的，退避时间是随机生成的，所以整个网络中设备的信道竞争机会是相同的。

2005 年 IEEE 发布的 IEEE 802.11e 标准定义无线局域网 MAC 层的服务质量，以支持语音、视频等多媒体业务在无线局域网中的应用。Wi-Fi 联盟把 Wi-Fi 多媒体（Wi-Fi MultiMedia，WMM）定义为 IEEE 802.11e 标准的规范概要，以满足业界对 Wi-Fi 网络 QoS 解决方案的需求。IEEE 802.11e 和 WMM 协议通过对 802.11 协议的增强，改变了整个无线网络完全公平的竞争方式。这里以 IEEE 802.11e 为基础介绍 WLAN 服务质量。

### 4.2.1 引入服务质量的 MAC 结构

IEEE 802.11e 标准扩展了原来的 802.11MAC 层的 DCF 和 PCF 信道接入机制，形成了增强分布式信道接入（Enhanced Distributed Channel Access，EDCA）和混合信道协调功能控制信道接入（Hybrid Coordination Function Controlled Channel Access，HCCA）规范。由于 HCCA 机制更加复杂，因此没有得到推广，但 EDCA 得到了广泛应用（WMM 协议中包含 EDCA 规范，但不包含 HCCA 规范）。

通过 IEEE 802.11e 扩展后的 MAC 层结构如图 4-7 所示。

# 第 4 章 WLAN 媒体访问控制层

图 4-7 IEEE 802.11e 扩展后的 MAC 层结构

HCCA 信道接入规范增强了 PCF 机制，通过支持服务质量的接入点 AP 的集中控制，以轮询方式为支持服务质量的工作站分配空口资源，提供改善的访问带宽并减少高优先级业务的延迟。

EDCA 信道接入规范增强了 DCF 机制，通过区分不同业务应用的优先级，保障高优先级业务的信道优先接入能力，并在一定程度上保障高优先级业务的带宽。IEEE 802.11e 协议定义了一台信道竞争 EDCA 参数，可以区分高优先级报文并保证高优先级报文优先占用信道资源，以满足不同的业务需求。

## 4.2.2 WLAN 数据流量分类

传统的有线网络的服务质量 QoS 技术无法直接应用在无线局域网中，IEEE 802.11e 标准提供了无线服务质量 QoS 解决方案，可以实现高速突发数据发送和流量分级。IEEE 802.11e 标准主要是通过对数据流进行分类和采用 EDCA 信道竞争机制来实现服务质量 QoS。要注意的是，只有当通信的多方都遵循 IEEE 802.11e 规范时，才可以保证无线 QoS 的正常应用。

1. 有线网络流量分类

首先我们了解一下有线网络服务质量 QoS 技术及其流量的分类。

有线网络服务质量 QoS 技术采用的是差分服务 Diff-Serv，对于 IP 数据，它是利用每个 IP 数据包首部的服务类型字段 TOS 中的 6 比特进行编码来区分优先级，称为差分服务代码点（Differentiated Services Code Point，DSCP）。DSCP 取值范围为 0～63，可以定义 64 个优先级，但 DSCP 只定义最高 3 比特的类别选择代码（CS），分为 CS0～CS7，而用于细分的后三位没有定义具体含义。网络设备利用 DSCP 对数据包分类并定义不同优先级，为不同优先级的数据包实施不同的服务质量 QoS 策略。

有线以太网利用 IEEE 802.1p 和 IEEE 802.1q（VLAN 标签技术）标准共同运作，使第二层网络的交换机能够对流量进行分类，从而实现第二层的服务质量 QoS 或服务类 CoS（与优先级代码点 PCP 含义相同）。IEEE 802.1q 将 VLAN 标签添加到以太网 MAC 帧中，VLAN 标签包括虚拟局域网标签 VLAN ID（12 比特）和优先级代码点 PCP（3 比特）。但 IEEE 802.1q 没有定义和使用优先级 PCP，而在 IEEE 802.1p 中定义优先级 PCP 的具体含义。优先级 PCP 定义了 0 至 7 共 8 种优先级，可将服务分为 8 个档次。最高优先级为 7，应用于关键性网络流量；优先级 6 和 5 主要用于延迟敏感(Delay-Sensitive)应用程序；优先级 4 到 1 主要用于受控负载(Controlled-Load)应用程序；优先级 0 是默认值，在没有设置其他优先级值的情况下自动启用。以太网采用交换机进行数据转发，交换机将根据交换机配置的 PCP 与 DSCP 映射关系表将 PCP 值转换为 DESP 值，然后利用 DSCP 值为不同优先级的数据包实施不同的服务质量 QoS 策略。

2. WLAN 的流量分类

由于无线媒介的特殊性，使得无线 QoS 不能像有线 QoS 一样，进行准确的流量分类管理、带宽预留。无线 QoS 只能是粗糙的流量分类和简单的流量分配。能够做到高优先级的流量占用较多的带宽，但不能控制占用指定的带宽。

IEEE 802.11e 采用增强分布式信道接入 EDCA 功能，在保留节点的分布式信道竞争外，将流量区分为 4 个接入分类 AC（Access Category）。每一个接入分类具有一定的优先级，4 个接入分类的优先级从高到低分别为：

- 语音服务（AC_VO，Voice）；
- 视频服务（AC_VI，Video）；
- 尽力传输（AC_BE，Best Effort）；
- 背景流量（AC_BK，Background）。

IEEE 802.11e 标准定义 WLAN 流量的 4 个接入分类 AC，与 IEEE 802.1p 定义流量的 8 个用户优先级 UP（User Preference）不同，但可以将无线接入分类和用户优先级结合起来，形成对应关系，并利用流量 4 个接入分类为数据包实施不同的服务质量 QoS 策略。

接入分类 AC 与用户优先级 UP 的对应关系见表 4-1。

表 4-1  AC 与 UP 的对应关系表

| 优先级 | UP | AC |
|---|---|---|
| 最高 | 7 | AC_VO（Voice） |
|  | 6 |  |
|  | 5 | AC_VI（Video） |
|  | 4 |  |
|  | 3 | AC_BE（Best Effort） |
|  | 0 |  |
| 最低 | 2 | AC_BK（Background） |
|  | 1 |  |

每个接入分类 AC 队列定义了一套增强的分布式信道访问 EDCA 参数，该参数决定了队列占用信道的能力大小，可以实现高优先级的 AC 占用信道的机会大于低优先级的 AC。

## 4.2.3 EDCA 信道竞争机制

### 1. 信道竞争参数

支持服务质量的接入点 AP 为节点下发信道竞争参数，控制节点的信道接入，这些竞争参数包括：AIFS、TXOPLimit、ECWmin/ECWmax 等。

AIFS（Arbitration Inter Frame Spacing），仲裁帧间间隙。接入点 AP 为不同优先级的接入分类的数据流分配不同的仲裁帧间间隙 AIFS。AIFS 数值越大，用户的空闲等待时间越长，优先级越低。

TXOPLimit（Transmission Opportunity Limit），传输机会限制。用户一次竞争信道成功后，可占用信道的最大时间，这个数值越大，用户一次能占用的信道时长越大。如果是零，则每次占用信道后，只能发送一个报文。接入点 AP 和节点可以在一个传输机会限制内完全占用信道进行通信，所有其他节点在此时间内延迟等待，只接受来自 TXOPLimit 的 AP 发送的报文，并进行确认。

ECWmin/ECWmax，最小/最大竞争窗口指数。这两个值共同决定了平均退避时间值，这两个数值越大，用户的平均退避时间越长，优先级越低。接入点 AP 用于为不同优先级的数据流分配不同的竞争窗口范围。

合理分配信道竞争参数，既保障高优先级数据流具有优先接入信道的能力，同时不完全阻塞低优先级数据流接入信道。

另外，IEEE 802.11e 标准的设备还兼容原有标准和设备。当支持服务质量的无线网络中出现不支持服务质量的节点接入时，支持服务质量的接入点 AP 将不支持服务质量的节点的接入信道能力，分配为与尽力传输 AC_BE 数据流接入分类的接入信道能力一致，获得比语音、视频低的网络带宽，但比背景 AC_BK 数据流略高的网络带宽。

2. EDCA 信道竞争

增强分布式信道接入 EDCA 是 IEEE 802.11e 的核心，EDCA 能够区分不同优先级的流量接入分类的接入信道能力，从而保证了空口资源依据数据流优先级进行分配。

为了避免冲突，IEEE 802.11 标准依据 CSMA/CA 机制引入了多个帧间间隙 IFS，包括 SIFS、DIFS、PIFS、EIFS。IEEE 802.11e 标准为了支持服务质量 QoS，引入了新的帧间间隙——仲裁帧间间隙 AIFS。AIFS 有多种可能的值，用来区分不同流量的优先级。AIFS 帧间间隙比 DIFS 帧间间隙长。

如图 4-8 所示，AIFS (i) 和 AIFS (j) 表示不同的数据流接入分类，AIFS (i) 的信道竞争参数优于 AIFS (j) 的信道竞争参数。节点在信道空闲开始必须等待 AIFS 帧间间隔后，才能进入信道竞争窗口。采用二进制指数退避算法，最先退避结束的数据流接入分类开始使用信道进行通信。其他数据流接入分类，由于信道忙而处于延迟等待状态。在通信结束后，所有节点的数据流接入分类再次进行信道竞争。注意，不同的节点之间存在竞争，同一节点中不同的数据流接入分类之间也存在信道竞争。

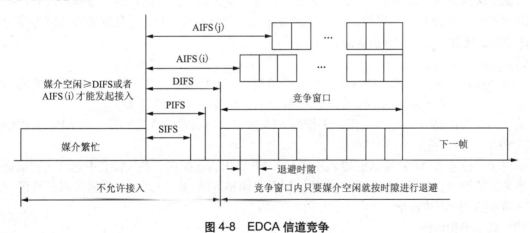

图 4-8　EDCA 信道竞争

## 4.3　WLAN 安全技术

无线 WLAN 是使用电磁波作为载体在开放性媒介（空气）中传输数据信号，无线通信双方是没有物理线缆连接的。如果无线信号在空气中传输的过程未采取适当的加密保护，任何人都有条件窃听或干扰信息，因此对越权存取和窃听的行为也更不容易防备。可见在 WLAN 中确保传输的信号安全显得尤为重要。无线局域网定义安全方面的标准主要包括 IEEE 802.11（其中定义了 WEP 安全技术）和 802.11i 协议标准。

## 4.3.1 WLAN 基本安全措施

总体来说，无线 WLAN 的基本安全措施一般来说有四个方面，即信息过滤、链路认证、数据加密、接入认证。其中接入认证是可选安全策略。

1. 信息过滤

WLAN 的基本信息过滤通过服务集标识符 SSID 匹配方式实现。对多个无线接入点 AP 设置不同的 SSID，并要求工作站 STA 出示正确的 SSID 才能访问接入点 AP，这样就可以允许不同用户接入不同群组，对资源访问的权限进行区别限制，起到了信息过滤的目的，避免工作站在未出示正确的 SSID 情况下就能够收到多个接入点 AP 的信号。

另外，可以认为 SSID 是一个简单的口令，从而提供一定的安全。当然，如果配置 AP 向外广播其 SSID，那么安全程度将会下降。

通过设置 SSID 的方式可以过滤一部分非法用户，但由于一般情况下，用户自己配置客户端系统，通过向外广播分享给其他用户。为了提高安全性，建议在链路认证中采用共享密钥认证方式来提高安全性。

2. 链路认证

链路认证是工作站 STA 接入的第二步，即 WLAN 链路关联身份验证，是一种低级的身份验证机制。在工作站 STA 同接入点 AP 进行关联时发生，该行为早于接入认证。任何一个工作站 STA 试图连接网络前，都必须进行链路身份验证进行身份确认。可以把链路身份验证看作是工作站 STA 连接到网络时握手过程的起点，是网络连接过程中的第一步。常用的链路认证方案包括开放系统身份认证和共享密钥身份认证。

（1）开放系统认证

开放系统认证是默认使用的认证机制，是最简单的认证算法，即不认证。这种类型的认证方式主要用于用户公共区域或热点区域，如机场酒店、学校图书馆、广场等。

第一步，工作站 STA 请求认证。工作站 STA 发出认证请求给选定的接入点 AP，请求中包含工作站 STA 的 ID（通常为 MAC 地址）。

第二步，接入点 AP 返回认证结果。接入点 AP 发出认证响应，响应报文中包含表明认证是成功还是失败的消息。如果认证结果为成功，那么工作站 STA 和接入点 AP 就通过双向认证。工作站 STA 在接入点 AP 中注册。

（2）共享密钥认证

共享密钥认证需要工作站 STA 和接入点 AP 配置相同的共享密钥，共享密钥认证采用的预共享密钥即 Wi-Fi 密码。具体过程如下。

第一步，工作站 STA 先向接入点 AP 发送认证请求。

第二步，接入点 AP 会随机产生一个 Challenge 包（即一个字符串）发送给工作站 STA。

第三步，工作站 STA 会将接收到字符串拷贝到新的消息中，用密钥加密后再发送给接入点 AP。

第四步，接入点 AP 接收到该消息后，用密钥将该消息解密，然后对解密后的字符串和最初给 STA 的字符串进行比较。如果相同，则说明 STA 拥有无线设备端相同的共享密钥，即通过了共享密钥认证；否则共享密钥认证失败。

### 3. 数据加密

数据加密是避免用户数据报文在传输过程被截获而获取信息。通过对数据报文进行加密，保证只有特定的设备可以对接收到的报文成功解密。其他的设备虽然可以接收到数据报文，但是由于没有对应的密钥，无法对数据报文解密，从而实现了数据安全性保护。

在 WLAN 局域网安全技术发展过程中，采用了包括有线等效加密协议 WEP、暂时密钥集成协议 TKIP 和计数器模式密码块链消息认证码协议 CCMP 等多种数据加密技术。这些无线加密协议在加密算法、密钥长度以及数据完整性方面有所不同，具体见表 4-2。

表 4-2 无线加密协议对比

| 比较项 | WEP | TKIP | CCMP |
| --- | --- | --- | --- |
| 加密算法 | RC4 | RC4 | AES |
| 密钥长度 /bit | 40/104 | 128 | 128 |
| IV 长度 /bit | 24 | 48 | 48 |
| 数据完整性 | CRC32 | MIC | CCM |
| 密钥管理 | 无 | 802.1x | 802.1x |

（1）有线等效加密协议

IEEE 802.11 首先采用的是有线等效加密 WEP（Wired Equivalent Privacy）协议，是 MAC 层加密算法。有线等效加密 WEP 协议是对两台设备间无线传输的数据进行加密的方式，用以防止非法用户窃听或侵入无线网络。WEP 使用 RC4 加密算法来保证数据的保密性，RC4 是一种密钥长度可变的流加密算法。WEP 通过共享密钥来实现认证，理论上增加了网络侦听、会话截获等的攻击难度，但是受到 RC4 加密算法中过短初始向量和静态配置密钥的限制，WEP 加密还是存在比较大的安全隐患。

WEP 加密也可以在链路认证方式中使用。在采用开放系统认证时，WEP 密钥只做加密，即使密钥配得不一致，用户也是可以上线，但上线后传输的数据会因为密钥不一致被接收端丢弃。在采用共享密钥认证时，如果双方密钥不一致，客户端就不能通过共享密钥认证，无法上线。即当 WEP 和共享密钥认证方式配合使用时，WEP 也可以作为一种认证方法。

有线等效加密 WEP 有以下缺点：一是认证是单向的，AP 能认证客户端，但客户端没法认证 AP；二是初始向量（IV）太短，重用很快，为攻击者提供很大的方便。WEP 没有办法应付重传攻击（Replay Attack）；三是 WEP 只支持预配置密钥，没有密钥管理、更新、分发的机制，完全要手工配置，用户往往常年不会去更换。

据悉，2001 年，就有专家利用 WEP 中 RC4 加解密算法和初始化向量 IV 使用方式的特性，几个小时把密钥破解出来。2005 年，美国联邦调查局展示了用公开可得的工具可以在几分钟内破解一个用 WEP 保护的网络。

（2）暂时密钥集成协议

暂时密钥完整性协议（Temporal Key Integrity Protocol，TKIP）是一种用于 IEEE 802.11 无线网络标准中的替代性安全协议，在 IEEE 802.11i 第三版草案（IEEE 802.11 drift 3）中定义。TKIP 协议由 IEEE 802.11i 任务组设计，用来在不需要升级硬件的基础上替代有线等效加密 WEP 协议。

由于 WEP 协议的缺点造成了数据链路层的安全性不足，且由于已经应用的大量按照 WEP 要求制造的网络硬件急需更新、更可靠的安全协议，在此背景下 TKIP 应运而生。TKIP 是用来解决 WEP 容易被破解而提出的临时性加密协议，它并不是 IEEE 802.11 推荐的强制加密协议。使用 TKIP 加密，并不需要进行硬件的升级，也就是说只要硬件支持 WEP 加密，那么同时也能够支持更安全的 TIKP 加密，用户只需通过软件升级，就能达到安全系数提高的目的。

暂时密钥完整性协议 TKIP 也和 WEP 加密机制一样，使用的是 RC4 算法，但是相比 WEP 加密机制，TKIP 加密机制可以为 WLAN 服务提供更加安全的保护，主要体现在以下几个方面：一是静态 WEP 的密钥为手工配置，且一个服务区内的所有用户都共享同一把密钥，而 TKIP 的密钥为动态协商生成，每个传输的数据包都有一个与众不同的密钥；二是 TKIP 将密钥的长度由 WEP 的 40 位加长到 128 位，初始化向量 IV 的长度由 24 位加长到 48 位，提高了 WEP 加密的安全性；三是 TKIP 支持信息完整性校验（Message Integrity Check，MIC）和防止重放攻击功能。临时密钥完整性协议 TKIP 通过这些措施弥补了早期无线接入点 AP 和工作站 STA 被 WEP 数据加密削弱的安全性。

但 TKIP 也并不安全。据悉，2008 年底，有消息称暂时密钥集成协议 TKIP 被攻破，确切地说，是一个对暂时密钥完整性协议 TKIP 所使用的消息完整性检查 MIC 的攻击。

(3) 计数模式密码块链消息认证码协议

为了弥补 WEP 和 TKIP 协议的不足，2004 年 7 月正式推出 IEEE 802.11i 安全方面的补充标准。其中定义了基于高级加密标准（Advanced Encryption Standard，AES）的计数模式密码块链消息认证码协议（Counter Mode with Cipher-Block Chaining Message Authentication Code Protocol，CCMP）。

IEEE 802.11i 提出了强健安全网络（Robust Security Network，RSN）的概念，增强了 WLAN 中的数据加密和认证性能，并且针对 WEP 加密机制的各种缺陷做了多方面的改进。802.11i 标准中，使用计数模式密码块链消息认证码协议 CCMP 取代有线等效加密协议 WEP 和 TKIP，为无线网络带来更强大的安全防护。使用 128 位高级加密标准 AES 加密算法实现机密性，使用密码块链消息认证码 CBC-MAC 来保证数据的完整性和进行身份认证。计数模式密码块链消息认证码协议 CCMP 是目前为止面向大众的最高级无线局域网安全协议。

4. 接入认证

接入认证是一种增强 WLAN 安全性的解决方案，是可选方案。当工作站 STA 同接入点 AP 关联后，是否可以使用接入点 AP 的无线接入服务要取决于接入认证的结果。如果认证通过，则接入点 AP 为工作站 STA 打开网络连接端口，否则不允许用户连接网络。常用的接入认证方案有预共享密钥（Pre-shared key，PSK）接入认证、MAC 地址认证、WEB 认证和 IEEE 802.1x 认证等认证方案。

(1) 预共享密钥认证方式 PSK

预共享密钥认证方式 PSK 要求在工作站 STA 预先配置与无线接入点设备相同的密钥，无线接入点 AP 通过密钥协商（4 次握手）来验证密钥 Key 的合法性，包括 WEP-PSK，WPA/WPA2-PSK 等方式。

(2) MAC 地址认证

MAC 地址认证是一种基于端口和 MAC 地址对用户的网络访问权限进行控制的认证方法。通过手工维护一组允许访问的 MAC 地址列表，实现对客户端物理地址过滤。需要在无线接入点 AP 上预先配置允许访问的 MAC 地址列表，如果客户端的 MAC 地址不在允许访问的 MAC 地址列表中，将被拒绝其接入请求。

(3) WEB 认证

WEB 认证方式是最常见的一种认证方式，也称为 Portal 认证，能够基于网页的形式向用户提供身份认证和个性化的信息服务。Portal 认证系统的典型组网方式由四个基本要素组成：认证客户端、接入设备、Portal 服务器与认证服务器。在无线局域网 WEB 认证技术里，客户端就是指终端的浏览器、接入设备就是指无线接入点 AP，Portal 服务器和认证服务器可以集成在无线接入控制器 AC 里。

(4) IEEE 802.1x 认证

IEEE 802.1x 协议是一种基于端口的网络接入控制协议，该技术也是用于 WLAN 的一种增加网络安全的解决方案。当客户端与无线接入点 AP 关联后，是否可以使用 AP 提供的无线服务取决于 IEEE 802.1x 的认证结果。如果客户端能通过认证，就可以访问 WLAN 中的资源；如果不能通过认证，则无法访问 WLAN 中的资源。

## 4.3.2 WPA/WPA2 安全技术

最初的 IEEE 802.11 使用 WEP 协议对无线接入点 AP 和工作站 STA 之间交换的数据进行加密。但由于 WEP 协议的脆弱性，人们发现 WLAN 不能通过使用 WEP 协议真正阻止数据泄露。为此，IEEE 802.11i 工作组制定了 TKIP 协议作为 WEP 协议的补丁，用于弥补被 WEP 协议削弱的无线网络安全性，但 TKIP 协议也并不安全。为了弥补 WEP 和 TKIP 协议的不足，2004 年 7 月正式推出 IEEE 802.11i 安全方面的补充标准，使用 CCMP 协议进行数据加密。

Wi-Fi 联盟制定的无线局域网络安全标准是商业化的安全标准，它支持 IEEE 802.11i 这个以技术为导向的无线局域网安全标准。早期，Wi-Fi 联盟为了消除人们对使用 WLAN 使用 WEP 加密引起的对无线网络安全的担忧，使用以 TKIP 协议作为安全协议的 IEEE 802.11i 第三版草案标准为基准，制定 WLAN 商业化安全标准，称为 Wi-Fi 受保护接入（Wi-Fi Protected Access，WPA）。后来，随着 IEEE 公布以 CCMP 协议为安全协议的 IEEE 802.11i 无线局域网安全标准，Wi-Fi 联盟也随即公布了 WPA 第 2 版（WPA2），WPA2 用 CCMP 安全协议作为无线局域网的安全协议。

在有些无线网络设备的规格中，可能会看到 WPA-Enterprise/WPA2-Enterprise 和 WPA-Personal/WPA2-Personal 的认证标识。这是指无线设备支持的接入认证模式，其中 WPA-Enterprise/WPA2-Enterprise 就是 WPA/WPA2-IEEE 802.1x 认证，采用 IEEE 802.1x 的认证模式，需要部署 RADIUS 认证服务器。WPA-Personal/WPA2-Personal 就是 WPA-PSK/WPA2-PSK 认证，也就是采用预共享密钥认证模式。PSK 认证模式下无须使用认证服务器（如 RADIUS Server），所以特别适合家用或小型企业的使用者。

## 4.3.3 WLAN 链路认证与接入认证

链路认证和接入认证是工作站 STA 能够连接接入点 AP 并访问互联网过程中的两个阶段。

链路认证属于工作站 STA 连接接入点 AP 过程中的一个阶段，是必要过程，可以采取两种认证方式，一种是开放认证方式 Open，另一种是预共享密钥方式 PSK。

接入认证是工作站 STA 在物理链路链接成功并获取网络层参数后，是否允许访问无线网络的授权认证，是可选认证过程。可以采取四种认证方式，分别是预共享密钥认证方式 PSK、MAC 地址认证、WEB 认证、IEEE 802.1x 认证。

链路认证和接入认证的关系如图 4-9 所示。

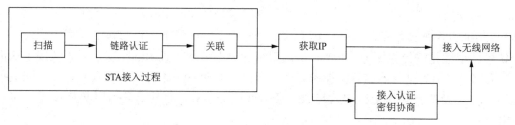

图 4-9 链路认证和接入认证关系

### 4.3.4 WLAN 认证策略

无线局域网根据网络规模和应用场景不同，可以采取不同的认证策略，一般把无线网络的应用场景分为三种，分别是小型企业和家庭等少量用户场景、医院和学校等大量用户场景、网络运营商和金融机构等公共场合大量分类用户场景。

1. 小型企业和家庭等少量用户场景

对于小型企业和家庭等少量用户场景，无线接入用户数量比较少，一般没有专业的 IT 管理人员，通常情况下不会配备专用的认证服务器，对于这种对网络安全性要求相对较低的无线环境，可以采用初级安全方案，只进行链路认证而不进行接入认证，链路认证采用预共享密钥认证方式 PSK。另外，还可以根据需要选择使用接入点隐藏方式，进一步提高用户接入安全。所谓接入点隐藏，就是通过配置，使接入点 AP 不广播其 SSID 号。

2. 医院和学校等大量用户场景

对于医院和学校等大量用户场景，考虑到网络覆盖范围以及客户端数量，接入点 AP 和无线客户端的数量必将大大增加，安全隐患也相应增加，此时简单的 WPA/WPA2-PSK 链路认证已经不能满足此类用户的需求，可以采用中级安全方案，这种方式链路认证采用开放认证方式，接入认证采用 WPA/WPA2+Enterprise 认证模式，使用支持 IEEE 802.1x 认证技术的无线网络设备，并通过 Radius 服务器进行用户身份验证，有效地阻止未经授权的用户接入并使用无线网络访问互联网。

3. 网络运营商和金融机构等公共场合大量分类用户场景

对于网络运营商和金融机构等公共场合大量分类用户场景，用户需要在公共地区通过无线接入 Internet，因此用户认证问题就显得至关重要。如果不能准确可靠地进行用户认证，就有可能造成服务盗用，这种服务盗用会对无线接入服务提供商造成不可接受的损失，这种情况可以采用高级安全解决方案。这种安全解决方案在中级安全方案的基础上，采用用户隔离技术，即对用户进行分类（通过 VLAN 进行分类），不同用户认证后获取权限不同。另外有条件的企业，比如无线网络运营商，还可以增加计费功能来确保用户的安全。无线网络的常用安全策略见表 4-3。

表 4-3 无线网络的常用安全策略

| 安全级别 | 典型场景 | 安全策略 |
| --- | --- | --- |
| 初级安全 | 小型企业和家庭等少量用户 | WPA/WPA2-PSK ＋接入点隐藏 |
| 中级安全 | 医院和学校等大量用户 | WPA/WPA2-Enterprise（IEEE 802.1x 认证） |
| 高级安全 | 网络运营商和金融机构等公共场合大量分类用户 | 用户隔离＋ WPA/WPA2-Enterprise ＋计费 |

## 4.4 IEEE 802.11 MAC 帧结构

IEEE 802.11 MAC 帧主要依靠帧首部中各属性字段的设置来确定帧的类型。这里给出支持服务质量 QoS 的无线局域网络 MAC 帧格式。如图 4-10 所示（华为文档提供），支持 QoS 的 MAC 帧由于引入了 2 字节 QoS Control 字段，最大帧长为 2 348 字节（IEEE 802.11MAC 帧最大帧长为 2 346 字节）。

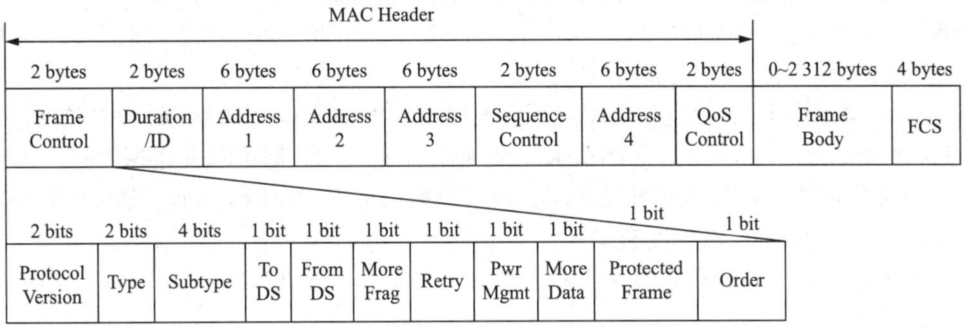

| MAC Header | | | | | | | | | |
|---|---|---|---|---|---|---|---|---|---|
| 2 bytes | 2 bytes | 6 bytes | 6 bytes | 6 bytes | 2 bytes | 6 bytes | 2 bytes | 0~2 312 bytes | 4 bytes |
| Frame Control | Duration /ID | Address 1 | Address 2 | Address 3 | Sequence Control | Address 4 | QoS Control | Frame Body | FCS |

| 2 bits | 2 bits | 4 bits | 1 bit | 1 bit | 1 bit | 1 bit | 1 bit | 1 bit | 1 bit | 1 bit |
|---|---|---|---|---|---|---|---|---|---|---|
| Protocol Version | Type | Subtype | To DS | From DS | More Frag | Retry | Pwr Mgmt | More Data | Protected Frame | Order |

图 4-10　IEEE 802.11 MAC 帧结构

从 MAC 帧格式可以看出，IEEE 802.11 数据帧由三部分组成：

① MAC 帧首部（MAC Header），共 32 个字节（2005 年推出的 IEEE 802.11e 标准后，在 MAC 首部增加 2 字节的 QoS Control 字段，首部长度改为 32 字节）。

② 帧主体 Frame Body 字段，也称为数据字段。负责传输上层有效载荷（Payload）。在 802.11 标准中，传输的载荷报文也被称为 MSDU（MAC Service Data Unit）。长度为 0 ~ 2 132 字节，不过 IEEE 802.11 帧的长度通常都小于 1 500 字节。

③ 帧校验序列（Frame Check Sequence，FCS）字段，用于检查接收帧的完整性。类似于 Ethernet 中的 CRC，长度为 4 字节。

下面介绍 MAC 首部各字段具体含义。

1. 帧控制（Frame Control）字段

① Protocol Version：帧使用的 MAC 版本，目前仅支持一个版本，编号为 0。

② Type/Subtype：标识帧类型，包括数据帧、控制帧和管理帧。其二进制值分别为 10、01、00。

- 数据帧：用于在竞争期和非竞争期传输的数据报文，包括一种帧主体部分为空的特殊报文（Null 帧）。节点可以通过 Null 帧通知 AP 自身省电状态的改变。
- 控制帧：用于竞争期间的握手通信、结束非竞争期等。起到协助数据帧的传输，负责无线信道的清空、信道的获取等，还用于接收数据时的确认。常用的控制帧有：
  ◇ACK：接收端接收报文后，需要回应 ACK 帧向发送端确认接收到了此报文。
  ◇ 请求发送 RTS/ 允许发送 CTS：提供一种用来减少由隐藏节点问题所造成冲突的机制。发送端向接收端发送数据之前先发送 RTS 帧，接收端收到后回应 CTS 帧。通过这种机制来清空无线信道，使发送端获得发送数据的媒介控制权。
- 管理帧：主要用于工作站 STA 和接入点 AP 之间协商、关联的控制等。也就是负责对无线网络的管理，包括网络信息通告、加入或退出无线网络，射频管理等。常用的管理帧有：
- ◇ Beacon：信标帧，AP 周期性地宣告无线网络的存在以及支持的各类无线参数（如 SSID、支持的速率和认证类型等）。
- ◇ Association Request/Response：关联请求/应答帧，当节点试图加入到某个无线网络时，节点会向 AP 发送关联请求帧。AP 收到关联请求帧后，会回复应答帧接受或拒绝节点的关联请求。
- ◇ Disassociation：去关联帧，节点可以发送 Disassociation 帧解除和 AP 的关联。
- ◇ Authentication Request/Response：认证请求/应答帧，节点和 AP 进行链路认证时使用，用于无线身份验证。
- ◇ Deauthentication：去认证帧，节点可以发送 Deauthentication 帧解除和 AP 的链路认证。
- ◇ Probe Request/Response：探测请求/应答帧，节点或 AP 都可以发送探测帧来探测周围存在的无线网络，接收到该报文的 AP 或节点需回应 Probe Response，Probe Response 帧中基本包含了 Beacon 帧的所有参数。

③ To DS/From DS：标识帧是否来自和去往一个分布式系统（其实就是指 AP）。例如都为 1，表示 AP 到 AP 之间的帧。

④ More Frag：表示是否有后续分片传送。

⑤ Retry：表示帧是否重传，用来协助接收端排除重复帧。

⑥ Pwr Mgmt：表示节点发送完成当前帧序列后将要进入的模式，Active 或 Sleep。

⑦ More Data：表示 AP 向省电状态的节点传送缓存报文。

⑧ Protected Frame：表示当前帧是否已经被加密。

⑨ Order：表示帧是否按顺序传输。

2. Duration/ID 字段

根据填充值的不同，其作用不同，其作用包括：

① 实现 CSMA/CA 的网络分配矢量机制，表示节点占用信道的时间，即信道处于忙状态的持续时间。

② 标识该 MAC 帧为无竞争周期 CFP 内所传送的帧：此时填充值固定为 32 768 时，表示节点一直占用信道，其他节点不能竞争。

③ 在 PS-Poll 帧（即省电-轮询帧）中，Duration/ID 字段表示关联标识符（Association ID，AID），用来标识节点所属的 BSS。节点的工作模式包括激活模式（Active）和省电模式（Sleep），节点进入省电模式后，AP 会缓存到此节点的数据帧。当节点从省电模式切换到激活模式时，节点可以向 AP 发送 PS-Poll 帧来获取缓存的数据帧。AP 可根据收到的 PS-Poll 帧中的 AID 来下发缓存的数据帧给对应的节点。

3. Address n 字段

表示 MAC 地址。4 个 Address 位填法不固定，需要和 Frame Control 字段中的 To DS/From DS 位结合来确定。例如，帧从一个节点发往 AP，与从 AP 发往节点，4 个 Address 字段的填法是不一样的。Address n 字段填写规则见表 4-4。

## 第 4 章　WLAN 媒体访问控制层

表 4-4　Address n 字段填写规则

| To DS | From DS | Address 1 | Address 2 | Address 3 | Address 4 | 说明 |
|---|---|---|---|---|---|---|
| 0 | 0 | 目的地址 | 源地址 | BSSID | 未使用 | 管理帧与控制帧。例如，AP 发送的 Beacon 帧 |
| 0 | 1 | 目的地址 | BSSID | 源地址 | 未使用 | 图 4-11 的 (1)，AP1 向 STA1 发送的帧 |
| 1 | 0 | BSSID | 源地址 | 目的地址 | 未使用 | 图 4-11 的 (2)，STA2 向 AP1 发送的帧 |
| 1 | 1 | 目的 AP 的 BSSID | 源 AP 的 BSSID | 目的地址 | 源地址 | 图 4-11 的 (3)，AP1 向 AP2 发送的帧 |

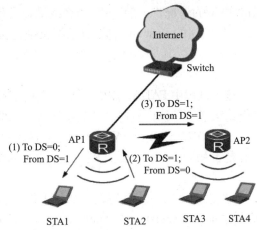

图 4-11　无线网络组网图

4. Sequence Control 字段

用来丢弃重复帧和重组分片，包含两个子字段：

① Fragment Number：用于分片帧。

② Sequence Number：用于检验重复帧，当设备收到一个 IEEE 802.11 MAC 帧，其 Sequence Number 与之前收到的帧重复，则丢弃该帧。

5. QoS Control 字段

该字段只存在数据帧中，用来实现基于 IEEE 802.11e 标准的 WLAN QoS 功能。

## 4.5　工作站接入 WLAN 过程

下面介绍工作站接入 WLAN 的过程，主要介绍自治式 WLAN 和集中式 WLAN 中工作站接入 WLAN 的过程。

### 4.5.1　自治式 WLAN 中 STA 接入过程

在自治式网络架构中，用户接入无线网络的过程即为工作站 STA 与 FAT-AP 的关联过程。STA 接入过程分为三个阶段：扫描阶段、链路认证阶段和关联阶段。

1. 扫描阶段

工作站 STA 可以通过主动扫描和被动扫描获取到周围的无线网络信息。

主动扫描适合用户主动接入无线网络情况，分为主动扫描接入指定无线网络和主动扫描获取是否存在可用无线网络两种情况。

① 主动扫描接入指定无线网络，用户工作站 STA 采用携带指定 SSID 的 probe request 帧（探测请求帧），在每个信道上发送，以寻找与有相同 SSID 的 FAT-AP。只有能够提供指定 SSID 无线服务的 FAT-AP 接收到该探测请求后才回复探查响应。这种方式针对 FAT-AP 并不广播 SSID 的情况。

② 主动扫描获取是否存在可用的无线网络，用户工作站 STA 采用广播方式在每个信道上定期发送 probe request 帧（探测请求帧）扫描无线网络，当 FAT-AP 收到 probe request 帧后，会回应 probe response 帧通告可以提供的无线网络信息。

被动扫描适合用户需要节省电量的情况，一般 VoIP 语音终端通常使用被动扫描。用户工作站 STA 在每个信道上侦听 FAT-AP 定期发送的 Beacon 信标帧（信标帧中包含 SSID、支持速率等信息），以获取 FAT-AP 的相关信息。

2. 链路认证阶段

为了保证无线链路的安全，接入过程中 FAT-AP 需要完成对工作站 STA 的认证。IEEE 802.11 链路定义了开放系统认证和共享密钥认证两种认证机制。开放系统认证：即不认证，任意工作站 STA 都可以认证成功。共享密钥认证，工作站 STA 和 FAT-AP 预先配置相同的共享密钥，FAT-AP 在链路认证过程验证两边的密钥配置是否相同。如果一致，则认证成功；否则，认证失败。

3. 关联阶段

工作站 STA 与接入点 AP 的关联过程实质上是链路服务协商的过程。完成链路认证后，工作站 STA 会继续发起链路服务协商请求（Association Request），接入点 AP 收到关联请求（Association Request）后判断是否需要进行用户的接入认证，并回应关联响应（Association Response）。

工作站 STA 收到关联响应报文后，如果不需要进行用户接入认证，则可以访问无线网络；如果需要认证，工作站 STA 用户接入认证通过后，工作站 STA 才可以访问无线网络。

工作站 STA 通过扫描阶段、链路认证阶段和关联阶段三个阶段完成接入过程。

## 4.5.2 集中式 WLAN 中 STA 接入过程

在集中式网络架构中，用户接入无线网络的过程分两步：第一步，FIT-AP 与接入控制器 AC 通过建立 CAPWAP 隧道上线；第二步工作站 STA 与 FIT-AP 的关联接入。

1. FIT-AP 上线过程

在集中式网络架构中，FIT-AP 需要完成上线过程，接入控制器 AC 才能实现对 FIT-AP 进行集中管理和控制。FIT-AP 的上线过程包括：FIT-AP 获取 IP 地址、CAPWAP 隧道建立、FIT-AP 接入控制、FIT-AP 版本升级、CAPWAP 隧道维持、AC 业务配置下发等 6 个阶段。

(1) FIT-AP 获取 IP 地址

FIT-AP 可以通过静态手工配置、DHCP 方式、PPPoE 方式获取 IP 地址。

(2) CAPWAP 隧道建立

CAPWAP 隧道建立分为两个阶段：一是发现阶段；二是建立 CAPWAP 阶段。

① 发现阶段。

FIT-AP 通过 Discovery Request 报文找到可用的 AC，包括静态和动态两种方式。

静态方式：FIT-AP 上预先配置了 AC 的静态 IP 地址列表。FIT-AP 上线时，FIT-AP 分别发送 Discovery Request 单播报文到所有预配置列表对应 IP 地址的 AC。然后 FIT-AP 通过接收到 AC 返回的 Discovery Response 报文，选择一个 AC 开始建立 CAPWAP 隧道。

# 第 4 章　WLAN 媒体访问控制层

动态方式：可以采用 DHCP 方式、DNS 方式和广播方式。

DHCP 方式：FIT-AP 通过 DHCP 服务获取 AC 的 IP 地址（通过在 DHCP 服务器上配置 DHCP 响应报文中携带 Option 43，且 Option 43 携带 AC 的 IP 地址列表），然后向 AC 发送 Discovery Request 单播报文。AC 收到后，向 AP 回应 Discovery Response 报文。

DNS 方式：FIT-AP 通过 DHCP 服务获取 AC 的域名和 DNS 服务器的 IP 地址（通过在 DHCP 服务器上配置 DHCP 响应报文中携带 Option 15，且 Option 15 携带 AC 的域名），然后向 DNS 服务器发送请求获取 AC 域名对应的 IP 地址。最后 FIT-AP 向 AC 发送 Discovery Request 单播报文。AC 收到后，向 FIT-AP 回应 Discovery Response 报文。

广播方式：如果 FIT-AP 上没有配置 AC 的静态 IP 地址，或者 DHCP 服务器的响应报文没有 AC 的信息，或者 FIT-AP 单播发送的 Discovery Request 报文没有响应时，FIT-AP 会发送 Discovery Request 广播报文自动发现同一网段中的 AC，然后通过 AC 响应的 Discovery Response 报文选择一个待关联的 AC 开始建立 CAPWAP 隧道。

② 建立 CAPWAP 隧道阶段。

FIT-AP 发现 AC 后，即可建立 CAPWAP 隧道，包括数据隧道和控制隧道。数据隧道用于 AP 接收的业务数据经过 CAPWAP 数据隧道集中到 AC 上转发。控制隧道用于实现 FIT-AP 与 AC 之间的控制报文的交互。

（3）FIT-AP 接入控制

FIT-AP 发送 Join Request 请求，AC 收到后会判断是否允许该 FIT-AP 接入，并响应 Join Response 报文。其中，Join Response 报文携带了 AC 上配置的关于 FIT-AP 的版本升级方式及指定的 FIT-AP 版本信息。

（4）FIT-AP 版本升级

FIT-AP 根据收到的 Join Response 报文中的参数判断当前的系统软件版本是否与 AC 上指定的一致。如不一致，则 FIT-AP 开始更新软件版本，升级方式仅包括 FTP 模式。FIT-AP 在软件版本更新完成后重新启动，重复进行前面三个步骤。

（5）CAPWAP 隧道维持

FIT-AP 与 AC 之间交互 Keepalive 报文来检测数据隧道的连通状态。FIT-AP 与 AC 交互 Echo 报文来检测控制隧道的连通状态。

（6）AC 业务配置下发

AC 向 FIT-AP 发送 Configuration Update Request 请求消息，FIT-AP 回应 Configuration Update Response 消息，AC 再将 FIT-AP 的业务配置信息下发给 FIT-AP。

通过以上过程，FIT-AP 完成上线。

2. 工作站 STA 与 FIT-AP 关联接入过程

CAPWAP 隧道建立完成后，工作站 STA 就可以接入无线网络，工作站 STA 接入过程分也分为三个阶段：扫描阶段、链路认证阶段和关联阶段。集中式无线网络模式下，工作站 STA 接入无线网络的过程与自治式无线网络模式下接入无线网络的过程基本相同。只是在关联阶段有所不同，需要将工作站 STA 的关联请求通过 CAPWAP 隧道发送给 AC 进行响应处理。

关联阶段：工作站 STA 与 FIT-AP 的关联过程实质上是链路服务协商的过程。完成链路认证后，工作站 STA 会继续发起链路服务协商的关联请求（Association Request），FIT-AP 收到关联请求（Association Request）后将其进行 CAPWAP 封装并上报 AC，AC 收到关联请求后判断是否需要进行用户的接入认证，并回应关联响应（Association Response），FIT-AP 收到关联响应后将其进行 CAPWAP 解封，并发给工作站 STA。工作站 STA 收到 Association Response 报文后，如果不需要进行用户接入认证，则可以访问无线网络；如果需要进行接入认证，工作站 STA 用户接入认证通过后，工作站 STA 才可以访问无线网络。

工作站 STA 通过扫描阶段、链路认证阶段和关联阶段三个阶段完成接入过程。

## 小结

本章首先介绍了 IEEE 802.11 体系结构中媒体访问控制层的两种介质访问控制方法：分布式协调功能和点协调功能，在此基础上，介绍了 CSMA/CA 基本访问方式和 RTS/CTS 预约访问方式的工作流程。然后介绍了 WLAN 服务质量 QoS 实现方法和 WLAN 安全技术。最后介绍 IEEE 802.11 MAC 帧结构，以及工作站接入 WLAN 的过程，工作站接入 WLAN 过程主要介绍了自治式 WLAN 和集中式 WLAN 的工作站接入过程。

# 第 5 章

# WLAN 网络设备

无线局域网设备主要包括移动工作站使用的无线网卡，自治式无线网络中使用的胖 AP（无线路由器），集中式无线网络中使用无线接入控制器 AC 和瘦 AP，以及胖瘦 AP 中使用的天线。本章介绍这些 WLAN 设备。由于 WLAN 设备品牌、型号较多，这里主要以华为 WLAN 设备为依托进行介绍。

## 5.1 无线网卡

网卡是一块被设计用于计算机在计算机网络中进行通信的硬件设备，也称网络适配器。计算机通过网卡与计算机网络之间以双绞线或无线方式进行连接，并以串行方式进行通信。网卡与计算机之间则通过计算机主板 I/O 总线进行连接，并以并行方式通信。

无线网卡是在无线局域网的覆盖下，通过无线连接方式进行上网的无线终端设备。由于无线网卡是通过无线方式连接到无线网络，无线网卡需要通过天线与无线局域网中的无线接入点 AP 相连，因此无线网卡还需要配置天线并利用射频进行数据传输，无线网卡配置的天线包括内置天线和外置天线两种。无线网卡和普通网卡一样，工作在物理层和数据链路层。一般情况下，笔记本电脑、智能手机、平板电脑内部都集成有无线网卡。

扫一扫

WLAN网络设备

1. 无线网卡的分类

无线网卡按照接口不同分为三种：第一种是台式机专用的 PCI 接口无线网卡；第二种是笔记本电脑专用的 PCMCIA 接口无线网卡；第三种是 USB 接口的无线网卡，既适合于台式机也适合于笔记本电脑。USB 接口的无线网卡连接方式如图 5-1 所示。

2. 无线网卡的主要功能

无线网卡和普通网卡一样，工作在物理层和数据链路层。

图 5-1　USB 接口的无线网卡连接方式

因此和普通网卡一样，具有串并转换功能、数据帧分装与解封功能、链路管理功能、数据编码与解码功能等。

无线网卡与普通网卡的不同在于无线网卡采用无线方式通信，还具有与有线网络不一样的功能，如载波调制功能、扩频调制功能、射频传输功能等。

## 5.2 胖 AP

自治式无线局域网中移动工作站 STA 通过胖 AP 接入网络，这里的胖 AP 是无线网络和有线网络的桥梁，是自治式无线局域网的中心。它包含物理层功能和数据链路层功能，功能比较齐全，能够实现接入、认证、路由、DHCP、NAT、VPN，甚至防火墙功能。由于胖 AP 一般都具有路由功能，也称为无线路由器。目前这类胖 AP 一般都称为无线路由器。

这类无线 AP 由于附加功能多样，无线接入功能有一定的弱化，接入无线终端数为 10～20 个，传输距离室外 100 m 左右，室内 30 m 左右，适合家庭网络和 SOHO 企业网络使用。

胖 AP 作为无线路由器使用，一般也支持采用 WEB 图形化界面进行管理，管理配置简单。无线路由器品牌、型号众多。典型品牌有普联（TP-LINK）、华为（HUAWEI）、华三（H3C）、水星（MERCURY）、腾达（Tenda）等。

### 1. 无线路由器性能及天线变化

随着无线局域网协议 IEEE 802.11 标准的发展变化，无线路由器的外部结构也在发生变化，特别是天线的变化，经历了单天线无线路由器、两天线无线路由器、三天线无线路由器、四天线无线路由器，以及更高档的六天线或八天线无线路由器。

早期的无线路由器采用 IEEE 802.11a/b/g 协议标准，不支持多进多出 MIMO 技术，因此，早期的无线路由器只有一根天线，最大传输速率为 54 Mbit/s，如图 5-2 所示。

图 5-2　单天线无线路由器

随着 IEEE 802.11n 协议标准（也称 Wi-Fi 4）推出，IEEE 802.11n 最多支持 4×4 MIMO 技术，出现了两根天线或三根天线的无线路由器，单天线最大传输速率为 150 Mbit/s，支持的传输速率为 2 天线 300 Mbit/s 或 3 天线 450 Mbit/s。IEEE 802.11n 同时支持 2.4 GHz 和 5 GHz 的工作频率。二天线无线路由器如图 5-3 所示，三天线无线路由器如图 5-4 所示。

图 5-3　二天线无线路由器

图 5-4　三天线无线路由器

随着IEEE 802.11ac协议标准(也称Wi-Fi 5)的推出,IEEE 802.11ac支持8×8 MIMO,IEEE 802.11ac Wave2 支持下行 4×4 MU-MIMO。虽然 IEEE 802.11ac 协议标准传输速率更快了,但 IEEE 802.11ac 只支持 5 GHz 工作频率。为了保持对 2.4 GHz 和 5 GHz 的支持,支持 IEEE 802.11ac 的新的无线路由器一般同时支持双频工作。

以华为"Wi-Fi 5"无线路由器 WS5200 为例。华为 WS5200 无线路由器于 2017 年 10 月发布,支持 IEEE 802.11a/b/g/n/ac 无线标准,内部采用主频 1 GHz 的 28 nm 主芯片,配备四根高性能天线,其中两根天线支持 IEEE 802.11ac 2×2 MIMO,两根天线支持 IEEE 802.11n 2×2 MIMO,可以工作在两个工作频段,2.4 GHz 和 5 GHz。双频并发,速率为 1 167 Mbit/s。支持 5 GHz 优选,当工作在 5 GHz 时,采用 IEEE 802.11ac Wave2 技术,支持最新的 MU-MIMO 多设备收发技术。设备提供 4 个 10/100/1000 Mbit/s 自适应速率的以太网接口,支持 WAN/LAN 自适应,是一款千兆无线路由器,如图 5-5 所示。

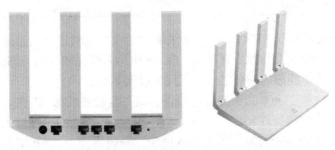

图 5-5  华为 Wi-Fi 5 无线路由器 WS5200

> **注意:**
> 无线路由器无线速率就是商家给出的无线路由器速率,比如 450 Mbit/s、1 167 Mbit/s 等。需要注意的是,IEEE 802.11n 单空间流最大传输速率为 150 Mbit/s,IEEE 802.11ac 单空间流传输速率一般为 433.3 Mbit/s。华为 WS5200 的无线速率为 1 167 Mbit/s,是 5 GHz 和 2.4 GHz 工作速率的总速率。WS2000 的无线速率 =150 Mbit/s×2+433.3 Mbit/s×2=1 167 Mbit/s。

随着 IEEE 802.11ax 标准草案(也称 Wi-Fi 6)推出,IEEE 802.11ax 支持上下行 8×8 MU-MIMO,同时支持 2.4 GHz 和 5 GHz 工作频率。支持 IEEE 802.11ax 的无线路由器一般配备 4 根天线,最多可以配备 8 根天线。

以华为 Wi-Fi 6 无线路由器 AX3 Pro 为例,采用外置 4 根高性能天线,工作在 2.4 GHz 和 5 GHz 频段,支持双频优选。传输标准为 IEEE 802.11ax/ac/n/a 2×2 MIMO 和 IEEE 802.11ax/n/b/g 2×2 MU-MIMO。双频并发无线速率可达 2 976 Mbit/s(2.4 GHz 速率为 574 Mbit/s,5 GHz 速率为 2 402 Mbit/s)。华为 Wi-Fi 6 无线路由器 AX3 Pro 如图 5-6 所示。

2. 无线路由器网口

无线路由器一般配备 5 端口的网口,其中一个网口为连接广域网的网口,其一般标注为 WAN,代表连接广域网。另外 4 个网口为局域网网口,一般标注为 LAN,代表局域网网口。无线路由器网口如图 5-7 所示。

图 5-6　华为 Wi-Fi 6 无线路由器 AX3 Pro

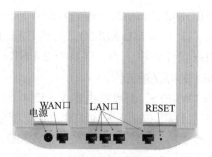

图 5-7　无线路由器网口

## 5.3　瘦 AP

瘦 AP，形象的理解就是胖 AP 的瘦身，它保留了无线局域网物理层无线接入功能，提供有线和无线接入的转换和无线信号的接收发送功能。瘦 AP 作为无线局域网的一部分，它不能单独工作，必须配合接入控制器 AC 才能形成一个完整的无线局域网系统。

瘦 AP 一般应用于中型、大型的无线网络建设，以一定数量的瘦 AP 配合接入控制器 AC 来组建较大的无线网络覆盖，方便管理和维护，瘦 AP 主要提供高性能的无线接入功能。使用场景一般为商场、超市、酒店、企业、学校等。不做特殊说明，一般情况下，AP 指代的是用于企业级网络的瘦 AP。

瘦 AP 品牌、型号众多。典型品牌有华为（HUAWEI）、华三（H3C）、锐捷、思科（Cisco）等。下面以华为瘦 AP 为例介绍瘦 AP 设备。

### 5.3.1　华为瘦 AP 命名规则

在 WLAN 技术章节已经介绍，为了更好地普及推广，2018 年 10 月，由无线网络标准组织 Wi-Fi 联盟 WFA 对不同 Wi-Fi 标准制定了新的命名，IEEE 802.11ax 协议标准被命名为 Wi-Fi 6，而此前的 IEEE 802.11n 更名为 Wi-Fi 4，IEEE 802.11ac 更名为 Wi-Fi 5，将 Wi-Fi 标注用统一的方式呈现。Wi-Fi 6 目前是 IEEE 802.11 无线局域网标准的最新版本，并且兼容 802.11a/b/g/n/ac 协议标准。华为 Wi-Fi 5 及更低级别的瘦 AP 和 Wi-Fi 6 的瘦 AP 命令规则不同。

华为 Wi-Fi 5 及更低级协议瘦 AP 型号包括有 AP1000、AP2000、AP3000、AP4000、AP5000、AP6000、AP7000、AP8000、AP9000、AD9000 等系列，需要注意的是，华为 Wi-Fi 5 及更低级协议瘦 AP 中部分具体型号已经停产和销售（可在华为官方网站的"技术支持"→"产品与解决方案支持"→"无线局域网"产品中查找）。

华为 Wi-Fi 6 瘦 AP 有 AirEngine5700、AirEngine6700、AirEngine8700、AirEngine9700 等系列。

华为 Wi-Fi 5 和 Wi-Fi 6 的命名规则不同。这里，分别以华为 AP7050DN-E 和 AirEngine8769R-50T 为例进行说明。

1. 华为 Wi-Fi 5 的 AP 命名规则

华为 Wi-Fi 5 的 AP 命名包含 3 个部分：第一部分为设备类型，包含 2 个字母；第二部分为设备系列和相关特性，包含 4 个数字和 2 个字母；第三部分为可选扩展项。下面给出以 AP7050DN-E 为例的命名规则说明图示，如图 5-8 所示。

第 5 章　WLAN 网络设备

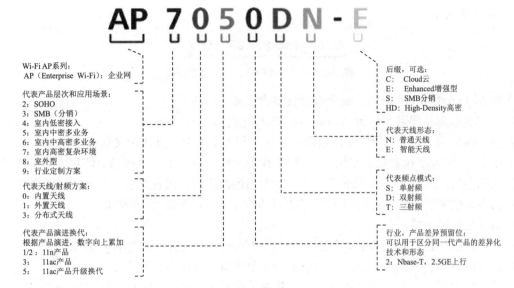

图 5-8　华为 Wi-Fi 5 的 AP 命名

华为 Wi-Fi 5 的瘦 AP 名称中每个部分具体含义如下：

第一部分为 2 个字母，代表设备类型，AP 代表企业网接入点 AP；AD（Agile Distribution Wi-Fi）代表敏捷分布式接入点 AP。

第二部分包含 4 个数字和 2 个字母，代表 AP 产品层次、应用场景、天线状态以及支持的 IEEE 802.11 技术演进、工作频率模式等。具体含义如下：

① 第二部分第 1 个数字，代表产品层次和应用场景，2 表示家居办公 SOHO 网络；3（包括 1）代表中小企业 SMB 网络；4 代表室内低密度接入网络；5 代表室内中密度多业务网络；6 代表室内中高密度多业务网络；7 代表室内高密度复杂环境网络；8 代表室外网络；9 代表特定行业网络。

② 第二部分第 2 个数字，代表天线方式，0 代表内置天线；1 代表外置天线；3 代表分布式天线。

③ 第二部分第 3 个数字，代表 IEEE 802.11 技术标准演进换代，1/2 代表 IEEE 802.11n 产品；3 代表 IEEE 802.11ac Wave1 产品；5 代表 IEEE 802.11ac 升级换代产品（IEEE 802.11ac Wave2）；6 代表第一代 IEEE 802.11ax 产品。

④ 第二部分第 4 个数字，代表产品型号差异化技术或形态，0 代表基础版。

⑤ 第二部分 4 位数字后的第 1 个字母，代表支持频率模式，其中 S 表示单射频；D 表示双射频；T 表示三射频模式。

⑥ 第二部分 4 位数字后面第 2 个字母，代表天线的形态，其中 N 表示普通天线，E 表示智能天线。

第三部分为 "-" 之后的字母，为可选扩展项。其中 E 表示增强型 Enhanced；S 表示 SMB 分销；HD 表示高密度型 High-Density。对于敏捷分布式 AP，"-" 之后为数据，代表下行端口数量，下行端口用于连接远端接入单元。

2. 华为 Wi-Fi 6 的 AP 命名规则

华为 Wi-Fi 6 的 AP 命名包含 3 个部分：第一部分为品牌名；第二部分为产品系列和代际，包含 4 个数字和 1 个字母；第三部分为扩展属性。下面给出以 AirEngine8760R-50T 为例的命名规则说明，如图 5-9 所示。

**AirEngine 8760R –50T**

图 5-9　华为 Wi-Fi 6 的 AP 命名规则

华为 Wi-Fi 6 的瘦 AP 命名，每个部分具体含义如下：
① 第一部分为品牌名，华为 Wi-Fi 6 的 AP 品牌名为 AirEngine。
② 第二部分为 AP 系列和代际，包含 4 位数字和 1 个字母，具体含义如下：

- 第 1、2 位数字代表款型定位，其中 97 代表敏捷分布式款型（包括 AC 和 AP）；87 代表 10 条以上空间流款型；67 代表 7 至 10 条空间流款型；57 代表 6 条及以下空间流款型。
- 第 3 位数字代表代际，其中 5 代表 IEEE 802.11ac；6 代表 IEEE 802.11ax。
- 第 4 位数字保留。
- 字母代表形态扩展，其中 R 代表室外（Outdoor）；S 代表分销（Distribution）。

③ 第三部分为扩展属性，包括 2 位数字和 1 个字母，具体含义如下：

- 第 1 位数字代表上行接口最大速率。其中 1 代表 1 Gbit/s；2 代表 2.5 Gbit/s；5 代表 5 Gbit/s；X 代表 10 Gbit/s。
- 第 2 位数字代表小的升级。
- 字母为可选扩展位，E 代表外置天线（Externa Antenna）；W 代表面板（Wall plate）；T 代表三射频（Triple-radio）；P 代表 GPON 上行；I 代表工业环境（Industry grade）；A 代表精确定位（AoA）；H 代表高密度（High Density）；D 代表敏捷分布式远程接入单元（Agile Distribution Remote Unit）。

### 5.3.2　华为瘦 AP 分类

#### 1. Wi-Fi 5 的华为瘦 AP 分类

Wi-Fi 5 的华为瘦 AP 按照使用场景不同可以分为室内 AP、室外 AP、轨道交通 AP、敏捷分布式 AP 等。其中 AP1000、AP2000、AP3000、AP4000、AP5000、AP6000、AP7000 系列为室内 AP，AP8000 系列为室外 AP，AP9000 系列为轨道交通 AP，而 AD9000 系列为敏捷分布式 WLAN 中的中心 AP，R200 和 R400 为远端接入单元 RU。

室内 AP 编号不同，应用场景、IEEE 802.11 技术标准、射频模式等不同。一般情况下，AP1000/AP2000 系列为单空间流瘦 AP（部分细分产品型号为双空间流 AP，支持 2×2 MIMO）；AP3000/AP4000 系列为双空间流瘦 AP，支持 2×2 MIMO；AP5000 系列为三空间流瘦 AP，支持 3×3 MIMO；AP6000、AP7000 系列为四空间流瘦 AP，支持 4×4 MU-MIMO。

室内 AP 的典型代表是 AP4050 系列和 AP7050 系列。其中 AP4050 系列适用室内低密度接入网络，支持 IEEE 802.11ac Wave2 标准，两个空间流，支持 2×2 MIMO。AP4050 系列包括基础版 AP4050DN、增强版 AP4050DN-E、高密度版 AP4050DN-HD、三射频模式版 AP4051TN 等；AP7050 系列适用于室内高密度复杂环境网络，支持 IEEE 802.11ac 标准，四个空间流，支持 4×4 MIMO。AP7050 系列包括支持 IEEE 802.11ac Wave2 标准的增强版 AP7050DN-E、智能天线版 AP7050DE，还支持 IEEE 802.11ac Wave1 的内置天线版 AP7052DN 和外置天线版 AP7152DN 等。

室外 AP 为 AP8000 系列（早期的 AP6510DN 和 AP6610DN 也为室外 AP，支持 2.4 GHz 和 5 GHz 频率，遵循 IEEE 802.11a/b/g/n 标准），包括 AP8030DN 和 AP8130DN、AP8050DN-S、

AP8050TN-HD、AP8082DN 和 AP8182DN 等，支持 2.4 GHz 和 5 GHz 频率，支持无线网桥，支持 PoE 供电。其中 AP8030DN 和 AP8130DN 兼容 IEEE 802.11a/b/g/n/ac 标准，支持 $3 \times 3$ MIMO，符合高等级 IP67 防尘防水标准；AP8050 系列兼容 IEEE 802.11a/b/g/n/ac Wave2 标准，支持 $2 \times 2$ MIMO，符合高等级 IP68 防尘防水标准；AP8082DN 和 AP8182DN 兼容 IEEE 802.11a/b/g/n/ac Wave2 标准，支持 $4 \times 4$ MIMO，符合高等级 IP68 防尘防水标准。

轨道交通 AP 包括 AP9131DN 和 AP9132DN 等。AP9131DN 和 AP9132DN 是支持最新一代 802.11ac 协议的双频无线 AP。支持 $3 \times 3$ MIMO，采用 M12 工业级防震接口，满足 EN50155 车载电子设备标准要求，支持 50 ms 快速切换技术，满足车地回传网络部署要求。

敏捷分布式 AP 包括 AD9430DN-12、AD9430DN-24、AD9431DN-24X 等。敏捷分布式 AP 是华为敏捷分布式 Wi-Fi 方案中的中心 AP，支持 PoE 供电，可以直连多个远端单元部署到室内。中心 AP 和远端单元之间使用网线连接，极大地提升了网络的覆盖范围，增强了 AP 部署规划的灵活性。中心 AP 统一管理远端单元，集中处理业务转发，远端单元则独立处理射频信号。适用于学校、酒店、医院以及办公会议室等房间密度大的场景，将远端单元装入每个房间，轻松实现无线信号全覆盖。

> **注意：**
> 华为的敏捷分布式 WLAN 模式是对集中式 WLAN 网络的拓展，采用无线接入控制器 AC+ 中心 AP+ 远端单元组成。无线接入控制器 AC 与中心 AP 通过网线连接，中心 AP 和远端单元之间使用网线连接，中心 AP 和远端单元组成分布式 AP，共同完成瘦 AP 功能。这种方式中，中心 AP 统一管理远端单元，集中处理业务转发，但不具备射频模块，远端单元独立处理射频信号，这种分布式的架构进一步提升了无线的接入能力。远端接入单元包括 R230D、R240D、R250D 和 R450D 等。

2. Wi-Fi 6 的华为瘦 AP 分类

Wi-Fi 6 的华为瘦 AP 根据性能，按照数据传输支持的空间流和特殊场景，分为 AirEngine9700 系列、AirEngine8700 系列、AirEngine6700 系列、AirEngine5700 系列等四个系列。

Wi-Fi 6 的华为瘦 AP 依据使用环境可以分为室内 AP、室外 AP、敏捷分布式 AP 等。其中 AirEngine8760-X1-PRO、AirEngine6760-51、AirEngine6760-51E 等型号为室内 AP；AirEngine8760R-X1、AirEngine8760R-X1E、AirEngine6760R-51、AirEngine6760R-51E 等型号为室外 AP；AirEngine9700D-M 为系列为敏捷分布式 WLAN 的中心 AP，AirEngine5760-22WD 远端接入单元 RU。

## 5.3.3 华为瘦 AP 及外部端口

1. Wi-Fi 5 瘦 AP 及外部端口

华为 Wi-Fi 5 瘦 AP 系列众多，其中典型的室内 AP 有 AP4000 系列。华为 AP4000 系列瘦 AP 型号也有多种，包括 AP4030DN、AP4050DN、AP4051TN 等。这里以华为双频普通天线型瘦 AP 型号 AP4050DN 为例介绍 Wi-Fi 5 瘦 AP 及外部端口。

AP4050DN 是华为发布的支持 802.11ac Wave 2 标准的无线接入点产品，支持 $2 \times 2$ MIMO 和 2 条空间流，具有完善的业务支持能力、高可靠性、高安全性、网络部署简单、自动上线和配置、实时管理和维护等特点，满足网络部署要求。同时支持 802.11n 和 802.11ac Wave2 协议，适合部署在中小型企业、机场车站、体育场馆、咖啡厅、休闲中心等商业环境。支持 802.11ac Wave2 标准，MU-MIMO，2.4 GHz 和 5 GHz 双射频同时提供业务，2.4 GHz 频段最大传输速率 400 Mbit/s，

5 GHz 频段最大传输速率 867 Mbit/s，整机传输速率 1.267 Gbit/s。支持胖 AP、瘦 AP 和云 AP 三种工作模式。

如图 5-10 所示，AP4050DN 各端口具体作用与功能如下：

图 5-10　AP4050DN 端口

❶ Default（Reset）：复位按钮，长按超过 3 s 恢复出厂默认值并重新启动。
❷ CONSOLE：控制口，连接维护终端，用于设备配置和管理。
❸ GE/PoE_IN：10/100/1 000 Mbit/s，用于有线以太网连接，支持 PoE 输入。
❹ DC 12V：直流电源接口，用来连接 12 V 电源适配器。
❺ 防盗锁孔：连接防盗锁。

💡 注意：

在没有多进多出 MIMO 技术之前，无线路由器都只有一根天线，只有单空间流通道，所以网速很慢，而 MIMO 技术就是利用多根天线同时传输技术。两根天线发送、两根天线接收为 2*2 MIMO；4 根天线发送、4 根天线接收为 4×4 MIMO，以此类推。此类技术要求发送设备和接收设备要有同样数量的收发天线，比如用 2*2 MIMO 的无线路由器给一根天线的接收设备发送数据，那么只能用到一根天线发送，另一根天线则处于空闲状态，而其他设备也只能排队等待路由器传输数据。这是因为早期的 MIMO 还是 SU-MIMO（单用户多入多出）技术。为了解决这个问题，又出现了新的下行 MU-MIMO（多用户多进多出）技术，解决了天线空闲状态的问题。搭载 MU-MIMO 技术的路由器支持多终端同时传输数据，大大提高了传输效率。

2. Wi-Fi 6 瘦 AP 及外部端口

华为 Wi-Fi 6 瘦 AP 系列众多，其中典型的 AP 有 AirEngine6760 系列。AirEngine6760 系列瘦 AP 型号有多种，包括 AirEngine6760-X1、AirEngine6760-X1E、AirEngine6760R-51、AirEngine6760R-51E 等。这里以室外型外置天线瘦 AP 型号 AirEngine6760R-51E 介绍华为 Wi-Fi 6 瘦 AP 及其外部接口。

AirEngine6760R-51E 是华为发布的支持 Wi-Fi 6 标准的室外 AP。支持光电上行口，适用于高密度场馆、广场、步行街、游乐场等覆盖场所。支持双射频 2.4 GHz（4×4）+5 GHz（4×4）同时工作，其中 2.4 GHz 频段最大速率 1.15 Gbit/s，5GHz 频段最大速率 4.8 Gbit/s，整机速率可达 5.95 Gbit/s。支持 1×5GE 电口 +1×GE 电口 +1×10GE SFP+ 光口。AirEngine6760R-51E 外置天线口支持 5 kA 天馈防雷，无须外接防雷器。支持胖 AP、瘦 AP 和云 AP 三种工作模式。

AirEngine6760R-51E 如图 5-11 所示。各端口具体作用与功能如下：

# 第 5 章　WLAN 网络设备

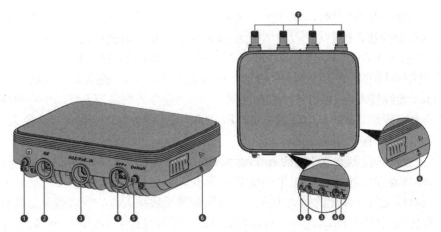

图 5-11　AirEngine6760R-51E 室外 AP

❶ 设备接地螺钉：通过接地螺钉将设备与接地线缆连接。
❷ GE 口：10/100/1 000 Mbit/s 自适应，用于有线以太网连接。
❸ 5GE/PoE 口：100 M/1 000 M/2.5 G/5 Gbit/s，用于有线以太网连接，支持 PoE 输入。
❹ SFP+ 口：以太网光接口，支持 1 G/10 Gbit/s 自适应，需要使用配套的光模块。
❺ Default：复位按钮，长按超过 3 s 恢复出厂默认值并重新启动。
❻ 防盗锁孔：连接防盗锁。
❼ 天馈口：支持连接双频天线，用于发送和接收业务信号。支持 2.4 GHz 和 5 GHz 双频合路，接口类型为 N 型母头（N-Type Female）。

## 5.4　无线接入控制器 AC

集中式无线网络中采用无线接入控制器 AC 和瘦 AP 构建无线网络，适合企业网络无线覆盖。无线集中控制 AC 用于对无线局域网中的所有 AP 进行控制和管理，瘦 AP 只提供可靠、高性能的无线连接功能，其他的增强功能统一在 AC 上集中配置。

无线接入控制器 AC 是一种网络设备，用来集中化控制无线 AP，是一个无线网络的核心，负责管理无线网络中的所有无线 AP，AP 和 AC 之间采用 CAPWAP 协议进行通信，AP 与 AC 间可以跨越二层网络或三层网络。对 AP 管理包括：下发配置、修改相关配置参数、射频智能管理、接入安全控制等。

无线接入控制器 AC 品牌、型号众多。典型品牌有华为（HUAWEI）、华三（H3C）、锐捷、思科（Cisco）等。下面以华为接入控制器 AC 为例介绍 AC 设备。

### 5.4.1　接入控制器分类

华为无线接入控制器 AC 有 AC650-32AP、AC650-64AP、AirEngine9700S-S、AC6507S、AC6508、AirEngine9700-M1、AirEngine9700-M、ACU2、AC6805、AC6800V 等。

华为接入控制器 AC 按照接入 AP 规模,可以分为五类:SOHO 型接入控制器、中小型企业接入控制器、中大型企业接入控制器、大中型企业接入控制器和大型企业接入控制器。

① SOHO 型接入控制器 AC 包括 AC650-32AP 和 AC650-64AP 接入控制器。AC650 系列是华为面向 SOHO 类型市场推出的无线接入控制器,转发能力 4 Gbit/s。配合华为全系列 IEEE 802.11n/802.11ac/802.11ax 无线接入点,可组建小型园区网络、小企业办公网络等无线网络应用环境。其中,AC650-32AP 最大可管理 32 个 SOHO 款型 AP 和 1 000 接入用户。AC650-64AP 最大可管理 64 个 SOHO 款型 AP 和 2 000 接入用户。

② 中小型企业接入控制器 AC 包括 AirEngine9700S-S、AC6507S、AC6508。AirEngine9700S-S、AC6507S、AC6508 是华为推出的面向中小型企业的小型盒式无线接入控制器,集成千兆以太网交换机功能,实现有线无线一体化的接入方式。可灵活配置无线接入点的管理数量,具有良好的可扩展性。配合华为全系列 IEEE 802.11n/802.11ac/802.11ax AP,可组建中小型园区网络、企业办公网络、无线城域网络等应用环境。其中,AirEngine9700S-S 最大可管理 64 个 AP,最大可转发 4 Gbit/s 的数据。AC6507S 最大可管理 128 个 AP,最大可转发 4 Gbit/s 的数据。AC6508 最大可管理 256 个 AP,最大可转发 6 Gbit/s 的数据。

③ 中大型企业接入控制器 AC 包括 AirEngine9700-M1、AirEngine9700-M、ACU2。AirEngine9700-M1、AirEngine 9700-M 是华为面向中大型企业园区、企业分支和校园推出的无线接入控制器。配合华为全系列 IEEE 802.11ac/802.11ax 无线接入点,可组建中大型园区网络、企业办公网络、无线城域网络等应用环境。ACU2 单板提供 WLAN 无线接入控制器功能,可插在 S7700&S9300&S9700&S12700 交换机中,组建无线局域网,主要应用于行业网。其中,AirEngine 9700-M1 是新产品型号,与 AirEngine9700-M 在性能上类似,都提供 120 Gbit/s 的转发能力,可管理 2 048 个 AP。ACU2 单板具备接近 40 G 线速集中转发处理能力,可管理 2 048 个 AP,最大支持接入 32 768 个无线终端。

④ 大中型企业接入控制器 AC 包括 AC6805。AC6805 是华为面向大中型企业、企业分支机构和校园研制的无线接入控制器,配合华为全系列 IEEE 802.11n/802.11ac/802.11ax 无线接入点,可组建大中型园区网络、企业办公网络、无线城域网络等应用环境。AC6805 最大可管理 6 000 个 AP,直接转发能力最高 120 Gbit/s。可灵活配置无线接入点的管理数量。

⑤ 大型企业接入控制器 AC 包括 AC6800V。AC6800V 是面向大型企业园区、企业分支和校园推出的高性能无线接入控制器。硬件借用 FusionServer 2288H V5 服务器,提供丰富的接口类型,满足各种应用场景。拥有 6 个 10 GE 口,提供 60 Gbit/s 的转发能力,最大可管理 10 000 个 AP。最大可接入 10 万个无线终端。

需要注意的是,还有早期的 AC6003、AC6005 和 AC6605 无线接入控制器。其中 AC6003 和 AC6005 属于中小型企业接入控制器。AC6605 属于大中型企业接入控制,目前,华为已经停止生产和销售。

### 5.4.2 接入控制器 AC 示例

这里介绍华为新款中大型企业无线接入控制器 AirEngine9700-M1,如图 5-12 所示。

1. 高性能设计

AirEngine9700-M1 支持 12 个 GE 口、12

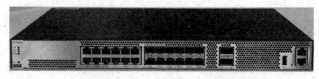

图 5-12 华为 AirEngine9700-M1

个 10 GE 口和 2 个 40 G 口，提供 120 Gbit/s 的转发能力，可管理 2 K 个 AP。支持直接转发和隧道转发，直接转发提供 120 Gbit/s 转发能力，隧道转发提供 60 Gbit/s 转发能力；提供基于用户和角色的访问控制策略控制能力，可通过网管 eSight、WEB 网管、命令行（CLI）进行维护；最大可接入 32 768 个无线终端。

2. AP 空口优化

AirEngine9700-M1 利用智能漫游负责均衡算法，在用户漫游后对组网内 AP 进行负载均衡检测，调整各个 AP 的用户负载，提升网络稳定性；利用 DFA（Dynamic Frequency Assignment）算法自动检测邻频和同频的信号干扰，识别 2.4 G 冗余射频，通过 AP 间的自动协商，自动切换或关闭冗余射频，降低 2.4 G 同频干扰，增加系统容量；利用动态增强分布式信道接入机制（Enhanced Distributed Channel Access，EDCA）和 Airtime 调度算法，对每个用户的无线信道占用时间和业务优先级进行调度，确保每个用户业务有序调度且相对公平占用无线信道，提升业务处理效率和用户体验。

3. 组网特性

AirEngine9700-M1 支持直连式、旁挂式和桥接 /Mesh 组网模式，同时支持数据集中转发和本地转发模式；支持跨二层、三层 AP/AC 间组网，同时支持 AP 在私网、AC 在公网的 NAT 穿透部署；兼容管理华为全系列 IEEE 802.11n/802.11ac/802.11ax 的 AP，实现 IEEE 802.11n/802.11ac/802.11ax 的 AP 混合组网，保护用户投资。

另外，还内置应用识别服务器，支持 4～7 层应用识别，可识别 6 000 多种应用。内置可视化 Web 管理平台，配置便捷，提供全方位的监控和智能诊断。

### 5.4.3 华为其他 AC 设备

华为企业级接入路由器——AR 系列路由器，支持 WLAN 功能。AR 企业级接入路由器 AR100、AR110、AR120、AR150、AR160、AR200、AR1200、AR2200、AR3200 等系列路由器，以及对应的"-S"系列路由器都支持 WLAN 功能。其中，AR100、AR110、AR120、AR150、AR160、AR200 及其"-S"系列路由器中带有 W 的型号路由器一般支持 AP 模式和 AC 模式（支持 AP 模式的一般带有天线）。其他型号路由器支持 AC 模式。

## 5.5 AP 天线

天线是一种用来发射或接收无线电磁波的设备，是 WLAN 网络的重要组成部分。天线按照辐射方向可以分为全向天线和定向天线两种。全向天线覆盖距离一般在 100～200 m，定向天线一般在 200 m 以上。当天线用于覆盖时，对于狭长地带，一般使用定向天线；对于方圆形地带，一般使用全向天线。

天线按照与 AP 的连接方式可以分为内置天线和外置天线。内置天线比较美观简洁。外置天线可以直接安装在 AP 外壳上（AP 直连），或者通过馈线线缆与 AP 连接。对于需要馈线线缆与 AP 相连的天线可以采用抱杆、挂壁、吸顶等方式安装。

### 5.5.1 华为 AP 天线命名规则

AP 天线涉及多个技术参数，包括射频频段、极化方式、辐射方向、天线增益、波瓣宽度、覆盖距离，以及应用场景和安装方式等。因此，AP 天线的种类非常多，为了便于管理 AP 天线，华为制定了 AP 天线命名规则。华为 AP 天线命名规则如图 5-13 所示。

27010210　室内　2.4G　单极化　全向天线　（H360 V45 G3）
❶　　　　❷　　❸　　❹　　　❺　　　　❻

图 5-13　华为 AP 天线命名规则

❶ 天线编号：27010210 为天线编号。

❷ 应用场景：分为室内、室外、车载、轨交，分别代表室内场景、室外场景、车厢覆盖和车地通信场景。

❸ 频段：分为 2.4 GHz、5 GHz 两个频段。

❹ 极化方式：分为单极化、双极化两种极化方式。

❺ 辐射方向：分为定向天线、全向天线两种。

❻ 波瓣宽度和增益：H 代表水平波瓣宽度，V 代表垂直波瓣宽度，G 代表天线增益。

## 5.5.2　AP 天线分类

由于 AP 天线的技术参数较多，可以采用多种方式进行分类。按照工作频段分，可分为 2.4G 和 5G 天线；按照极化方式分，可分为单极化天线和双极化天线；按照辐射方向分，可分为全向天线和定向天线。

这里按照应用场景分类，华为 AP 天线按照应用场景分类可以分为室外天线、室内天线、车载天线和轨交天线等四类。下面简要介绍华为四种应用场景天线。

1. 室外天线

室外天线一般用于室外场景。室外场景一般使用防护级别较高、具备一定防雷能力的室外 AP 和室外天线实现信号覆盖。室外天线可以采用外接 AP 方式、抱杆方式、挂壁方式等三种安装方式安装。可用天线如：27010913 室外 2.4G 单极化全向天线（H360 V11.5 G8）、27011145 室外 5G 双极化定向天线（H15 V15 G19）等，通常与室外型 AP8130DN 等配套使用，如图 5-14 和图 5-15 所示。

图 5-14　27010913 型号天线

图 5-15　27011145 型号天线

2. 室内天线

室内天线一般用于室内场景。室内场景一般使用室内 AP 和室内天线实现信号覆盖。室内天线可以采用四种安装方式，可以采用外接 AP 方式安装直接与 AP 相连；可以采用抱杆方式安装通过线缆与 AP 相连；可以采用挂壁方式安装并通过线缆与 AP 相连；可以采用吸顶方式安装并通过线缆与

AP 相连。可用天线如：27010209 室内 2.4G 单极化定向天线（H88 V47 G7）、27010210 室内 2.4G 单极化全向天线（H360 V45 G3）等，通常与室内型 AP6310SN 等配套使用，如图 5-16 和图 5-17 所示。

图 5-16　27010209 型号天线

图 5-17　27010210 型号天线

3. 车载天线

车载天线用于车厢覆盖场景，车厢覆盖场景一般使用具备一定防震能力的室内 AP 和天线实现信号覆盖，主要采用挂壁方式安装，可用天线型号如：27012075 车载 2.4G&5G 单极化定向天线（H80 V48 G40&H80 V40 G6），通常与轨交型 AP9131DN/AP9132DN 配套使用，如图 5-18 所示。

4. 轨交天线

轨交天线一般用于车地通信场景，车地通信场景一般使用防护级别较高、具备移动防震能力的室外 AP 和天线实现。采用抱杆方式或挂壁方式安装，可用天线型号如：27012140 轨交 5G 双极化定向天线（H33 V33 G13）。通常 AP9131DN/ AP9132DN 配套使用，如图 5-19 所示。

图 5-18　27012075 型号天线

图 5-19　27012140 型号天线

 **小结**

本章主要介绍无线网卡、胖 AP、瘦 AP、无线接入控制器 AC，以及天线等 WLAN 设备，并重点介绍了华为的无线网络设备。

具有路由功能的胖 AP 也称为无线路由器，本章详细介绍了家用无线路由器的性能及天线数量的变化，以及无线路由器的接口。

华为瘦 AP 型号众多，本章在介绍了华为 Wi-Fi 5 和 Wi-Fi 6 的瘦 AP 的命名规则基础上，还详细介绍了华为 Wi-Fi 5 和 Wi-Fi 6 的瘦 AP 的分类和对应的应用场景。

采用无线接入控制器 AC 和瘦 AP 构建集中式 WLAN 是目前组建 WLAN 的主流方式。本章结合华为无线 AC 介绍了 AC 的分类和应用场景。

天线是一种用来发射或接收无线电磁波的设备，是 WLAN 网络的重要组成部分。本章还详细介绍了华为天线的命名规则和天线分类知识。

# 第 6 章

# 自组织 WLAN 及实践

自组织 WLAN 是无线局域网的一种特殊组网方式，是无固定基础设施的无线局域网。很多时候还被称为无线自组网络（Ad-Hoc 网络）。为了便于区别 Ad-Hoc 网络和自组织 WLAN，本章首先介绍无线自组网络，然后介绍自组织 WLAN，最后介绍自组织 WLAN 在 Windows 环境的配置实现方法。

## 6.1 Ad-Hoc 网络

### 6.1.1 Ad-Hoc 网络概述

1. Ad-Hoc 网络的概念

维基百科中文版网站指出，Ad-Hoc 是一个拉丁文常用短语，短语意思为"特设的、特定目的、即席的、临时的、将就的、专案的"。

Ad-Hoc 网络也称为无线自组网络，是一种有特殊用途的临时自组网络，它由一组无线节点组成，这些无线节点不需要依靠固定基础设施就能够自动组成网络进行通信。组成 Ad-Hoc 网络的节点可以分为两种：一种是固定节点，一种是移动节点，节点与节点之间的关系是平等关系。

目前存在的 Ad-Hoc 网络主要有两种形式：一种是移动自组网络 MANET（Mobile Ad-Hoc Network），它是由移动节点通过分布式协议自组织起来的一种无线网络；另一种是无线传感网络（Wireless Sensor Networks，WSN），它是由固定节点通过分布式协议自组织起来的一种无线网络。这两种网络中都没有基站等固定基础设置。

2. Ad-Hoc 网络的特点

Ad-Hoc 网络是一种多跳的、无中心的、自组织的无线网络，又称为无线多跳网络（Multi-hop Network）、无固定基础设施网络（Infrastructureless Network）或无线自组网络（Self-organizing Network）。网络中所有节点的地位平等，无须设置任何的中心控制节点。网络中的节点不仅具有普通终端所需的功能，而且具有报文转发能力。与普通的无线固定节点网络和移动节点网络相比，它具有以下特点：

① 无中心。Ad-Hoc 网络没有严格的控制中心。所有节点的地位平等，即是一个对等式网络。节点可以随时加入和离开网络。任何节点的故障不会影响整个网络的运行，具有很强的抗毁性。

② 自组织。网络的布设或展开无须依赖于任何预设的网络设施。节点通过分层协议和分布式算法协调各自的行为，节点开机后就可以快速、自动地组成一个独立的网络。

③ 多跳路由。当节点要与其覆盖范围之外的节点进行通信时，需要中间节点的多跳转发。与固定网络的多跳不同，Ad-Hoc 网络中的多跳路由是由普通的网络节点完成的，而不是由专用的路由设备完成的。

④ 动态拓扑。Ad-Hoc 网络是一个动态的网络。网络节点可以随处移动，也可以随时开机和关机，这些都会使网络的拓扑结构随时发生变化。这些特点使得 Ad-Hoc 网络在体系结构、网络组织、协议设计等方面都与普通的蜂窝移动通信网络和固定通信网络有着显著的区别。

3. Ad-Hoc 网络的应用场合

由于 Ad-Hoc 网络的特殊性，它的应用领域与普通的通信网络有着显著的区别。它适合被用于无法或不便预先铺设网络设施的场合、需快速自动组网的场合等。针对 Ad-Hoc 网络的研究是因军事应用而发起的。因此，军事应用仍是 Ad-Hoc 网络的主要应用领域，但是在民用方面，Ad-Hoc 网络也有非常广泛的应用前景。它的应用场合主要有以下几类：

① 军事应用。军事应用是 Ad-Hoc 网络技术的主要应用领域。因其特有的无须架设网络设施、可快速展开、抗毁性强等特点，它是数字战场通信的首选技术。

② 自然灾害紧急应用。在发生了地震、水灾、强热带风暴或遭受其他灾难打击后，固定的通信网络设施（如有线通信网络、蜂窝移动通信网络的基站等网络设施、卫星通信地球站以及微波接力站等）可能被全部摧毁或无法正常工作，对于抢险救灾来说，这时就需要 Ad-Hoc 网络这种不依赖任何固定网络设施又能快速布设的自组织网络技术。

③ 传感器信息传输应用。为了能够实施监控、感知和采集某一区域的各种环境或监控对象的信息，可以采用无线传感器网络技术。无线传感器网络是传感器技术与 Ad-Hoc 网络技术的结合，是 Ad-Hoc 网络技术的另一种应用。无线传感器网络通过多跳通信将分散在各处的传感器组成 Ad-Hoc 网络，实现传感器之间与控制中心之间的无线通信。

在实际应用中，Ad-Hoc 网络除了可以单独组网实现局部的通信外，它还可以作为末端子网通过网关设备接入其他的固定或移动通信网络，与 Ad-Hoc 网络以外的主机进行通信。因此，Ad-Hoc 网络也可以作为各种通信网络的无线接入手段之一。

4. Ad-Hoc 网络存在的问题

Ad-Hoc 网络的无中心、自组织、多跳路由、动态拓扑特点使得 Ad-Hoc 网络受到高度重视，在军事、抢险救灾、传感器网络等方面得到应用。但 Ad-Hoc 网络存在单向信道问题、传输带宽有限性问题和安全性问题等，使得它的发展受到一定制约。

(1) 单信道问题

由于发送和接收的节点的发射功率大小不同，使得组成 Ad-Hoc 网络的节点之间可能存在单信道问题。当发射功率大的节点能够覆盖发射功率小的节点，而发射功率小的接收节点无法覆盖发射功率大的节点时，就出现了单信道问题。在单信道问题中，发送方可以发送数据给另一方，而另一方却无法返回数据给发送方。

（2）传输带宽有限性问题

Ad-Hoc 网络中没有有线基础设施的支持，主机之间的通信通过无线传输完成。由于无线信道提供的网络带宽相对于有线信道要低很多，而且，无线共享信道还存在碰撞、信号衰减、噪声干扰等多种因素的影响，因此，无线信道的实际带宽会比理论带宽低很多。

（3）安全性问题

这种自组网络的实际应用场景往往是临时搭建起来的，通信的时间不会太长，往往缺少对网络安全的考虑，而且无线网络通常比有线网络更容易受到安全攻击，恶意节点更容易进入网络，只要恶意节点使用与当前网络中相同的自组网协议，就能够加入自组网络中，进行危险操作。而且，Ad-Hoc 网络的节点兼备路由和主机双重身份，使得部分安全策略不能直接应用于该网络。

### 6.1.2 Ad-Hoc 网络结构

1. Ad-Hoc 网络的节点结构

Ad-Hoc 网络中的节点不仅要具备普通无线节点的数据处理和传输功能，还要具有报文转发能力，即还要具备路由器的功能。因此，就完成的功能而言，可以将无线节点分为主机、路由器和信号发射器三部分。

① 主机部分完成普通节点的数据处理等功能，包括人机接口、数据处理等应用软件。

② 路由器部分主要负责维护网络的拓扑结构和路由信息，完成报文的转发功能。

③ 信号发射器部分为信息传输提供无线信道支持。

从物理结构上分，节点结构可以被分为以下几类：单主机单发射器、单主机多发射器、多主机单发射器和多主机多发射器，如图 6-1 所示。

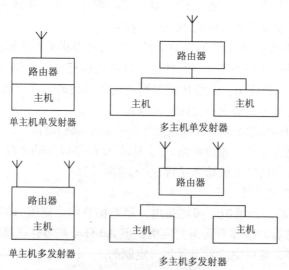

图 6-1 Ad-Hoc 节点结构类型

① 单主机单发射器结构：节点中包含一个主机和一个无线信号发射器装置。

② 多主机单发射器结构：节点中包含多个主机和一个无线信号发射器装置。

③ 单主机多发射器结构：节点中包含一个主机节点和多个无线信号发射器装置。

④ 多主机多发射器结构：节点中包含多个主机和多个无线信号发射器装置。

手持无线节点一般采用单主机单发射器的简单结构。作为复杂的车载节点，一个节点可能包括通信车内的多个主机。多电台不仅可以用来构建叠加的网络，还可用作网关节点来互联多个 Ad-Hoc 网络。

2. Ad-Hoc 网络的网络结构

Ad-Hoc 网络一般有两种结构：平面结构和分级结构。

在平面结构中，所有节点的地位平等，所以又可以称为对等式结构。平面结构的网络比较简单，网络中所有节点是完全对等的，原则上不存在瓶颈，所以比较健壮。它的缺点是可扩充性差，每一个节点都需要知道到达其他所有节点的路由。维护这些动态变化的路由信息需要大量的控制消息。平面结构 Ad-Hoc 网络如图 6-2 所示。

在分级结构中，网络被分为簇。每个簇由一个簇头和多个簇成员组成。这些簇头形成高一级的网络。在高一级网络中，又可以分簇，再次形成更高一级的网络，直至最高级。在分级结构中，簇头节点负责簇间数据的转发。簇头可以预先指定，也可以由节点使用算法自动选举产生。分级结构的网络又可以被分为单频率分级和多频率分级两种。

在单频率分级网络中，所有节点使用同一个频率通信。为了实现簇头之间的通信，要有网关节点（同时属于两个簇的节点）的支持，如图 6-3 所示。

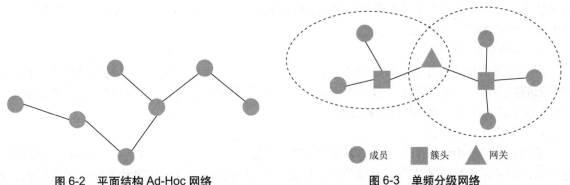

图 6-2 平面结构 Ad-Hoc 网络　　　　图 6-3 单频分级网络

在多频率分级网络中，不同级采用不同的通信频率。低级节点的通信范围较小，而高级节点要覆盖较大的范围。高级的节点同时处于多个级中，有多个频率，用不同的频率实现不同级的通信。在两级网络中，簇头节点有两个频率：频率 1 用于簇头与簇成员的通信；频率 2 用于簇头之间的通信。分级网络的每个节点都可以成为簇头，所以需要适当的簇头选举算法，算法要能根据网络拓扑的变化重新分簇，如图 6-4 所示。

在分级结构的网络中，簇成员的功能比较简单，不需要维护复杂的路由信息。这大大减少了网络中路由控制信息的数量，因此具有很好的可扩充性。由于簇头节点可以随时选举产生，分级结构也具有很强的抗毁性。分级结构的缺点是，维护分级结构需要节点执行簇头选举算法，簇头节点可能会成为网络的瓶颈。

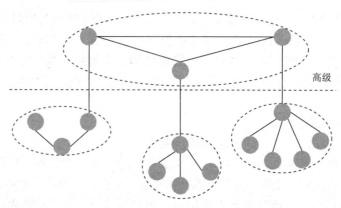

图 6-4 多频分级结构

因此，当网络的规模较小时，可以采用简单的平面式结构；而当网络的规模增大时，应采用分级结构。

### 6.1.3 Ad-Hoc 网络路由技术

Ad-Hoc 网络中的节点不同于普通的无线节点，除具有普通无线节点的数据处理和数据传输功能外，还需要要具有报文转发能力，即要支持路由协议，具备路由器的功能。

针对 Ad-Hoc 网络的结构和特点，人们设计了多种 Ad-Hoc 网络路由协议，按照 Ad-Hoc 网络的网络结构来分，可分为平面型路由协议和分级型路由协议。下面简要介绍 Ad-Hoc 网络的平面型路由协议和分级型路由协议。

1. 平面型路由协议

平面型路由协议适用于结构比较单一的平面型网络。各个节点地位和功能在网络中一致，具有较强的抗毁性。平面型路由协议又分为两种：一种是表驱动路由协议，也称主动式路由协议；一种是按需路由协议，也称被动式路由协议。

（1）表驱动路由协议

采用表驱动路由协议的节点，需要采取主动方式定时发送自己的路由信息给 Ad-Hoc 网络中其他节点，同时还要接收其他节点发送的路由信息，并通过接收的路由信息构建自己的路由表。每个节点都有到已知节点的下一跳转发信息，节点根据转发信息转发数据。

在表驱动路由中，拓扑结构的变化会引起节点进行路由表项的更新和路由的重新计算。但表驱动路由协议具有路由寻找时间短，网络实时性较高的优点。因此表驱动路由协议适合于规模较小的 Ad-Hoc 网络，或者拓扑结构不经常变化的 Ad-Hoc 网络，或者 Ad-Hoc 网络节点低速移动的场景。

典型的表驱动路由协议有 DSDV（Destination Sequenced Distance Vector，目的节点序列距离矢量）协议、OLSR（Optimized Link State Routing，优化链路状态路由）协议和 FSR（Fisheye State Routing，鱼眼状态路由）协议。

（2）按需路由协议

节点无须时刻维护一个全局的路由表，而是当节点有通信需求时，才启动路由请求，并根据路由选择算法选择一条有效的通信路径添加到路由表。节点可以选择保存该条路径一段时间来提高同一段时间内的转发效率，不需要维护更新这个路由表项，在表项存活时间到期后，就删除该路由表项。

在按需路由中,由于在数据转发时才进行路由发现,导致 Ad-Hoc 网络会出现较高的延时性,但按需路由协议具有开销小、网络生存时间长等优点。因此按需路由协议适合一些对网络延时要求不高的 Ad-Hoc 网络,或者 Ad-Hoc 网络节点高速移动的场景。

常见的按需路由协议有 AODV(Ad-Hoc On-Demand Distance Vector Routing,无线自组网按需距离向量路由)协议、DSR(Dynamic Source Routing,动态源路由)协议、TORA(Temporally Ordered Routing Algorithm,临时按序路由算法)协议、ABR(Associativity-Based Routing,基于节点间相互关系的路由)协议等。

2. 分级型路由协议

通过在每个簇中选择簇头,形成簇头管理簇内通信,完成簇内网络信息的收集,并与其他簇进行协商,以及路由信息交互、数据转发。

典型的分级型路由协议有 CGSR(Clusterhead-Gateway Switch Routing,簇头网关交换路由)协议、ZRP(Zone Routing Protocol,区域路由)协议和 LANMAR(Landmark Ad-Hoc Routing Protocol,地标自组网路由协议)等。

例如,CGSR 协议需要对 Ad-Hoc 网络分簇,并选择簇头节点和网关节点。当 Ad-Hoc 网络中的一个节点发送数据时,先将数据包发送簇头节点,然后簇头节点通过网关节点把数据包转发给另外一个簇头节点,通过多次转发,直到数据包转发到目的节点。

## 6.2 自组织 WLAN

1. 自组织 WLAN 的概念

IEEE 802.11 协议标准定义了两种基本服务集(Basic Service Set,BSS):一种是以接入点 AP 为中心,工作站(STA)在 AP 的控制下通信,这种 BSS 称为基础结构基本服务集(Infrastructure BSS),这种通常 BSS 组成的网络又称为自治式 WLAN;一种是无须 AP 的转接,多个工作站可以直接对等地相互通信,这种 BSS 又称为独立基本服务集(Independent BSS,IBSS),这种通过 IBSS 组成的网络又称为自组织 WLAN。

自组织 WLAN 是采用无固定基础设施的拓扑结构、自组织模式、多个工作站可以直接对等通信的无线局域网,具有无固定基础设施、自组织、临时性的特点。因此,自组织 WLAN 是一种 Ad-Hoc 模式的无线局域网。

自组织 WLAN 又称为无固定基础设施 WLAN。Windows 环境称为临时网络。

2. 自组织 WLAN 的特点

自组织 WLAN 是一种无中心的、自组织的无线局域网,网络中所有工作站的地位平等,无须设置任何的中心控制节点。自组织 WLAN 具有以下特点:

① 无中心。自组织 WLAN 没有严格的控制中心。所有工作站的地位平等。

② 自组织。网络的布设无须依赖于任何预设的网络设施。节点开机后就可以快速、自动地组成一个独立的网络。

③ 临时性。一般由少数几个工作站为特定目的临时组成网络,持续时间不长,网络规模较小。

3. 自组织 WLAN 与 Ad-Hoc 网络的不同

自组织 WLAN 具有 Ad-Hoc 网络的多个特点。因此，自组织 WLAN 也被称为 Ad-Hoc 模式 WLAN。但这里将自组织 WLAN 和 Ad-Hoc 网络区别开来，因为它们也有多个不同点。

① 网络体系结构不同。自组织 WLAN 是无线局域网技术，网络部分采用两层体系结构，只包括物理层和数据链路层。而一般的 Ad-Hoc 网络具有三层体系结构，包括物理层、数据链路层和网络层。

② 节点结构不同。自组织 WLAN 工作站具有数据处理功能，但不具有路由功能，而 Ad-Hoc 网络节点不仅具有数据处理功能，还具有路由功能。

③ 自组织 WLAN 工作站属于同一网络，可以对等直接通信，Ad-Hoc 网络节点可以通过多跳路由通信。

4. 自组织 WLAN 工作方式

目前，大多数操作系统都提供了对自组织 WLAN 工作方式的支持。在自组织 WLAN 模式下，最先创建该网络的主机实际上可以控制整个独立基本服务集 IBSS 中的数据传输过程，并且所有设备都会广播所加入网络的 SSID。

## 6.3 自组织 WLAN 在 Windows 环境的实现

Windows 环境中对 Ad-Hoc 网络的支持并不全面。早期的 Windows XP 和 Windows 7 支持构建自组织 WLAN，用于实现多台计算机之间通过无线网卡直接进行通信。而 Windows 10 利用 Wi-Fi 热点技术实现多台计算机之间通过无线网卡直接进行通信，不再支持自组织 WLAN 组网功能。这里以 Windows 7 为例，说明 Windows 环境中构建自组织 WLAN 的方法。

扫一扫
自组织WLAN
在Windows
环境的实现

下面通过一个示例，学习在 Windows 7 环境中，不使用无线路由器或无线接入点 AP 的情况下，利用无线网卡构建自组织 WLAN，实现计算机互联，并通过桥接方式或 Internet 连接共享方式实现 Internet 连接上网。

1. 实验名称

Windows 7 中自组织 WLAN 配置实践。

2. 实验目的

学习掌握 Ad-Hoc 网络基础知识，掌握 Windows 环境自组织 WLAN 配置方法。

3. 实验拓扑图

两台笔记本电脑安装 Windows 7 操作系统，通过组建自组织 WLAN，其中一台笔记本电脑通过有线网络连接互联网，在没有 AP 的情况下，进行无线点对点连接，并实现 Internet 连接上网，拓扑图如图 6-5 所示。

PC2 OS: Windows 7　　　　PC1 OS: Windows 7　　　　路由器　　　　互联网

图 6-5　Ad-Hoc 网络联网实验

## 第 6 章　自组织 WLAN 及实践

4. 实验内容

① 两台笔记本电脑组建自组织 WLAN。
② 两台笔记本电脑组建自组织 WLAN，并通过桥接方式访问 Internet。
③ 两台笔记本电脑组建自组织 WLAN，并通过 Internet 连接共享访问 Internet。

5. 实验步骤

1）实验内容一：两台笔记本电脑组建自组织 WLAN

（1）利用"网络和共享中心"开始自组织 WLAN 配置

在笔记本电脑 PC1 中，通过控制面板中打开"网络和共享中心"对话框，如图 6-6 所示。接下来可以利用"网络和共享中心"对话框的"管理无线网络"或者"设置新的连接或网络"，配置自组织 WLAN。

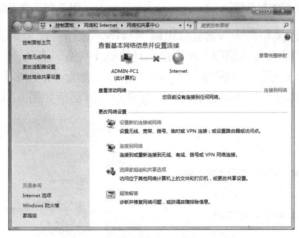

图 6-6　"网络和共享中心"对话框

（2）选择"管理无线网络"或者"设置新的连接或网络"选项，配置自组织 WLAN

① 利用"管理无线网络"，建立自组织 WLAN。选择"管理无线网络"选项，在弹出的对话框中选择"添加"按钮，然后在弹出的对话框中选择"创建临时网络"按钮，弹出"手动连接到无线网络"对话框，最后单击"下一步"按钮，弹出自组织 WLAN 参数配置对话框。操作过程对话框如图 6-7 ～图 6-10 所示。

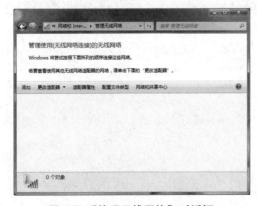

图 6-7　"管理无线网络"对话框

图 6-8　"手动连接到无线网络"对话框

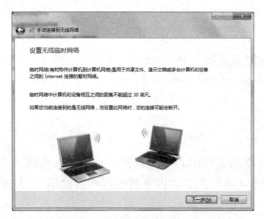

图 6-9 创建临时网络对话框

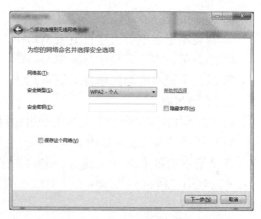

图 6-10 设置临时网络参数对话框

② 利用"设置新的连接和网络"建立自组织 WLAN。选择"设置新的连接和网络"选项,在弹出的对话框中,选择"设置无线临时(计算机到计算机)网络"选项,然后在弹出"设置临时网络"对话框,选择合适的无线显卡对应的"无线网络连接"选项(存在多个网卡时),再单击"下一步"按钮,弹出自组织 WLAN 参数配置对话框。操作过程对话框如图 6-11 ~图 6-14 所示。

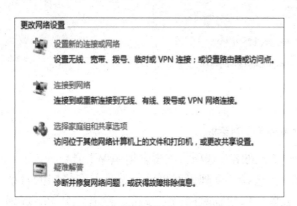

图 6-11 设置新的连接或网络

图 6-12 设置连接或网络

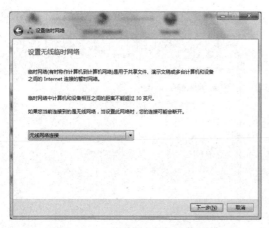

图 6-13 "设置临时网络"对话框

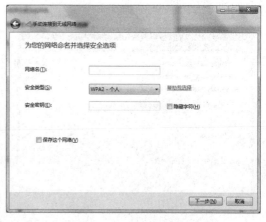

图 6-14 设置临时网络参数

# 第 6 章  自组织 WLAN 及实践

（3）设置临时网络参数，创建自组织 WLAN

设置临时网络安全参数，包括网络名、安全类型和安全密钥等，Windows 7 中自组织 WLAN 支持的安全类型为两种：一种是"WEP"；一种是"WPA2-个人"。"WEP"是传统的安全类型，密钥长度为 5 位或 13 位。"WPA2-个人"为最新的安全类型，密钥长度为 8 位以上。

本示例设置网络名：adhoc，安全类型：WEP，安全密钥：adhoc。如图 6-15 所示，勾选"保存这个网络"复选框，计算机重新启动，临时网络将会自动建立。否则，计算机重新启动，临时网络会自动消失。

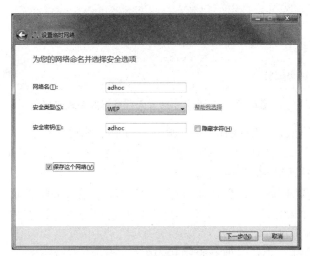

图 6-15  设置临时网络参数

然后选择"下一步"按钮，就会弹出"手动连接到无线网络"对话框，在出现的对话框中选择关闭，就建立了自组织 WLAN（Ad-Hoc 模式 WLAN）。建立了自组织 WLAN 的笔记本电脑 PC1 将显示的 Ad-Hoc 模式 WLAN 连接状态图，如图 6-16 所示。

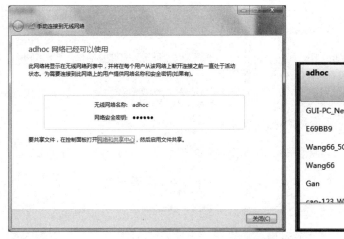

图 6-16  完成"临时网络"创建

（4）在其他计算机中搜寻并连接自组织 WLAN

在笔记本电脑 PC2 中，利用无线网卡搜寻无线网络，本例中无线网络 SSID"adhoc"就会显示在可用无线网络列表里，单击"连接"按钮，输入对应的安全密钥："adhoc"，就可以实现 Ad-Hoc 模式无线局域网的建设，如图 6-17 所示。

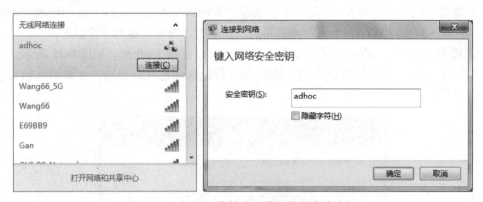

图 6-17　在 PC2 中搜索无线网络并完成连接

(5) 设置计算机 IP 地址，使自组织 WLAN 主机能够互相通信

对于不连接互联网络的自组织 WLAN，可以采用两种方式来设置 IP 地址：一是采用 DHCP 方式设置 IP 地址；二是采用静态设置 IP 地址。

采用 DHCP 方式设置 IP 地址，但由于自组织 WLAN 中没有 DHCP 服务器，自组织 WLAN 的主机将会获取一个 169.254.0.0/24 网段的 IP 地址，用户通过查询获取对方主机 IP 地址，即可利用 169.254.0.0/24 网段 IP 地址进行通信。

采用静态设置 IP 地址，用户需要将自组织 WLAN 中主机设置为同一网段 IP 地址，并通过设置的 IP 地址进行通信。

比如，采用静态设置 IP 地址，笔记本电脑 PC1 的 IP 地址可以设置为 192.168.10.1，子网掩码设置为 255.255.255.0。笔记本电脑 PC2 的 IP 地址可以设置为 192.168.10.2，子网掩码设置为 255.255.255.0，如图 6-18 所示。

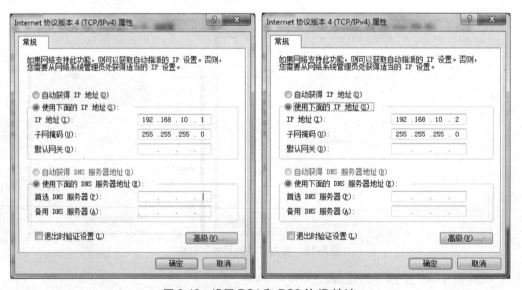

图 6-18　设置 PC1 和 PC2 的 IP 地址

(6) 配置测试

在笔记本电脑 PC1 的命令提示符对话框中输入：

```
ping -S 192.168.10.1 192.168.10.2
```

测试笔记本电脑 PC1 和 PC2 的连通性，如图 6-19 所示，表示自组织 WLAN 组建成功。

图 6-19　配置测试

2) 实验内容二：两台笔记本电脑组建自组织 WLAN，并通过桥接方式访问 Internet

如果自组织 WLAN 需要访问 Internet，则自组织 WLAN 中必须有一台主机至少有两块网卡，其中一块网卡用于连接互联网，另一块无线网卡用于组建自组织 WLAN。可以将两块网卡通过桥接的方式使自组织 WLAN 访问 Internet。具体配置过程如下。

(1) 将两块网卡形成的网络连接进行桥接

在笔记本电脑 PC1 中，通过控制面板中打开"网络和共享中心"，然后在左侧菜单中选择"更改适配器设置"选项，打开"网络连接"对话框（也可以右击桌面"网络邻居"，选择下拉菜单中"属性"）。

可以看到笔记本电脑中有两个网络连接：一个是有线的"本地连接"；一个是"无线网络连接"。按下【Ctrl】键的同时，分别单击两个连接选中，然后在任意网络连接上右击，可以看到快捷菜单中有"桥接"选项，如图 6-20 所示。

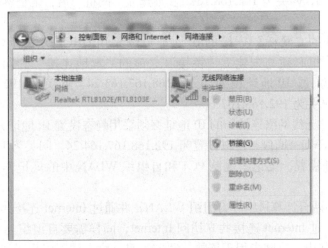

图 6-20　"桥接"选项

选择"桥接"菜单,创建一个"桥接"连接。创建完成后,在"网络连接"对话框中就会有名称为"MAC Bridge Miniport"的"网桥"连接,如图6-21所示。

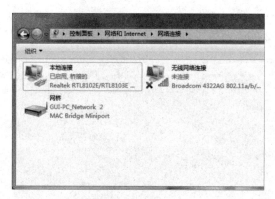

图6-21 "网桥"连接

**注意:**

网络连接创建之后,创建网桥的"本地连接"和"无线网络连接"的属性变得较为单一,且不能在设置任何有关TCP/IP网络连接参数,只需要在"网桥"连接中设置TCP/IP网络连接参数。

(2)在建立桥接的计算机中创建自组织WLAN

在笔记本电脑PC1中建立自组织WLAN。这个过程可以参考"实验内容一:两台笔记本电脑组建自组织WLAN"的方法完成。不同之处在于笔记本电脑的IP地址设置。

(3)配置IP地址,使自组织WLAN中主机可以访问Internet

下面说明如何设置笔记本电脑的IP地址,使通过桥接的自组织WLAN能够访问Internet。

由于"本地连接"和"无线网络连接"桥接在一起,形成"网桥"连接,因此建立桥接的笔记本电脑中"本地连接"和"无线网络连接"位于同一网络,只需要在"网桥"连接中设置IP地址即可。

假定在建立"网桥"之前,笔记本电脑PC1的"本地连接"采用静态设置IP地址方式。IP地址为192.168.167.162/24,网关为192.168.167.1。则建立"网桥"后,笔记本电脑PC1和PC2的IP地址配置如下:

笔记本电脑PC1的"网桥"连接的IP地址可以采用DHCP方式设置IP地址,也可以采用静态设置IP地址,但必须与未建立"桥接"之前的"本地连接"的网段地址相同。这里采用静态设置IP地址方式。IP地址设置为192.168.167.163/24,网关为192.168.167.1。也可采用192.168.167.162/24,网关为192.168.167.1。

笔记本电脑PC2"无线网络连接"的IP地址必须采用静态设置IP地址方式,且与PC1的"网桥"连接的IP地址位于同一网段。可以设置为192.168.167.164/24,网关为192.168.167.1。

通过以上IP地址设置,笔记本电脑PC1和自组织WLAN中的笔记本电脑PC2都可以访问Internet了。

3)实验内容三:两台计算机组建自组织WLAN,并通过Internet连接共享访问Internet

自组织WLAN通过Internet连接共享访问Internet,同样需要自组织WLAN中必须有一台主机至少有两块网卡,其中一块网卡用于连接互联网,另一块无线网卡用于组建自组织WLAN。具体配置过程如下。

（1）在可以连接互联网的主机中创建自组织 WLAN

在笔记本电脑 PC1 中建立自组织 WLAN。这个过程可以参考"实验内容一：两台笔记本电脑组建自组织 WLAN"的方法完成。

（2）开启 Internet 连接共享

开启 Internet 连接共享可以采取两种方式，一种方式在建立自组织 WLAN 同时开启 Internet 连接共享，另一种是在建立自组织 WLAN 之后，单独开启 Internet 连接共享。

① 方式一：在建立自组织 WLAN 同时开启 Internet 连接共享。

在笔记本电脑 PC1 中建立自组织 WLAN 的最后阶段，如果 PC1 存在另外一个网卡连接互联网，则会出现如图 6-22 所示的对话框。

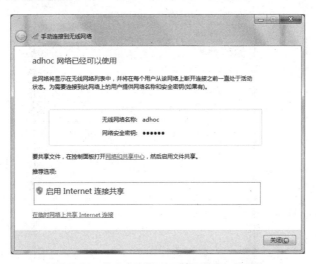

图 6-22 "手动连接到无线网络"对话框

图中可以看到，增加了"启用 Interent 连接共享"，单击"启用 Interent 连接共享"选项开启 Interent 连接共享。同时给出修改 LAN 适配器 IP 地址的提示信息，如图 6-23 所示。

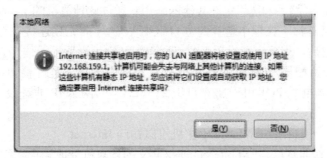

图 6-23 LAN 适配器 IP 地址设置提示信息

用户在设置 LAN 适配器 IP 地址的提出信息对话框中选择"是"按钮，则开启了 Internet 连接共享，同时将笔记本电脑 PC1 用于建立自组织 WLAN 的网卡 IP 地址设置为静态 IP 地址，如 192.168.159.1/24。

② 方式二：在建立自组织 WLAN 之后，单独开启 Internet 连接共享。

如果在建立自组织 WLAN 的最后阶段，没有开启 Internet 连接共享，则可以单独开启 Internet 连接共享，方法如下：

在笔记本电脑 PC1 中，通过控制面板打开"网络和共享中心"，然后在左侧菜单中选择"更改适配器设置"选项，打开"网络连接"对话框（也可以右击桌面"网络邻居"，选择下拉菜单中"属性"打开）。

在"本地连接"图标上右击，选择"属性"命令，打开"本地连接 属性"对话框，如图 6-24 所示。

图 6-24 "本地连接 属性"对话框

选择"共享"选项卡，然后勾选"允许其他网络用户通过此计算机的 Internet 连接来连接（N）"复选框。并在家庭网络连接下拉框中选择建立自组织 WLAN 的无线连接"无线网络连接"选项，单击"确定"按钮。之后，屏幕出现设置 LAN 适配器 IP 地址设置提示信息。

用户在设置 LAN 适配器 IP 地址的提示信息对话框中选择"是"按钮，则开启了 Internet 连接共享，同时将笔记本电脑 PC1 用于建立自组织 WLAN 的网卡 IP 地址设置为静态 IP 地址，如 192.168.159.1/24。

（3）配置 IP 地址，使自组织 WLAN 中主机可以访问 Internet

当开启 Internet 连接共享后，开启 Internet 连接共享的计算机就成为自组织 WLAN 的网关设备，因此，自组织 WLAN 的中其他计算机 IP 地址必须与开启 Internet 连接共享的计算机无线网卡的 IP 地址为同一网段地址。

当笔记本电脑 PC1 在开启 Internet 连接共享后，无线网卡 IP 地址被设置为 192.168.159.1/24。所以，自组织 WLAN 中的其他计算机的 IP 地址必须设置为 192.168.159.0/24 网段的 IP 地址。这里可以将笔记本电脑 PC2 的 IP 地址设置为 192.168.159.2/24，默认网关设置为 192.168.159.1。

# 第 6 章　自组织 WLAN 及实践

通过以上 IP 地址设置，笔记本电脑 PC1 和自组织 WLAN 中的笔记本电脑 PC2 就可以访问 Internet 了。

**注意：**

（1）利用 Windows 7 系统建立的自组织 WLAN，可以利用 Windows 7 系统发现并建立连接，而 Windows 10 和 Android 手机可以发现自组织 WLAN 但无法建立连接。

（2）Windows 7 和 Windows 10 支持的 Wi-Fi 热点技术，也能实现无 AP 和无路由器的情况下，其他无线设备通过 Wi-Fi 热点上网。但 Wi-Fi 热点是利用无线网卡建立一个虚拟 AP，其他无线设备通过虚拟 AP 连接上网，因此 Wi-Fi 热点应该属于自治式 WLAN。

（3）关于 Wi-Fi 热点技术，在第 7 章中介绍。

## 小结

本章重点讲述自组织 WLAN 相关知识及其在 Windows 环境的实现方法。

由于自组织 WLAN 是一种特殊的 Ad-Hoc 网络，所以本章还介绍了 Ad-Hoc 网络以及自组织 WLAN 与 Ad-Hoc 网络的区别。

# 第 7 章

# 自治式 WLAN 及实践

自治式无线局域网架构，主要应用于 SOHO 网络或小型无线局域网，本章主要介绍无线自治式网络的网络设备、配置方法，以及 Wi-Fi 热点配置方法。

## 7.1 自治式 WLAN 概述

自治式无线局域网架构（Autonomous WLAN Architecture），又称为胖接入点（胖 AP）架构。在该架构下，胖 AP 实现所有无线接入功能，这种以胖 AP 为核心的组网模式，由无线接入点（FAT-AP，胖 AP）、无线工作站 STA 以及分布式系统 DS 构成，覆盖的区域称基本服务集 BSS。其中胖 AP 用于在无线工作站和有线网络之间接收、缓存和转发数据。所有的无线通信，都由胖 AP 来处理，实现从有线网络向无线工作站的连接。胖 AP 的覆盖半径能达到 100 m，其工作机制类似有线网络中的集线器 HUB，无线工作站可以通过胖 AP 进行无线工作站之间的数据传输，也可以通过胖 AP 与有线网络互通。

胖 AP 普遍应用于 SOHO 无线网络或小型无线局域网。胖 AP 有两种形式的设备：一种具备路由功能的胖 AP，也称无线路由器；一种是商用 AP。商用 AP 一般为瘦 AP 状态，可以通过配置转换成胖 AP 使用，当转换为胖 AP 模式时，可以用来组建自治式 WLAN。

学习自治式 WLAN，关键是在掌握 WLAN 物理层和数据链路层基础知识的基础上，掌握如何利用无线路由器配置无线局域网，以及如何利用无线路由器拓展无线信号。

## 7.2 无线路由器与商用 AP 的区别

无线网络覆盖中，SOHO 无线网络一般采用自治式 WLAN 架构，采用无线路由器作为无线接入设备；而企业网络一般采用集中式 WLAN 架构，采用商用 AP 作为无线接入设备。这种无线 AP

选择方式，究其原因，是因为无线路由器和商用 AP 具有以下不同点：

1. 设备性能不同

无线路由器性能较低，上行接口一般为百兆接口，不支持以太网供电，内部 CPU 处理性能较低，价格便宜，从几十元到几百元不等。

商用 AP 性能较高，上行接口一般为千兆接口，大多数商用 AP 还支持以太网供电，内部 CPU 处理功能和射频发射功率比家用无线路由器高。可以支持 60 个左右的终端并发访问，价格几千元甚至上万元不等。

2. 应用场景不同

无线路由器一般采用外置全向天线，桌面摆放，最多能够接入 10～20 个终端，适合于 SOHO 网络，特别是接入用户较少的无线接入场景，如家庭无线接入等。

商用 AP 一般采用吸顶安装，内置天线，并结合智能天线、小角度高密天线等适配不同的应用环境，可以用于企业网、校园网等，特别是接入用户多、密度大的无线接入场景。如校园无线接入、企业办公无线接入等。

3. 无线信号覆盖访问不同

无线路由器一般采用全向天线，信号覆盖范围小。商用 AP 一般采用智能天线，智能天线的信号覆盖比全向天线信号更好，信号覆盖范围更广。

4. 信道调整能力和功率调制能力不同

无线路由器不具有动态信道调整和动态功率调整能力，而商用 AP 可以进行动态信道调整和动态功率调整。比如，无线路由器的 2.4G 信道默认自动选择信道 1，楼上楼下、左邻右舍都使用信道 1，就会造成信号干扰，需要手动调整信道。而商用 AP 安装后，可以根据调优算法，自动进行信道调整，降低 AP 间的干扰。

5. 对漫游功能的支持不同

无线路由器一般不支持漫游功能，而商业 AP 无线网络支持漫游功能。所谓漫游，简单点说，就是终端由一个无线设备信号切换到另一个无线设备信号。家庭无线网络，在不同无线路由器之间切换需要分别认证，而商用 AP 无线网络共享认证信息，多个 AP 之间切换不需要重新认证。

6. 安全认证方式不同

采用无线路由器上网，一般采用 WEP、WPA-PSK、WPA2-PSK 进行安全加密，采用密码认证上网。而商用 AP 网络，认证方式可以采用多种形式，包括密码认证、WEB 认证等，也可以短信验证码、手机号注册，还可以关注微信公众号登录等。另外，商用 AP 无线网络在认证时还可以通过 Portal 页面展示商家广告、宣传商家品牌等。

## 7.3 无线路由器分类

随着无线局域网协议 IEEE 802.11 标准的变化发展，不同时期的无线路由器采用协议标准和天线数量都发生了变化，根据无线路由器采用的协议标准和无线路由器天线数量，可以将无线路由器分成不同的类型。

1. 根据无线路由器采用协议标准不同分类

1997 年 6 月，IEEE 802.11 标准制定完成，并于 1997 年 11 月发布。最初 IEEE 802.11 标准存

在诸多缺陷，特别是最高速率只能达到 2 Mbit/s，不能满足人们的需求。因此，人们在不断地研究之后，推出一系列协议标准，包括 802.11a、802.11b、802.11g、802.11n、802.11ac、802.11ax 等。

随着 IEEE 802.11 系列标准的推出，对应的无线网络产品也不断推陈出新。这里根据无线路由器采用的协议标准不同进行分类，可以分为四类，分别是：IEEE 802.11a/b/g 协议标准无线路由器，IEEE 802.11n 协议标准无线路由器（Wi-Fi 4 无线路由器），IEEE 802.11ac 协议标准无线路由器（Wi-Fi 5 无线路由器），IEEE 802.11ax 协议标准无线路由器（Wi-Fi 6 无线路由器）。

(1) IEEE 802.11a/b/g 协议标准无线路由器

早期的无线路由器采用 IEEE 802.11a/b/g 协议标准，其中 IEEE 802.11a 协议标准工作在 5 GHz，最大传输速率为 54 Mbit/s；IEEE 802.11b 协议标准工作在 2.4 GHz，最大传输速率为 11 Mbit/s；IEEE 802.11g 协议标准工作在 2.4 GHz，最大传输速率为 54 Mbit/s。

IEEE 802.11g 与 IEEE 802.11b 兼容，但与 IEEE 802.11a 不兼容。部分设备制造商推出了双频双模、双频三模（双频指同时支持 2.4 GHz 和 5 GHz，三模指同时支持 802.11b、802.11a、802.11g 三种模式）的无线路由器，可支持多种不同标准 WLAN 设备接入 WLAN 网络。由于 IEEE 802.11a/b/g 协议标准并不支持多进多出 MIMO 技术，因此，IEEE 802.11a/b/g 协议标准无线路由器只有一根天线。

(2) IEEE 802.11n 协议标准无线路由器

IEEE 802.11n 协议标准的目标在于改善用户上网速率不足的问题。采用了多项关键技术，是无线局域网技术一次大的改进，可以工作在 2.4 GHz 和 5 GHz 频段。IEEE 802.11n 开始支持 MIMO 技术，最多支持 4 根天线，4 个空间流，每空间流最大传输速率为 150 Mbit/s，最大理论传输速率为 600 Mbit/s。

采用 IEEE 802.11n 协议标准的无线路由器得到广泛使用，一般采用 2 根天线，也被称为 Wi-Fi 4 无线路由器。

(3) IEEE 802.11ac 协议标准无线路由器

IEEE 802.11ac 协议标准的目标在于提高 Wi-Fi 无线传输速率，使无线上网能够提供与有线上网相当的传输性能，工作在 5 GHz，俗称 5G Wi-Fi。IEEE 802.11ac 支持 8×8 MIMO，8 个空间流，每空间流最大传输速率为 433.3 Mbit/s。

由于 IEEE 802.11ac 只支持 5 GHz，无线路由器设备制造商为了同时支持 2.4 GHz 和 5 GHz，设计生产的 IEEE 802.11ac 协议标准无线路由器一般采用 4 根天线，其中 2 根采用 IEEE 802.11n 协议标准，支持 2.4 GHz；2 根天线采用 IEEE 802.11ac 协议标准，支持 5 GHz，也支持双频并发。IEEE 802.11ac 协议标准无线路由器也被称为 Wi-Fi 5 无线路由器。

(4) IEEE 802.11ax 协议标准无线路由器

IEEE 802.11ax 协议标准目标是在密集用户环境中将用户的平均吞吐量相比 IEEE 802.11ac 标准提高至少 4 倍，并发用户数量提升 3 倍以上，同时支持 2.4 GHz 和 5 GHz 频率。支持 8×8 MIMO，8 个空间流，每空间流最大传输速率 1 200 Mbit/s，支持双频并发。

目前，采用 IEEE 802.11ax 协议标准的无线路由器，一般采用 4 根天线，支持双频并发。也被称为 Wi-Fi 6 无线路由器。

2. 根据无线路由器采用天线数量不同分类

无线路由器外部结构的不同主要体现在天线数量的变化上，根据天线数量不同，可以将无线路由器分为单天线路由器和多天线路由器。

（1）单天线路由器

由于 IEEE 802.11 系列协议标准中 IEEE 802.11a/b/g 不支持 MIMO 技术，早期的无线路由器为单天线无线路由器。

（2）多天线路由器

IEEE 802.11n 标准开始支持 MIMO 技术，出现了多天线无线路由器，已经出现的多天线无线路由器有 2 天线、3 天线、4 天线、6 天线、8 天线等无线路由器。

IEEE 802.11n 支持 4×4 MIMO 技术，支持最多 4 根天线。最常见的 IEEE 802.11n 天线路由器一般采用 2 根天线。

IEEE 802.11ac 和 IEEE 802.11ax 标准支持 8×8 MIMO 技术，支持最多 8 根天线，常见的 IEEE 802.11ac/ax 天线路由器一般采用 4 根天线。

3. 无线路由器选择建议

由于 IEEE 802.11 协议标准主要针对带宽、可靠性、覆盖范围、安全性、移动性、服务质量等方面的不足进行改进。因此，每一次新的协议标准的推出，都代表了无线局域网性能的大幅度提升。购买无线路由器，应首选最新协议标准的无线路由器。

另外，无线路由器主要作为 SOHO 网络无线接入设备，且更多的是作为家庭网络接入设备，接入用户不多，因此不需要追求更多的天线。建议选择常规天线数量的无线路由器。

## 7.4 无线路由器组网

### 7.4.1 理解无线路由器

无线路由器一般包含 1 个 WAN 口和 4 个交换口，是一个"三合一"设备，即由一个路由器、一个交换机和一个无线接入点 AP 组成。其中路由器包括两个接口，一个 WAN 口用于连接外部网路，一个内部网口用于连接 4 口交换机，且与交换机属于同一网络，所谓无线路由器管理地址，就是这个路由器内部网口地址，如图 7-1 所示。

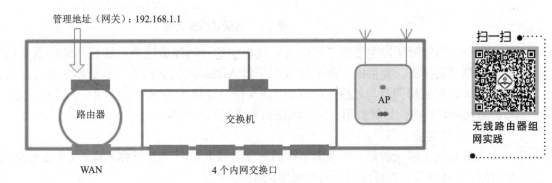

图 7-1 无线路由器逻辑结构

比如，有些无线路由器的管理地址为 192.168.1.1，就是这个隐含的路由器网口地址。这个地址是管理地址，同时也是内部网络主机的网关地址。

无线路由器为了简化用户的配置，一般配置了动态主机配置协议 DHCP 服务，接入交换口的计算机，或通过 AP 接入的无线终端，可以自动获取与路由器管理地址同网段的 IP 地址，比如：192.168.1.2～192.168.1.254。

另外，无线路由器开启网络地址转换功能（NAT），能够保证无线路由器在 WAN 口可以访问 Internet 的情况下，接入交换口的计算机和通过 AP 接入的无线终端，可以通过网络地址转换后访问 Internet。

**注意：**

用户可以根据需要更改无线路由器管理接口 IP 地址。

### 7.4.2 无线路由器组网方式

SOHO 网络和家庭用户接入互联网，一般采用三种方式，分别是电话线连接上网、光纤连接上网、网线连接上网。

1. 电话线连接上网

电话线连接上网，需要 1 个 ADSL 调制解调器（ADSL Modem）俗称宽带猫，1 个无线路由器，1 根电话线，2 根网线。电话线连接上网如图 7-2 所示。

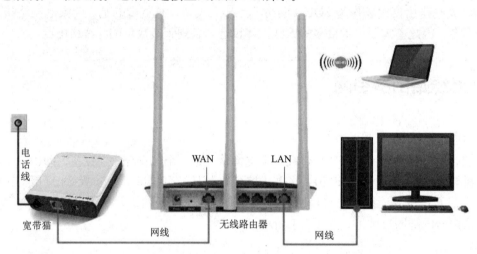

图 7-2　电话线连接上网

ADSL 调制解调器主要用于将以太网线数字信号转换成适合电话线传输的数字信号，是一种不同电信号转换器。提供的一根电话线用于将 ADSL 调制解调器与电话系统进行连接。一根网线用于 ADSL 调制解调器与无线路由器的 WAN 接口连接，另一根网线用于无线路由器的 LAN 接口与计算机网口连接。计算机用于对无线路由器进行初始配置。

2. 光纤连接上网

光纤连接上网，需要 1 个光调制解调器（Optical Modem）俗称光猫，1 个无线路由器，1 根光纤跳线，2 根网线。光纤连接上网如图 7-3 所示。

光调制解调器，是单端口光端机，用于将光电信号的互相转换。提供的 1 根光纤跳线用于将光调制解调器与无源光网络进行连接。计算机用于对无线路由器进行初始配置。

# 第 7 章　自治式 WLAN 及实践

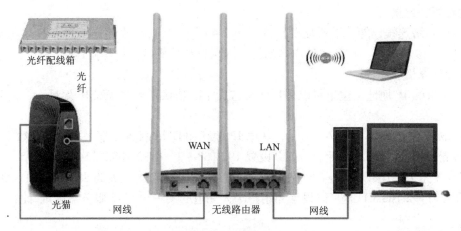

图 7-3　光纤连接上网

3. 网线连接上网

网线连接上网，需要 1 个无线路由器和 2 根网线。网络连接上网如图 7-4 所示。

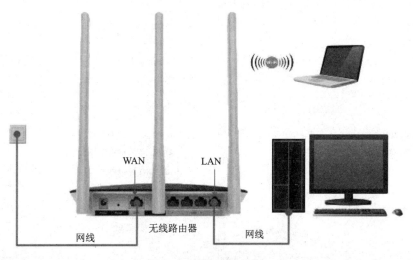

图 7-4　网络连接上网

一根网线用于把宽带运营商提供的入户网线接口与无线路由器的 WAN 接口连接，另一根网线用于无线路由器的 LAN 接口与计算机网口连接。计算机用于对无线路由器进行初始配置。

## 7.4.3　无线路由器上网设置

目前，家庭用户一般通过无线路由器上网。上网前，需要对无线路由器进行配置，为了便于配置，无线路由器一般支持采用 Web 图形化界面进行管理。不同的无线路由器，配置内容基本相同，但配置界面各不相同。

这里用一个实例说明无线路由器上网配置过程，以华为 WS5100 路由器为例进行的具体配置，以供参考。（华为 WS5100 路由器默认管理 IP 地址为 192.168.3.1）假定用户通过网线连接上网。运营商提供的 WAN 口的 IP 地址为 211.85.185.201，网关地址为 211.85.185.1。具体配置过程如下。

1. 网络拓扑连接

首先进行网络连接，然后进行配置。按照图 7-4 所示，将无线路由器的 WAN 口与网络运营商提供的入户网线接口连接，将无线路由器的任一内网口与计算机网口建立连接。

2. 设置计算机 IP 地址

设置计算机的 IP 地址，这里可以采用两种方式：一是采用自动获取 IP 地址；二是采用静态设置 IP 地址。

自动获取 IP 地址设置如图 7-5 所示，其中 IP 地址和 DNS 服务器都采用自动获取。

静态设置 IP 地址如图 7-6 所示，可以设置 192.168.3.2 ～ 192.168.3.254 中的一个，这里将计算机 IP 地址设置为 192.168.3.10，子网掩码为 255.255.255.0，默认网关为 192.168.3.1。DNS 服务器地址可以设置为 192.168.3.1，也可以设置为用户个人知道的某一个 DNS 服务器地址，比如 8.8.8.8 等。

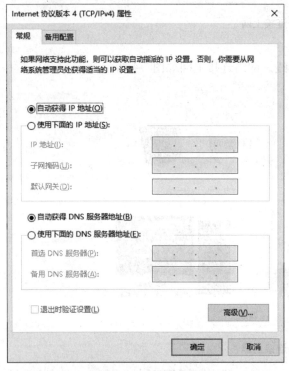

图 7-5　自动获取 IP 地址

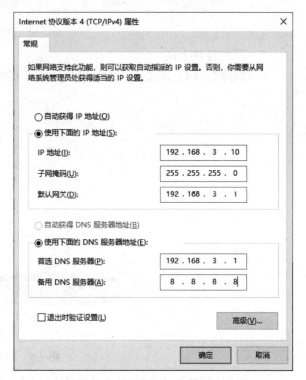

图 7-6　静态设置 IP 地址

3. 设置路由器上网

首先，连接路由器。当计算机连接到 WS5100 路由器后，就会自动打开浏览器，并跳转到配置 WS5100 配置初始界面。也可以在设置好 IP 地址的计算机的浏览器中输入：http://192.168.3.1，打开华为 WS5100 路由器的设置初始界面，如图 7-7 所示。

然后，单击页面下方的"马上体验"按钮，进入"上网向导"页面，并自动检测上网方式，如图 7-8 所示。

# 第 7 章　自治式 WLAN 及实践

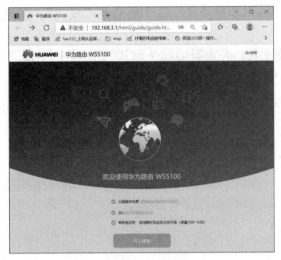

图 7-7　WS5100 配置初始界面

图 7-8　WS5100 上网方式检测

如果不能检测到上网方式，则出现上网方式选择页面，如图 7-9 所示。如果能够检测出上网方式，则自动设置上网参数，并直接进入图 7-10 所示的无线终端接入参数设置页面。

在图 7-9 中，选择"静态 IP"方式，如图 7-11 所示。设置路由器广域口 WAN 的 IP 地址参数：IP 地址采用运营商提供广域网 IP 地址 211.85.185.201，子网掩码为 255.255.255.0，默认网关为 211.85.185.1。DNS 可以设置为商家提供的 DNS 服务器 IP 地址。这里将首先 DNS 服务器设置为 8.8.8.8，备用 DNS 服务器设置为 114.114.114.114。

图 7-9　上网方式选择

图 7-10　无线终端接入参数设置

4. 设置无线终端接入参数

通过以上设置，无线路由器就可以访问互联网，接下来单击"下一步"，进入无线终端接入参数设置界面，无线终端接入参数包括 Wi-Fi 名称和 Wi-Fi 密码、Wi-Fi 功率模式等，包含多个设置页面。

第一个页面用于设置 Wi-Fi 名称和 Wi-Fi 密码等参数，以及是否采用"5G 优选"。WS5100 默认采用 WPA2-PSK 加密模式。当选择 5G 优选时，2.4G 和 5G 信号合并显示，同等信号强度下优选更快的 5G 模式，关闭此开关，则可以单独设置。另外，注意勾选"将 Wi-Fi 密码作为路由器管理密码"。如果不勾选，则需要单独输入路由器管理密码。

第二个页面用于设置 Wi-Fi 功率模式，包括"Wi-Fi 穿墙模式"和"Wi-Fi 标准模式"，建议选择"Wi-Fi 穿墙模式"，如图 7-12 所示。

第三个页面为配置完成页面，进行具体参数设置，并重新启动 WS5100 路由器，如图 7-13 所示。重新启动 WS5100 路由器后，无线终端就可以通过连接 WS5100 路由器访问互联网。

图 7-11 "静态 IP"上网参数设置

图 7-12 WS5100 Wi-Fi 功率模式设置

图 7-13 WS5100 配置完成

通过路由器上网设置、无线终端接入参数设置，无线路由器设置完成。用户笔记本电脑、手机即可通过 WS5100 路由器无线连接上网。无线终端设备获取的 IP 地址为 192.168.3.2 ～ 192.168.3.254 中的一个。

根据需要，还可以设置无线路由器采用的信道、工作模式、DHCP 服务器配置等。再次在计算机的浏览器中输入：http://192.168.3.1，并输入 WS5100 路由器管理密码，进入 WS5100 管理界面，就可以进行相关参数配置和修改，如图 7-14 所示。

第 7 章　自治式 WLAN 及实践

图 7-14　WS5100 管理界面

## 7.5　无线路由器信号扩展

扫一扫

无线路由器信号扩展

无线信号是通过电磁波进行空中传输的，无线信号在传输过程中是有衰减的，特别是障碍物对无线信号造成很多衰减。对于家庭无线网络，存在隔断墙、挡板、家居等障碍物，一个无线路由器一般可以覆盖三室两厅或更小户型。对于一些大户型，如复式楼、别墅等用户，单台无线路由器可能无法做到家庭无线全覆盖，需要对无线信号进行扩展。

无线路由器信号扩展主要有两种方式：一是无线路由器级联方式；二是无线路由器桥接（中继）方式。

### 1. 无线路由器级联方式

无线路由器级联方式是将两个路由器的内网口通过以太网线连接，从而扩展无线信号的覆盖范围。设备及线缆的连接方式如图 7-15 所示。

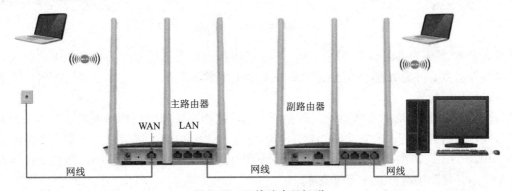

图 7-15　无线路由器级联

假定与外网连接的路由器为主路由器，与主路由器连接用于扩展无线信号的路由器为副路由器。这种连接方式，主路由器配置好并正常上网的情况下，无须做任何配置。副路由器需要做三个方面的配置。

① 首先修改副路由器的管理地址，避免两个无线路由器管理地址相同或者不在同一个网段而无法对副路由器进行管理。假定主路由器的管理地址为"192.168.1.1"，建议将副路由器的管理地址改为"192.168.1.2"。

② 配置副路由器的无线终端接入参数，主要包括Wi-Fi名称和Wi-Fi密码。用于用户通过副路由器进行无线连接。当两个无线路由器的接入参数（Wi-Fi名称和Wi-Fi密码）配置相同时，支持自动漫游。如果不需要实现无线漫游，可以将副路由器的Wi-Fi名称和Wi-Fi密码设置为与主路由器不一样。

③ 将副路由器的DHCP（动态主机地址配置协议）功能关闭。关闭副路由器的DHCP功能，使通过副路由器无线连接的终端采用主路由器DHCP功能获取IP地址和默认网关。

这种连接方式的优点是路由器之间的互联稳定、配置简单。缺点是通过有线连接进行无线信号扩展，扩展性受到限制。

2. 无线路由器桥接（中继）方式

无线路由器桥接（中继）方式是将两个路由器通过无线信号进行连接。从而扩展无线信号的覆盖范围。设备及线缆的连接方式如图7-16所示。

这种连接方式属于分布式无线局域网（Distributed WLAN）中无线分布式系统（WDS）。关于分布式无线局域网以及无线分布式系统，将在后面章节单独介绍。这里简要介绍利用无线路由器进行桥接（中继）的简单配置过程。

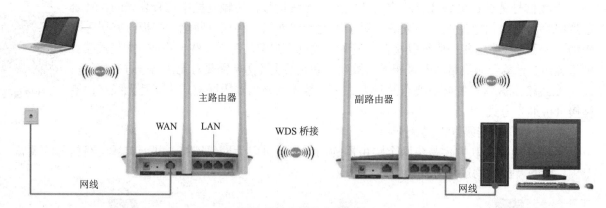

图7-16　无线路由器桥接

假定与外网连接的路由器为主路由器，与主路由器连接用于扩展无线信号的路由器为副路由器。这种连接方式，主路由器作为已经配置并正常上网的情况下，也无须做任何配置，主要在副路由器中进行相关配置。

① 首先修改副路由器的管理地址，避免两个无线路由器管理地址相同或者不在同一个网段而无法对副路由器进行管理。假定主路由器的管理地址为"192.168.1.1"，建议将副路由器的管理地址改为"192.168.1.2"。需要注意的是，有些无线路由器对无线桥接支持较好，会在无线桥接配置过程自动提示并修改副路由器的管理地址。

② 连接副路由器并进入副路由器管理界面，开启"无线桥接"或"WDS 桥接"等功能。不同品牌无线路由器，无线桥接选项名称有所不同。

③ 在副路由器上扫描无线信号，选择主路由器无线信号，并进行无线连接。

④ 配置副路由器无线接入参数（Wi-Fi 名称和 Wi-Fi 密码）。当两个无线路由器的接入参数（Wi-Fi 名称和 Wi-Fi 密码）配置相同时，支持自动漫游。如果不需要实现无线漫游，可以将副路由器的 Wi-Fi 名称和 Wi-Fi 密码设置为与主路由器不一样。

⑤ 关闭副路由器 DHCP 功能。使接入无线终端通过主路由器分配 IP 地址。由于 WDS 功能将两个无线路由器连接在一起，并在一个局域网内，因此需要关闭副路由器的 DHCP 功能。

⑥ 最后确认桥接成功。

**注意：**

无线路由器桥接的关键配置是：①修改副路由器管理 IP 地址；②开启无线桥接功能；③关闭副路由器 DHCP 功能。要特别注意，在配置副路由器无线接入参数后关闭副路由器 DHCP 功能，并重新连接无线终端，使无线终端通过主路由器 DHCP 设置 IP 地址或默认网关。避免将副路由器作为默认网关，导致无线终端无法上网。

另外，还有一种无线信号扩展方式，采用无线信号放大器（Wi-Fi 信号放大器），只需要对无线信号放大器做简单配置，即可实现无线信号的扩展。需要强调的是，本质上无线信号放大器相当于一个专门用于无线桥接的无线路由器，通过与主路由器的无线桥接，扩展无线信号的覆盖范围。

## 7.6 Windows 环境 Wi-Fi 热点及设置

### 7.6.1 理解 Wi-Fi 热点

Wi-Fi 热点，其实就是利用无线网卡虚拟出来的无线 AP，Wi-Fi 热点将接收的有线无线信号转换成 Wi-Fi 信号，从而使附近的移动设备可以上网。常用的 Wi-Fi 热点有两种，一种是手机 Wi-Fi 热点，一种是计算机 Wi-Fi 热点。

扫一扫

Windows环境Wi-Fi热点与配置

手机 Wi-Fi 热点，是利用手机的无线网卡虚拟出 Wi-Fi 热点，将手机接收的 GPRS、4G 信号转化为 Wi-Fi 信号发出去，让平板电脑或笔记本电脑等随身携带设备可以通过无线网卡或 WLAN 模块，在户外或者没有网络的地方也能上网，实现网络资源共享。手机网卡必须支持无线 AP 功能，才能配置为热点，目前大部分智能手机自带开启热点功能。

计算机 Wi-Fi 热点，是利用计算机无线网卡虚拟出 Wi-Fi 热点，将计算机接收到的有线网络信号（也可以是 Wi-Fi 无线网络信号）转换成 Wi-Fi 信号发射出去，让计算机附件的移动设备上网，而不至因为没有物理 AP 设备，而不能上网。这里介绍 Windows 系统支持的计算机 Wi-Fi 热点相关知识。

### 7.6.2 计算机 Wi-Fi 热点相关知识

1. 计算机 Wi-Fi 热点功能

Windows 环境下，计算机 Wi-Fi 热点网络称为 Hosted Network（无线承载网络），是从 Windows 7 系统开始支持的一项新 WLAN 功能，Windows 10 也支持这项功能。Windows 7 和

Windows10 支持的无线承载网络，实现了两个主要功能：

① 将物理无线适配器虚拟化为多个虚拟无线适配器（有时称为虚拟 Wi-Fi）。

② 基于软件的虚拟无线接入点 AP，也称使用指定虚拟无线适配器的 Soft-AP。

**注意：**

上面两个功能要求在本地计算机上的无线适配器具有无线承载网络（支持热点）功能。而且，通过热点连接形成的内部网络（专用网络），需要通过 Internet 连接共享（ICS）来实现内部网络对 Internet 网络的访问。

2. Internet 连接共享

Internet 连接共享是 Windows 中通过 Shared Access 服务提供的功能。而 Shared Access 允许通过计算机进行网络共享。Internet 连接共享操作涉及系统中两个不同的网络接口。

① 公共接口，是可以访问 Internet 的网络接口。运行 ICS 的本地计算机使用此接口与通过 Soft-AP 连接的客户端和设备共享 Internet。

② 专用接口，是其他设备用来连接到运行 ICS 的本地计算机的网络接口。当专用接口是无线承载网络接口时，那么启动无线承载网络，则 DHCPv4 服务器就在专用接口上运行，并向其他远程计算机提供专用本地 IP 地址。专用 IP 地址为 192.168.137.0/24 网段地址。

3. Wi-Fi 热点与 Internet 连接共享（ICS）

为了保障开启计算机 Wi-Fi 热点，用户连接 Wi-Fi 热点就能够上网，还需要将 Wi-Fi 热点和 Internet 连接共享集成，保证在开启计算机 Wi-Fi 热点的同时配置好 Internet 连接共享。

**注意：**

如果用户开启 Wi-Fi 热点后，通过热点连接的用户不能上网，可以检查 Internet 连接共享是否开启，如果没有开启，则需要手动开启 Windows 中的 Internet 连接共享，便可以访问 Internet 网络。

4. Wi-Fi 热点安全要求

为了对承载 Soft-AP 的计算机与连接到 Soft-AP 的设备之间的无线通信提供安全保护，无线承载网络要求所有连接的设备都使用 WPA2-PSK/AES 密码机制。首次开启无线承载网络时生成一个 63 字符的共享密钥。用户或应用程序无法更改此共享密钥的值，但用户可以使用 netsh wlan 命令请求操作系统重新生成新密钥。该共享密钥被称为无线承载网络的主密钥或系统密钥，并且在无线承载网络的启动和停止期间保持不变。

### 7.6.3 Windows 环境热点配置

Windows 环境有三种方式形成 Wi-Fi 热点。一种是使用第三方的应用程序配置无线承载网络，形成 Wi-Fi 热点，比如 Wi-Fi 共享精灵、Wi-Fi 共享专家、Wi-Fi 共享助手等。第二种是无线承载网络模式，使用 netsh wlan 命令与无线承载网络交互，从而配置 Windows 环境的 Wi-Fi 热点。第三种是 Windows 10 环境的"移动热点"，是安装有无线网卡的 Windows 10 系统直接支持的一种 Wi-Fi 热点。早期版本的 Windows 10 操作系统不支持"移动热点"，比如 Windows 10.0.10586 版本，且移动热点不支持保存开启状态。

这里介绍在 Windows 10 环境下，使用 netsh wlan 命令实现无线网卡 Wi-Fi 热点的配置方式。（Windows 7 和 Windows 10 无线承载网络模式的 Wi-Fi 热点配置命令相同）。

1. 检查计算机中的无线适配器是否支持无线承载网络功能

① 使用快捷键【Win+X】启动跳转列表，并选择"命令提示符（管理员）"。

② 在命令提示符对话框中输入 netsh wlan show drivers，然后按【Enter】键。

③ 看看在屏幕上是否显示"支持的承载网络：是"。如图 7-17 所示，则说明无线适配器支持无线承载网络功能，可以在 Windows 10 中创建 Wi-Fi 热点。

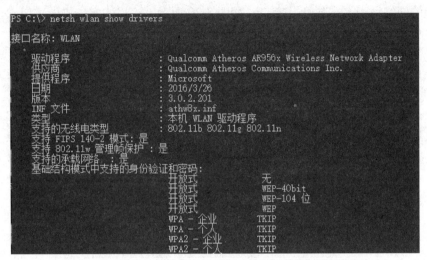

图 7-17　检查无线适配器是否支持无线承载网络

2. 创建热点

键入命令：netsh wlan set hostednetwork mode=allow ssid= 无线 Wi-Fi 名称 key=Wi-Fi 密码，然后按【Enter】键。可以在 SSID 之后命名 Wi-Fi 名称，并在 key 之后设置 Wi-Fi 密码，密码不少于 8 个字符。创建热点命名如图 7-18 所示。

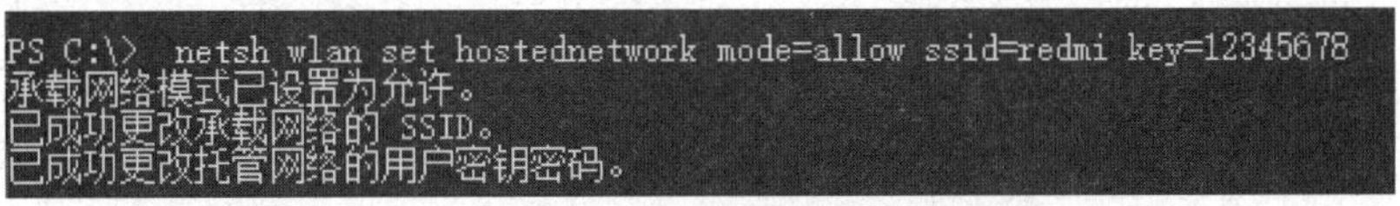

图 7-18　创建热点

3. 激活热点

键入命令 netsh wlan start hostednetwork 来激活它。当看到屏幕显示"已启动承载网络"时，如图 7-19 所示，在 Windows 10 中就成功创建了 Wi-Fi 热点。

图 7-19　激活热点

创建完成的 Wi-Fi 热点后，将在主机中形成一个基于软件的接入点 Soft-AP，同时虚拟出一块无线网卡用于与 Soft-AP 连接并作为其他无线终端接入的网关，虚拟无线网卡的名称为"本地连接 *+ 数字"。虚拟无线网卡的默认 IP 地址为"192.168.137.1/24"。其他无线终端接入后获取的 IP 地址属于"192.168.137.0/24"网段地址中的一个。

### 4. 开启 Internet 连接共享

① 使用快捷键【Win+X】启动跳转列表，选择"网络连接"，然后选择"更改适配器选项"，出现"网络连接"对话框。在网络连接中，可以看到"本地连接 *+ 数字"，这是创建承载网络后出现的虚拟 Wi-Fi 适配器。

② 右击当前正在工作的网络适配器（以太网或 WLAN），然后选择"属性"命令打开计算机中连接互联网的网络适配器"属性"窗口，如图 7-20 所示。这里假定主机通过以太网卡上网，打开的是"以太网 属性"对话框。

③ 选择"共享"选项卡，并启用"允许其他网络用户通过此计算机的 Internet 连接来连接"复选框。从家庭网络连接的下拉菜单中选择"本地连接 *+ 数字"选项。单击"确定"按钮开启 Internet 连接共享。

当开启 Internet 连接共享后，无线虚拟网卡的默认 IP 地址被修改为"192.168.137.1/24"。其他无线终端接入后获取的 IP 地址属于"192.168.137.0/24"网段地址中的一个。通过以上配置，无线终端就可以连接在 Windows 10 环境下创建的 Wi-Fi 热点访问 Internet 了。

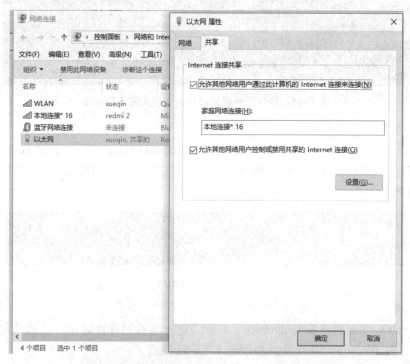

图 7-20 开启 Windows 10 中的 Internet 连接共享

## 7.7 Windows 10 环境 Wi-Fi 热点问题及探索

### 1. Windows 10 环境 Wi-Fi 热点问题

需要注意的是，通过 Wi-Fi 热点设置测试，发现在 Windows 7 环境下，无线网卡一般都支持通过无线承载网络模式建立"Wi-Fi 热点"。但在 Windows 10 环境下，部分网卡支持无线承载网，却不支持 Windows 10 下的"移动热点"。

2. Wi-Fi 热点问题探索

选择多块不同型号，支持不同协议标准的多块 USB 无线网卡，分别在 Windows 10 和 Windows 7 进行 Wi-Fi 热点设置，检测不同环境下无线网卡对 Wi-Fi 热点的支持情况。主要通过两种方式进行测试：

① 在 Windows 10 和 Windows 7 环境中的命令提示下输入：netsh wlan show drivers。查看无线网卡是否支持通过无线承载网络模式建立"Wi-Fi 热点"。

② 在 Windows 10 环境下，通过使用快捷键【Win+X】启动跳转列表，并选择"网络连接"打开网络"设置"窗口（打开网络"设置"窗口方式有多种，这是其中一种方法），选择左侧的"移动热点"，设置移动热点，包括热点名称和接入密码等信息。可通过单击开始菜单栏右侧的无线网络图标，查看"移动热点"是否设置成功。

通过对多块不同型号，支持不同协议标准的多块 USB 无线网卡进行测试，发现无线网卡对 Wi-Fi 热点的支持情况如下。

① 在 Windows 7 环境下，IEEE 802.11ac 类型的无线网卡（Wi-Fi 5 网卡）和 IEEE 802.11n 类型的无线网卡（Wi-Fi 4 网卡）都工作在 IEEE 802.11n 模式，支持通过无线承载网络模式建立"Wi-Fi 热点"，如图 7-21 所示。

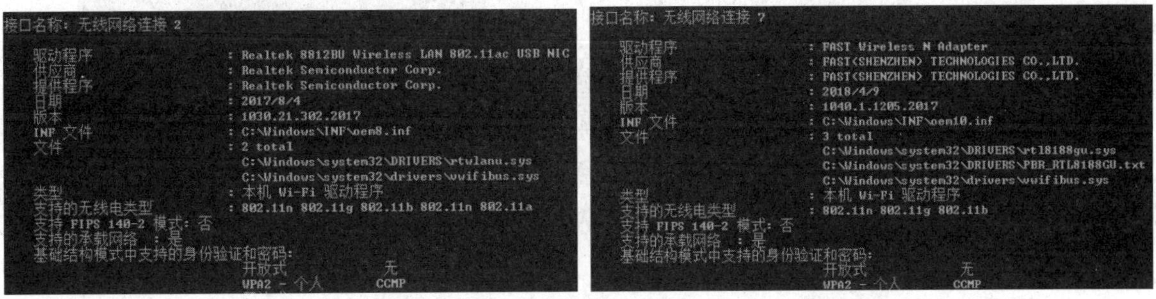

图 7-21　Windows 7 环境 Wi-Fi 5 和 Wi-Fi 4 支持无线承载网络

② 在 Windows 10 环境下，IEEE 802.11AC 类型的无线网卡（Wi-Fi 5 网卡）不支持通过无线承载网络模式建立"Wi-Fi 热点"，但支持"移动热点"，如图 7-22 所示。

图 7-22　Windows 10 环境 Wi-Fi 5 不支持无线承载网络但支持移动热点

③ 在 Windows 10 环境下，IEEE 802.11n 类型的无线网卡（Wi-Fi 4 网卡）支持通过无线承载网络模式建立"Wi-Fi 热点"，也支持 Windows 10 下的"移动热点"，如图 7-23 所示。

图 7-23　Windows 10 环境 Wi-Fi 4 支持无线承载网络也支持移动热点

在 Windows 10 环境下,当通过无线承载网络模式建立"Wi-Fi 热点"时,计算机中虚拟出来一个虚拟无线适配器名称为"Microsoft Hosted Network Virtual Adapter"。虚拟无线接入点 AP 支持最多 100 个无线终端,如图 7-24 所示。

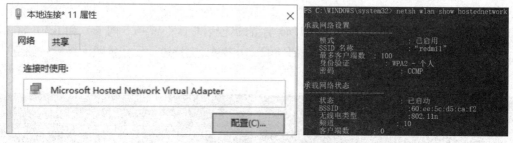

图 7-24　承载网络模式虚拟适配器及可接入终端数

在 Windows 10 环境下,当通过移动热点模式建立"Wi-Fi 热点"时,计算机中虚拟出来的虚拟无线适配器名称为"Microsoft Wi-Fi Direct Virtual Adapter"。虚拟无线接入点 AP 支持最多 8 个无线终端,如图 7-25 所示。

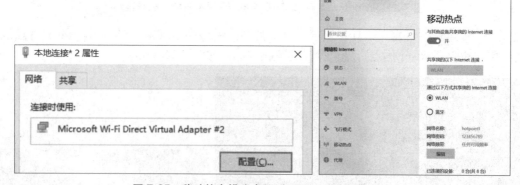

图 7-25　移动热点模式虚拟适配器及可计入终端数

> **注意:**
> 在 Windows 10 环境下,也有部分 IEEE 802.11n 类型的无线网卡虽然支持通过无线承载网络模式建立"Wi-Fi 热点",但不支持建立"移动热点"。图 7-26 所示的"FAST Wireless N Adapter"网卡就支持通过无线承载网络模式建立"Wi-Fi 热点",但不支持建立"移动热点"。

第 7 章　自治式 WLAN 及实践

 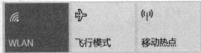

图 7-26　部分 Wi-Fi 4 网卡不支持移动热点

需要强调的是，本节"Windows 10 环境 Wi-Fi 热点问题及探索"的内容，是通过实践测试得到的经验性结果，仅供参考。

 小结

本章重点介绍了自治式 WLAN 采用的无线路由器设备的内部组成、分类、组网方式，无线路由器上网设备方法，以及利用无线路由器进行信号扩展的方法，并详细介绍了 Windows 环境利用虚拟 AP 构建 Wi-Fi 热点的方法。

# 第 8 章

# CAPWAP 协议

　　传统 WLAN 主要作为有线网络的补充，不便于组建大规模的 WLAN。为了解决 WLAN 大规模部署时的体系结构问题、操作便利性问题和安全性问题（RFC4564）等，IETF（互联网工程任务组）推出了无线网络管理协议 CAPWAP，用于智能配置管理 WLAN。无线 WLAN 开始采用集中式 WLAN 组网模式进行组网。这种组网方式采用接入控制器 AC 和瘦 AP（Fit-AP）设备，通过 CAPWAP 协议，利用接入控制器 AC 对大量瘦 AP 进行集中管理，AP 管理方便，使得组建大型无线局域网成为可能。

　　无线接入点控制与规范（Control And Provisioning of Wireless Access Points，CAPWAP）协议是用于实现接入点 AP 和接入控制器 AC 之间互联通信的一个通用封装和传输机制。CAPWAP 协议在 RFC5415 中定义，另外，在 RFC5416、RFC6517、RFC5418、RFC4118、RFC4564、RFC4565、RFC3990 等 RFC 文档中对有关 CAPWAP 的问题进行了陈述。本章内容根据这些 RFC 文档进行整理。

## 8.1 CAPWAP 协议产生

　　传统 WLAN 体系结构是自治式的，自治式无线网络把 IEEE 802.11 标准定义的所有功能都在同一个接入点 AP 中实现，这给大型 WLAN 网络部署造成一定问题。大规模 WLAN 由成百上千个 AP 组成，WLAN 的建设维护需要对网络中的每一个 AP 分别进行配置、管理、控制，网络管理者的负担非常大；而且无线资源的管理，也需要在全网进行动态协调，由于 AP 之间相对独立，要实现全网动态协调也非常困难；另外，接入点 AP 部署的位置不易受到保护，容易丢失造成机密信息的泄露等。

　　为解决自治式网络结构存在的问题，集中式 WLAN 网络结构被提出。在这种组网模式中，存在一个集中式的管理设备——接入控制器 AC，接入控制器 AC 对网络中所有无线终端接入点 WTP 进行统一管理、控制、配置。这里的无线终端接入点 WTP 与 IEEE 802.11 标准中定义的 AP 有所不同，是轻量级 AP（Fit-AP），也称为瘦 AP，它只实现了 IEEE 802.11 标准定义 AP 的部分功能。接入控制器 AC 和瘦 AP 配合实现传统胖 AP 的所有功能。

在集中式 WLAN 网络中，需要有一套机制来实现接入控制器 AC 对多个瘦 AP 的通信和集中管理，同时保证不同厂家的瘦 AP 和 AC 之间能够互相进行通信。为此，2005 年成立了 CAPWAP 工作组以标准化瘦 AP 和 AC 间通信的隧道协议。CAPWAP 工作组针对最初提交的四个 WLAN 隧道协议提案进行评测研究（四个最初的 WLAN 隧道协议分别是轻型接入点协议 LWAPP，安全轻量级接入点协议 SLAPP，CAPWAP 隧道协议 CTP，无线局域网控制协议 WiCoP），最终采用 LWAPP 协议作为基础进行扩展，使用 DTLS 安全技术，加入其他三个协议的有用特性，制定了 CAPWAP 协议。

CAPWAP 协议主要功能包括：瘦 AP 自动发现接入控制器 AC，瘦 AP/AC 相互安全认证，瘦 AP 从 AC 获取软件映像，瘦 AP 从 AC 获得初始和动态配置，射频管理，射频配置，瘦 AP 固件装载，STA 状态信息数据库等。这种 AC+FIT-AP 的架构让 AC 具有了对整个 WLAN 网络的完整视图，为无线漫游、无线资源管理等业务功能的实现提供了基础。

## 8.2 基于 CAPWAP 协议的 WLAN 构成

集中式 WLAN 既是无线局域网发展的需要，也是在解决自治式 WLAN 存在的问题中产生的。下面介绍集中式 WLAN 构成。

### 1. 集中式 WLAN 设备构成

基于 CAPWAP 协议的 WLAN 即集中式 WLAN。相比于自治式 WLAN，集中式 WLAN 由接入控制器 AC、瘦 AP 和移动工作站 STA 组成。典型集中式 WLAN 网络拓扑如图 8-1 所示。

① 接入控制器 AC：AC 是集中式 WLAN 的管理设备，用于无线网络接入控制、转发和统计、瘦 AP 配置监控、漫游管理、安全控制等，是集中式 WLAN 的核心。

② 瘦 AP：瘦 AP 是无线网络交换机，也是无线网络和有线网络之间的桥梁，是组建无线网络的核心设备。

③ 移动工作站 STA：STA 是无线网络客户端，通过无线接口与 AP 连接访问网络资源。

### 2. 传输通道

接入控制器 AC 和瘦 AP 之间通过有线连接，它们之间采用 CAPWAP 隧道协议通信，CAPWAP 隧道协议用于规范 AC 与瘦 AP 之间的控制信息和数据信息交流的方式和信息格式。CAPWAP 隧道协议是基于 UDP 传输的应用层协议，利用 IP 网络进行 CAPWAP 信息传输，CAPWAP 信息包括控制信息和数据信息。因此，在 AC 和瘦 AP 之间形成两个信道，CAPWAP 控制信道和 CAPWAP 数据信道。

① CAPWAP 控制信道：一个双向信道，由 AC 的 IP 地址、AC 数据端口、瘦 AP 的 IP 地址、AP 控制端口，以及 UDP 协议共同定义，用于传输 CAPWAP 控制报文。

② CAPWAP 数据信道：一个双向信道，由 AC 的 IP 地址、AC 控制端口、瘦 AP 的

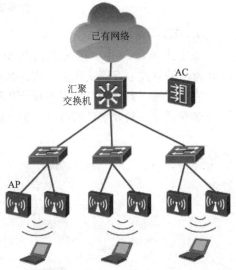

图 8-1 典型集中式 WLAN 网络拓扑

扫一扫

基于CAPWAP的WLAN组成

IP 地址、AP 控制端口，以及 UDP 协议共同定义，用于传输 CAPWAP 数据报文。

3. AC 与瘦 AP 连接方式

可以看到，集中式 WLAN 增加了接入控制器 AC，AC 是一个集中控制设备，用于实现 WLAN 的管理、监控、动态配置等功能。瘦 AP 与 IEEE 802.11 标准中定义的 AP 有所不同，是轻量级的 AP。AC 与瘦 AP 之间有三种连接方式：二层直接连接、二层交换连接和三层路由连接，如图 8-2 所示。

① 二层直接连接：接入控制器 AC 与瘦 AP 间利用双绞线相连接，属于二层连接。

② 二层交换连接：接入控制器 AC 与瘦 AP 间通过交换机相连接，属于二层连接。

③ 三层路由连接：接入控制器 AC 与瘦 AP 间通过路由器相连接，属于三层连接。

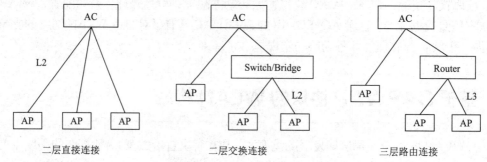

图 8-2 AC 与 AP 的三种连接方式

4. AC 网络接入方式

集中式 WLAN 中，接入控制器 AC 通过有线接入网络中，根据 AC 接入网络的位置不同，可以分为两种方式：直连式和旁挂式，如图 8-3 所示。

直连式：一般将 AC 部署在瘦 AP 和汇聚 / 核心交换机之间。

旁挂式：一般将 AC 旁挂在汇聚 / 核心交换机旁侧。

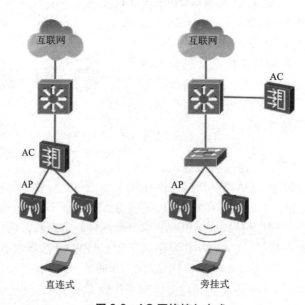

图 8-3 AC 网络接入方式

## 8.3 CAPWAP 功能实现机制

CAPWAP功能实现机制

集中式 WLAN 中，接入控制器 AC 和瘦 AP 通过 CAPWAP 隧道协议配合实现 IEEE 802.11 定义的无线接入点 AP（胖 AP）的所有功能。可以将瘦 AP 理解为 AC 控制器的远程 RF 接口，AC 与瘦 AP 之间采用 CAPWAP 协议通过 IP 网络组成一个分布式的胖 AP。AC 实现大部分 CAPWAP 功能，瘦 AP 实现物理层功能，而 MAC 功能的实现由 AC 和瘦 AP 配合实现。AC 与瘦 AP 对 MAC 功能的实现可以采用三种模式，分别为本地 MAC 模式、分离 MAC 模式和远程 MAC 模式。

本地 MAC 模式表示 MAC 层功能保持不变，仍然在瘦 AP 中实现；分离 MAC 模式表示将 MAC 层功能进行拆分，一部分功能在瘦 AP 中实现，一部分功能在 AC 中实现；远程 MAC 模式表示将 MAC 层从瘦 AP 中移动到网络的 AC 中实现，瘦 AP 仅充当移动工作站 STA 和接入控制器 AC 之间的传递角色，如图 8-4 所示。

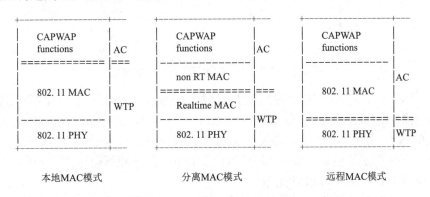

图 8-4 不同模式下 AC 和瘦 AP 对 MAC 功能的实现

在 CAPWAP 协议（RFC5415 和 RFC5416）中支持两种 MAC 功能实现模式，即本地 MAC 模式和分离 MAC 模式。下面具体介绍本地 MAC 模式和分离 MAC 模式。

1. 本地 MAC 模式

本地 MAC 模式是把 MAC 层和 PHY 层功能都在瘦 AP 中实现，在 AC 中主要实现对瘦 AP 的配置和管理。本地 MAC 模式下，无线数据帧可以在瘦 AP 中转换为 IEEE 802.3 数据帧进行直接转发，或者将 CAPWAP 隧道化的 IEEE 802.3 数据帧传送给 AC 并由 AC 进行转发。而无线管理帧在瘦 AP 中处理，同时转发给接入控制器 AC，如图 8-5 所示。

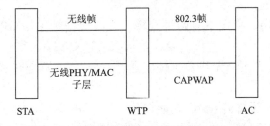

图 8-5 本地 MAC 模式下无线帧转发方式

这种模式下，工作站 STA 传输的无线数据帧，由瘦 AP 转换为 IEEE 802.3 帧后，有两种处理方式，一种是直接由瘦 AP 转发出去，不经过接入控制器 AC 处理；一种是将转换的 IEEE 802.3 帧通过 CAPWAP 数据通道发送给 AC 后，由 AC 负责转发。大多数情况下采取由瘦 AP 直接转发的方式，接入控制器 AC 只负责网络接入策略以及对瘦 AP 的管理，这是目前主要使用的集中式 WLAN 工作模式。

2. 分离 MAC 模式

分离 MAC 模式是把 MAC 层功能中实时性功能在瘦 AP 中实现，而非实时性功能在接入控制器 AC 中处理。瘦 AP 支持无线网络物理层和 MAC 层的实时性功能，接入控制器 AC 处理 MAC 非实时性功能和高层服务。在接入控制器和瘦 AP 之间，所有无线数据帧由 CAPWAP 协议封装，在 AC 与瘦 AP 之间交换之后，由 AC 负责处理，如图 8-6 所示。

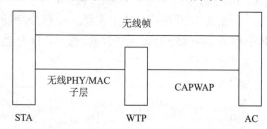

图 8-6  分离 MAC 模式下无线帧转发方式

这种模式下，工作站 STA 传输的无线数据帧，一般由瘦 AP 通过 CAPWAP 封装后转发给 AC，由 AC 负责处理。这种处理方式减轻了接入点 AP 的负担，使得接入控制器 AC 能够统一有效地管理大规模的 AP，降低 AP 成本。需要注意的是，IEEE 802.11 标准对 MAC 功能的实时性和非实时性功能并没有作明确的规定，分离 MAC 模式没有统一的方案可遵循。

3. 本地 MAC 与分离 MAC 模式比较

本地 MAC 模式和分离 MAC 模式存在两个共同点：一是两种 MAC 模式中与网络控制和配置相关的 CAPWAP 功能都在 AC 中实现；二是两种 MAC 模式中 IEEE 802.11 物理层功能都在瘦 AP 中实现。

本地 MAC 模式和分离 MAC 模式的主要区别在于对无线帧的处理上，根据 IEEE 802.11 协议定义，IEEE 802.11 无线帧分为控制帧、管理帧、数据帧。

① 控制帧，在两种模式下都是在瘦 AP 中进行处理。

② 管理帧，在本地 MAC 模式下，由瘦 AP 进行处理，同时转发给接入控制器 AC；在分离 MAC 模式下，一般实时性功能在瘦 AP 中进行处理，非实时性功能通过 CAPWAP 隧道透传到接入控制器 AC 端进行处理。

③ 数据帧，在本地 MAC 模式下有两种选择，无线数据帧由瘦 AP 在 IEEE 802.11 帧和 IEEE 802.3 帧之间转换，既可以由瘦 AP 直接转发，也可以通过 CAPWAP 隧道传送到 AC 端后由 AC 进行转发；而在分离 MAC 模式下，无线数据帧将通过 CAPWAP 隧道传递给接入控制器 AC 端进行处理。

4. 不同厂商 CAPWAP 设备的 MAC 功能切分

无线局域网 MAC 主要功能包括：媒体接入控制功能、QoS 功能、认证与加密功能等。

媒体接入控制功能包括分发服务①（Distribution Service）、整合服务②（Integration Service）、信标生成（Beacon Generation）、探测响应（Probe Response）、分组缓冲（Packet Buffering）、分片与重组（Fragmentation/Defragmentation）、关联（Association）与解除关联等。其中分发服务、集成服务、关联与解除管理属于非实时业务，在分离 MAC 模式下，一般在 AC 中实现；而信标生成、探测响应生成、分组缓冲属于实时业务，在分离 MAC 模式下，一般在瘦 AP 中处理；而分片与重组功能在不同厂商的设备和模式下，处理方式不同，有些在 AC 中处理，有些在瘦 AP 中处理。

无线 WLAN 的 QoS 功能包括无线流分类(Classifying)、流调度(Scheduling)、流排队(Queuing)等。在分离 MAC 模式下，一般流分类在 AC 中实现，流排队在瘦 AP 处理，而流调度既有在瘦 AP 中实现，也有在 AC 中实现的。

认证与加密功能包括 802.1x/EAP 认证、密钥管理、IEEE 802.11 加解密功能等。在分离 MAC 模式下，一般 802.1x/EAP 认证、密钥管理在 AC 中实现，而 IEEE 802.11 加解密功能既可以在瘦 AP 中实现，也可以在 AC 中实现。

## 8.4 CAPWAP 工作原理

CAPWAP 是一个通用的隧道协议，与具体的无线接入技术无关。CAPWAP 协议旨在以一种标准方式满足每种无线技术的特定需求，对于特定的无线技术，CAPWAP 协议的实现必须遵守为该特定技术的绑定要求。当 CAPWAP 协议用于 WLAN 时，还需要与 IEEE 802.11 标准协议进行绑定。RFC5415 定义了 CAPWAP 协议，RFC5416 定义了与 IEEE 802.11 的绑定。

扫一扫

CAPWAP工作原理和AC的发现过程

CAPWAP 是一个定义接入控制器 AC 和瘦 AP 之间控制报文和数据报文交互的框架协议。CAPWAP 隧道协议传递两类信息：控制信息和数据信息。控制信息作为管理消息负责 AC 与瘦 AP 之间管理的交互操作。数据信息是对无线网络二层数据的封装。两类信息分别使用不同 UDP 端口传输，控制信息采用 UDP5246 端口传输，数据信息采用 UDP5247 端口传输。CAPWAP 的控制消息和部分 CAPWAP 数据消息，在 AC 和瘦 AP 间交互可以使用数据包传输层安全性协议（Datagram Transport Layer Security，DTLS）加密机制，以保证数据的安全性。

CAPWAP 协议主要定义了 AC 对瘦 AP 进行管理、业务配置等，包含的主要内容有：
- 瘦 AP 对 AC 的自动发现；
- 瘦 AP 与 AC 的状态机运行、维护；
- AC 对瘦 AP 进行管理、业务配置下发；
- STA 数据 CAPWAP 隧道封装并转发等。

具体来说，CAPWAP 工作过程包括：AC 发现、DTLS 会话、加入 AC、固件升级（可选）、瘦 AP 配置、数据检查、运行准备（建立数据通道）、正常运行、复位等过程。在 CAPWAP 正常运行过程中，AP 还可以申请配置更新等。整个 CAPWAP 工作过程如图 8-7 所示。

---

① 分发服务，通过使用关联信息在分布式系统（DS）内传递媒体访问控制服务数据单元（MSDU）。
② 整合服务，用于在分布式系统和现有的非 IEEE 802.11 局域网之间传递 MSDU。

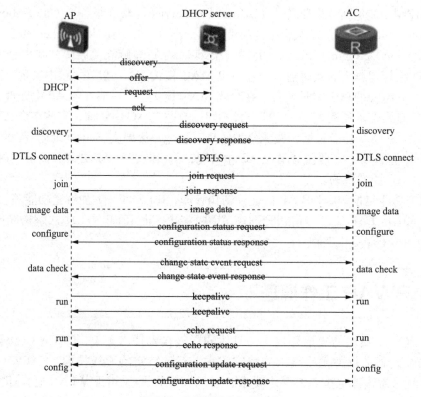

图 8-7 CAPWAP 工作过程

① AC 发现：在集中式 WLAN 中，当瘦 AP 接入 WLAN 时并启动，瘦 AP 即从闲置（Idle）状态进入发现（Discover）状态，开始发现 AC 的过程。瘦 AP 使用单播、广播方式发送"Discovery Request"，收到"Discovery Request"的 AC 返回"Discovery Response"给瘦 AP。

② DTLS 会话：瘦 AP 在收到"Discovery Response"后，进入 DTLS 会话状态（包括 DTLS Setup、DTLS Connect、DTLS Teardown 三种状态）。瘦 AP 在返回"Discovery Response"的多个 AC 中，选择一个 AC 建立数据包传输层安全性协议 DTLS 连接。

③ 加入 AC：DTLS 连接建立成功后，进入加入（Join）状态，瘦 AP 向 AC 发送"Join Request"，AC 回复"Join Response"确认瘦 AP 加入该 AC 的管理范围。

④ 固件升级（可选）：根据收到的 AC "Join Response"信息中 Image Identifier（映像标识）消息要素，若瘦 AP 的固件版本不同于 Image Identifier 消息要素，则进入映像数据（Image Data）状态，进行固件升级，瘦 AP 从 AC 处下载最新版本固件，升级成功后重启，重启进入发现过程。

⑤ 瘦 AP 配置：根据收到的 AC "Join Response"信息中 Image Identifier 消息要素，若瘦 AP 固件版本与 Image Identifier 消息相同，瘦 AP 则进入配置（Configure）状态，瘦 AP 从 AC 下载配置参数，并对瘦 AP 进行配置。

⑥ 数据检查：瘦 AP 通过下载配置参数并配置完成，瘦 AP 和 AC 对配置进行确认后，瘦 AP 发送"Change State Event Request"消息，从配置状态（Configure）进入数据检测（Data Check）状态。AC 收到"Change State Event Request"消息，进入数据检查（Data Check）状态，并启动数据检测计时器（Data Check Timer）。

⑦ 运行准备（Data Check to run<o>）：当瘦 AP 收到 AC 发送"Change State Event Response"消息，瘦 AP 进入运行（run<o>）状态准备阶段。瘦 AP 开始初始化数据信道，包括启动数据通道保活（Data Channel Keep Alive）计时器和发送数据通道保活（Data Channel Keep Alive）分组。AC 收到数据通道保活分组，AC 进入运行（run<data>）状态准备阶段，同时关闭数据检测计时器。此时，如果接入控制器 AC 的策略要求加密数据通道，这个阶段也要求建立数据通道 DTLS 连接。

⑧ 正常运行（run to run<q>）：通过以上过程，瘦 AP 和 AC 处于运行（run<q>）状态的正常运行阶段。只要瘦 AP 发送请求给 AC，瘦 AP 就会重新设置它的响应计时器（Echo Interval Timer），同时 AC 就会对请求做出响应。瘦 AP 发出的请求包括配置更新请求（Configuration Update Request）、回送请求（Echo Request）、清除配置请求（Clear Configuration Request）、报文转发（Data Transfer）、工作站配置请求（Station Configuration Request）等。

⑨ 复位：当瘦 AP 和 AC 拆除连接时，瘦 AP 和 AC 从运行（Run）状态进入复位（Reset）状态。AC 发送复位请求（Reset Request）消息，AC 进入复位状态。瘦 AP 收到复位请求后也进入复位（Reset）状态。注意，这个状态也可能因为错误条件而引起。

## 8.5 CAPWAP 中 AC 发现过程

瘦 AP 发现 AC 的过程，是指当瘦 AP 接入网络时，通过发送 AC 发现请求信息，并获得 AC 发现响应信息，从而找到可用的 AC 并选择合适的 AC，以建立 CAPWAP 会话的过程。瘦 AP 如何发现 AC 呢？

1. 静态发现和动态发现

瘦 AP 发现 AC 包括两种方式：一种是静态发现，一种是动态发现。
- 静态发现，是指在瘦 AP 中直接预置 AC 的 IP 地址，不需要发现过程。
- 动态发现，是指瘦 AP 需要对备选 AC 进行动态发现，需要有发现过程。动态发现可以采用广播方式、组播方式、单播方式。

2. 动态发现

当瘦 AP 与 AC 采用二层连接时，瘦 AP 可以使用广播方式动态发现 AC。广播方式使用受限广播 IP 地址 255.255.255.255。当瘦 AP 和 AC 在同一个网段时，瘦 AP 可以通过广播向同一网段 AC 发送"discovery request"信息，位于同一网段的 AC 都将发送"discovery response"信息。瘦 AP 取得 AC 的 IP 地址后，主动发起认证并建立 CAPWAP 连接，最后从 AC 中获取配置信息，完成配置过程。

当瘦 AP 与 AC 采用三层连接时，瘦 AP 可以使用组播方式发现 AC。组播方式使用多播 IP 地址 224.0.1.140。但目前瘦 AP 一般不支持组播方式发现 AC。

当瘦 AP 与 AC 采用三层连接时，瘦 AP 还可以使用单播方式动态发现 AC，瘦 AP 首先通过 DHCP 方式或 DNS 方式得到 AC 的 IP 地址，然后通过单播向 AC 发送"discovery request"信息，进而认证并建立 CAPWAP 连接，完成配置过程。但使用单播方式发现 AC 时，需要首先配置 DHCP 通过 Options 43 字段或通过配置 DNS 方式告知 AC 的 IP 地址。这里把利用 DHCP 通过 Options 43 字段获取 AC 的 IP 地址的单播发现 AC 方式称为 DHCP 发现，把利用 DNS 告知 AC 的 IP 地址的单播发现 AC 方式称为 DNS 发现。

> **注意：**
>
> 瘦 AP 动态发现 AC 的三种方式中，DHCP 发现优先级最高，其次是 DNS 发现，最后是广播发现。目前主要采用 DHCP 发现。

### 3. DHCP 发现

集中式 WLAN 中，瘦 AP 一般采用 DHCP 方式获取自身的 IP 地址，需要配置 DHCP 服务器。因此在配置 DHCP 服务器的同时，可以配置 DHCP Option 43 选项，以便瘦 AP 在获取瘦 AP 的 IP 地址的同时获取接入控制器 AC 的 IP 地址。

> **注意：**
>
> 动态主机配置协议 DHCP 和 DHCP 选项在 RFC2131 和 RFC2132 中定义。DHCP 服务器可以部署在二层网络中，也可以部署在三层网络中，当 DHCP 服务器部署在三层网络中，则需要在网关设备中配置 DHCP 中继代理（DHCP relay），且网关设备支持 DHCP Option 43 选项，并能够保证瘦 AP 正确获取 DHCP Option 43 选项的值。

瘦 AP 通过 DHCP 服务器获取 AC 的 IP 地址并发现的过程如图 8-8 所示。其中第①至④步是瘦 AP 通过 DHCP 获取瘦 AP 的 IP 地址、子网掩码、网络地址、DNS 的 IP 地址等信息，并通过 DHCP Option 43 获取 AC 的 IP 地址等信息过程。

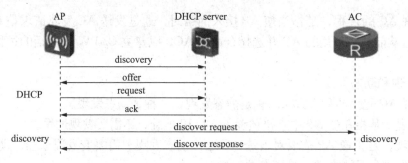

图 8-8　瘦 AP 通过 DHCP 方式获取 AC 的 IP 地址过程

① DHCP 发现阶段：瘦 AP（DHCP Client）上电开启以后，就会像所有的 DHCP 客户端一样，寻找 DHCP 服务器。它首先用源端口 68、目的端口 67 的 UDP 报文向网络广播一个 "DHCP Discover" 数据包，此时瘦 AP 还没有 IP 地址，它使用的源 IP 地址为 0.0.0.0。而目的地址受限广播地址 255.255.255.255，同时附上 DHCP OPTION 60 选项信息。

② DHCP 提供阶段：DHCP 服务器接收到来自 DHCP 客户端的 "DHCP Discovery" 信息后，发出 "DHCP Offer" 响应报文，其中包含分配给 DHCP 客户端的 IP 地址、子网掩码、默认网关等信息。

在 "DHCP Discovery" 报文和 "DHCP Offer" 报文中，包含 "ciaddr" "yiaddr" "siaddr" "giaddr" "chaddr" 等字段。"ciaddr" 字段表示客户端 IP 地址。"yiaddr" 字段表示被分配的客户端 IP 地址，在 "DHCP Offer" 报文中将提供预分配客户端 IP 地址。"siaddr" 字段表示下一个为客户端分配 IP 地址的服务器 IP 地址。"giaddr" 字段表示 DHCP 中继的 IP 地址。"chaddr" 字段表示客户端 MAC 地址。

③ DHCP 选择阶段：DHCP 客户端可能会收到多个 "DHCP Offer" 报文，DHCP 客户端会依

据"DHCP Offer"报文,选择第一个收到的"DHCP Offer"报文,然后以广播方式发送"DHCP Request"报文,在该报文中,"Requested address"字段表示服务器在 DHCP Offer 报文中预分配的 IP 地址,"Server Identifier"字段表示所选定的"DHCP Offer"对应的 DHCP 服务器 IP 地址。另外,也包含 DHCP OPTION 60 选项字段。

④ DHCP 确认阶段:DHCP 服务器收到 DHCP 客户端发送的"DHCP Request"报文后,将依据 DHCP OPTION 60 信息以及 DHCP 客户端的 MAC 地址信息给予相应的 DHCP ACK 响应报文,其中包括完成自动配置 DHCP 的相关信息,包括分配给 DHCP 客户端的 IP 地址、子网掩码、默认网关、DNS 服务器、租约期等信息。另外,还有告知 DHCP 客户端(瘦 AP)接入控制 AC 的 IP 地址的 DHCP OPTION 43 选项信息。DHCP 客户端(瘦 AP)在收到"DHCP Ack"报文后,从中获取自动配置信息,完成 DHCP 客户端自动配置 IP 地址的过程。同时瘦 AP 也获取了接入控制器 AC 的 IP 地址列表。

⑤ 接下来,瘦 AP(DHCP 客户端)启动 CAPWAP 发现机制,通过单播向接入控制器 AC 发送"Discovery Request"报文。注意:如果瘦 AP 发送多次"Discovery Request"单播报文(华为瘦 AP 发送 10 次单播报文)都没有收到响应,瘦 AP 会再通过广播方式发现同网段的其他 AC。

⑥ 收到"Discovery Request"的 AC 会检查该瘦 AP 是否有接入本机的权限,如果有则回应"Discovery Response"报文。

4. DNS 发现

瘦 AP 采用 DNS 方式获取 AC 的 IP 地址,需要配置 DHCP 服务器和 DNS 服务器。DHCP 服务器用于为瘦 AP 分配 IP 地址、子网掩码、网关地址、DNS 服务器 IP 地址等信息,并顺带转发 AC 的域名信息,采用 DHCP OPTION 15 选项。DNS 服务器用于解析 AC 域名并告知瘦 AP 接入控制器 AC 的 IP 地址等。

接下来简单介绍瘦 AP 通过 DNS 方式获取 AC 的 IP 地址并发现 AC 的过程,如图 8-9 所示。

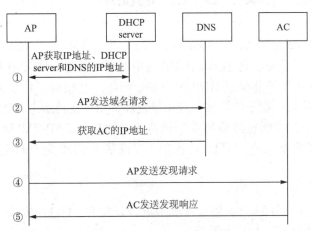

图 8-9 瘦 AP 通过 DNS 方式获取 AC 的 IP 地址过程

① 瘦 AP 通过 DHCP 服务器获取 AP 的 IP 地址、DHCP 服务器 IP 地址、DNS 服务器 IP 地址和通过 DHCP OPTION 15 返回接入控制器 AC 的域名。

② 瘦 AP 根据 DHCP OPTION 15 选项中携带的 AC 域名,发送域名请求报文,进行域名解析请求。

③ 瘦 AP 从 DNS 服务器接收到域名响应报文，从报文中获取 AC 域名对应的 AC 的 IP 地址。

④ 瘦 AP 通过单播向接入控制器 AC 发送"Discovery Request"报文。如果瘦 AP 发送多次"Discovery Request"单播报文（华为瘦 AP 发送 10 次单播报文）都没有收到响应，瘦 AP 会再通过广播方式发现同网段的其他 AC。

⑤ 接收到"Discovery Request"报文的 AC 会检查该瘦 AP 是否有接入本机的权限，如果有则回应"Discovery Response"报文。

**注意：**

在 DHCP 方式和 DNS 方式获取 AC 的 IP 地址的过程中，涉及 DHCP OPTION 60 选项、DHCP OPTION 43 选项、DHCP OPTION 15 选项，这里简要说明这 DHCP 协议中这三个选项的作用。

DHCP OPTION 60 选项字段为厂商类别标识符（Vendor Class Identifier，VCI），主要用于 DHCP 客户端向 DHCP 服务端报告自身厂商及配置信息，DHCP 服务端负责解析 DHCP OPTION 60 选项信息。比如，DHCP 服务器通过预设限定厂商类别标识符 VCI 的值，来限定可以获取 IP 地址的客户端设备。

DHCP OPTION 43 选项字段为特定厂商信息（Vendor-Specific Information，VSI），主要用于 DHCP 服务器响应厂商规范信息到 DHCP 客户端，DHCP 客户端负责解析 DHCP OPTION 43 选项信息，不同厂商设备选项参数含义不完全相同。比如，瘦 AP（DHCP 客户端）可以通过 DHCP 服务器响应信息中包含的 DHCP OPTION 43 选项获取接入控制器 AC 的 IP 地址信息。

DHCP OPTION 15 选项字段为域名（DNS Domain），此选项指定的域名是客户端需要通过 DNS 系统进行解析的域名。

## 8.6 CAPWAP 协议中 DTLS 的使用

传输层安全协议（Transport Layer Security，TLS）用于保护基于 TCP 应用的安全，但是 TLS 不能保证基于 UDP 应用的安全。随着基于 UDP 应用的逐步普遍，UDP 应用安全问题也越来越受到关注，为了弥补 TLS 协议不能保证 UDP 应用安全问题。互联网工程任务组（IETF）在 TLS 协议基础上构造了 DTLS 协议，位于传输层和应用层之间，用于支持基于 UDP 应用的安全。

在 CAPWAP 协议中，数据包传输层安全性协议 DTLS 与 CAPWAP 协议紧密集成，DTLS 协议为 CAPWAP 应用提供安全保护。DTLS 协议用于保证基于 UDP 之上的应用安全，是对传输层安全协议的扩展。

1. DTLS 协议结构

由于 DTLS 协议是在已有的 TLS 协议基础上进行开发的，DTLS 协议结构与 TLS 协议结构基本相同。DTLS 协议分为两层，共五个部分。

DTLS 协议分为记录层（Record Layer）和握手层（Handshake Layer）。记录层为下层，是数据承载层，数据传输单位为记录。握手层为上层，上层协议数据封装在记录中进行传输，包括四种协议，分别是握手协议（Handshake）、更改密钥规范协议（Change Cipher Specification）、警告协议（Alert），以及应用层数据协议（Application Data），应用层数据协议如 CAPWAP 应用层数据协议等。DTLS 协议结构如图 8-10 所示。

# 第 8 章 CAPWAP 协议

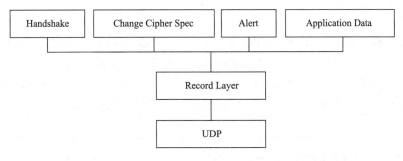

图 8-10 DTLS 协议结构

### 2. CAPWAP 中 DTLS 数据处理过程

CAPWAP 是一个定义接入控制器 AC 和瘦 AP 之间控制报文和数据报文交互的应用层协议，是一个隧道协议，采用 DTLS 协议进行数据安全保护。CAPWAP 中使用 DTLS 协议进行数据保护时，数据的处理过程如图 8-11 所示。

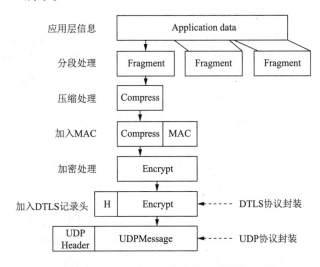

图 8-11 CAPWAP 中 DTLS 数据处理过程

如果需要对发送数据进行 DTLS 安全保护，那么在发送数据时，DTLS 协议记录层接收 CAPWAP 传来的数据后，对所要发送的数据报首先进行分段、压缩、添加消息认证码 MAC、加密、添加 DTLS 首部（DTLS Header）形成 DTLS 数据包。对于在 CAPWAP 协议使用 DTLS 协议保护数据安全，还需要添加 4 字节 32 位的 CAPWAP DTLS 首部（CAPWAP DTLS Header），用于识别被 DTLS 加密的分组。最后采用 UDP 协议封装，添加 UDP 首部（UDP Header），并利用 IP 网络进程传输。

在接收数据的时候，接收端首先剥离 UDP 首部，根据 CAPWAP DTLS 首部或 CAPWAP 数据包中的 CAPWAP 前导字段确定是否使用 DTLS 数据保护，如果使用 DTLS 数据保护，则使用 DTLS 协议对接收数据包进行处理，DTLS 协议记录层对接收数据包的处理过程与发送过程正好相反。DTLS 接收数据的处理过程包括移除 DTLS 首部、解密、对消息验证 MAC 进行验证、解压缩、组装分段，然后发送给 CAPWAP 应用。

> **注意：**
> DTLS 发送数据阶段的"添加消息认证码 MAC"和数据接收阶段的"对消息验证 MAC 进行验证"过程是对数据进程认证（Authenticated）的过程，以保证数据的完整性，认证的范围为 DTLS 首部和 DTLS 保护数据。另外，DTLS 发送数据阶段"加密"和数据接收阶段的"解密"过程用于保证数据的保密性和不可否认性，加密的范围为 DTLS 保护数据和消息认证码 MAC。

## 8.7 CAPWAP 报文格式

CAPWAP 报文包括控制报文和数据报文，由 FRC5415 定义，其中数据包传输层安全性协议 DTLS 的报文封装格式由 RFC4347 定义，下面分别介绍 CAPWAP 控制报文和 CAPWAP 数据报文的格式。

### 8.7.1 CAPWAP 控制报文

CAPWAP 控制报文包括两种封装格式，一种是使用数据包传输层安全性协议 DTLS 保护的 CAPWAP 控制报文格式，一种是不使用 DTLS 保护的 CAPWAP 控制报文格式。CAPWAP 控制报文中 Discovery Request 消息和 Discovery Response 消息不使用 DTLS 保护，其他报文都需要通过 DTLS 进行保护。当使用 DTLS 进行安全保护时，CAPWAP DTLS Header 才会存在。

Discovery Request/Response 控制报文格式如图 8-12 所示。

图 8-12　Discovery Request/Response 控制报文格式

需要 DTLS 进行安全保护时，CAPWAP 控制报文格式如图 8-13 所示。

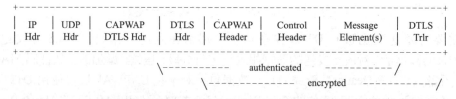

图 8-13　DTLS 安全保护的 CAPWAP 控制报文格式

### 8.7.2 CAPWAP 数据报文

在 CAPWAP 数据报文中，DTLS 协议是可选项，一般根据接入控制器 AC 策略决定是否采用数据包传输层安全性协议 DTLS 进行数据分组保护。当使用 DTLS 进行数据分组保护时，可选的 CAPWAP DTLS Header 才会存在。

不使用 DTLS 进行数据分组保护时，CAPWAP 数据报文格式如图 8-14 所示。

图 8-14　不使用 DTLS 协议的 CAPWAP 数据报文格式

使用 DTLS 进行数据分组保护时，CAPWAP 数据报文封装格式如图 8-15 所示。

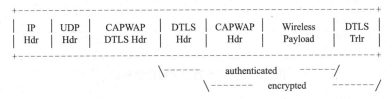

图 8-15　DTLS 保护的 CAPWAP 数据报文格式

## 8.7.3　CAPWAP 报文格式解析

CAPWAP 协议数据使用 UDP 进行封装，通过 IP 网络进行传递。CAPWAP 报文封装格式中有 CAPWAP DTLS 首部(CAPWAP DTLS Header)、DTLS 首部(DTLS Header)、CAPWAP 首部(CAPWAP Header)、CAPWAP 载荷 (Wireless Playload、Control Header 和 Message Elements) 等。

当 CAPWAP 协议使用 DTLS 进行数据保护，则包含 CAPWAP DTLS 首部和 DTLS 首部，否则不包含 CAPWAP DTLS 首部和 DTLS 首部。

### 1. CAPWAP DTLS 首部格式

CAPWAP DTLS Header 紧跟在 UDP 首部的后面，用于识别被 DTLS 加密的分组，共 32 位，前 8 位为公共的 CAPWAP 前导（CAPWAP Preamble），其余 24 位用于填充以确保 4 字节对齐，可以供将来使用。

当使用 DTLS 协议保护数据时，CAPWAP DTLS 首部的 CAPWAP 前导的载荷类型（Type）字段的值必须设置为 1。保留字段中目前都设置为 0。CAPWAP DTLS Header 格式如图 8-16 所示。

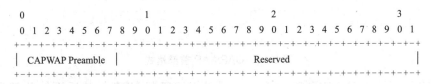

图 8-16　CAPWAP DTLS Header 格式

### 2. DTLS 首部格式

DTLS 首部紧随 CAPWAP DTLS 首部之后，用于对它封装的 CAPWAP 净荷提供认证和加密保护。DELS 协议由 RFC4347 定义，DTLS 首部包括 5 个字段，13 字节，分别是 1 字节 type 字段，2 字节 version 字段、2 字节 epoch 字段、6 字节 sequence_number 字段、2 字节 length。另外，DTLS 在对数据封装过程中，会针对 DTLS 首部和分段数据计算消息验证码 MAC 并附加在分段数据后，形成 DTLS 尾部（DTLS Trlr），DTLS 尾部（消息认证码 MAC）最长为 32 字节（采用 HMAC-SHA256 算法）。DTLS 首部字段封装格式如图 8-17 所示。

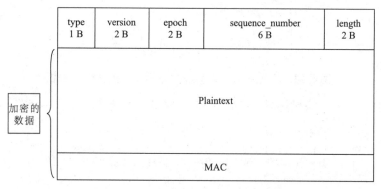

图 8-17　DTLS 首部字段封装格式

3. CAPWAP 首部格式

CAPWAP 控制报文和 CAPWAP 数据报文使用相同的首部封装格式。CAPWAP 首部用于对 CAPWAP 协议消息进行封装，包括固定字段和可选字段。固定长度为 8 字节，包括 CAPWAP Preamble 字段、HLEN 字段、RID 字段、WBID 字段，T、F、L、W、M、K 标识，以及 Flags 保留位，Fragment ID 字段、Frag Offset 字段和 Rsvd（保留）字段。可选字段包括 Radio MAC Address 字段和 Wireless Specific Information 字段。每个字段含义参考 RFC5415 文档。CAPWAP 首部格式如图 8-18 所示。

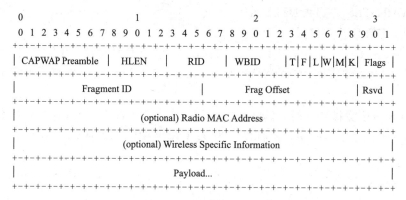

图 8-18　CAPWAP 首部格式

① CAPWAP 前导（CAPWAP Preamble）：用于标识紧跟 UDP 封装后面的首部类型。8 个二进制位分为两部分，前四位代表 CAPWAP 版本（version），后四位规定紧跟 UDP 首部后面的净荷类型（type），当 type 为 0 时，表示 CAPWAP 首部紧跟在 UDP 首部后面；当 type 为 1 时，表示 CAPWAP DTLS 首部紧跟在 UDP 首部后面。

② 首部长度（HLEN）：表示以 4 字节为单位的 CAPWAP 首部长度，5 位二进制位。

③ 无线标识（RID）：表示分组的 Radio ID 号，取值 1～31 之间，5 位二进制位。

④ 无线绑定标识（WBID）：表示与无线设备关联的分组类型，5 位二进制位。取值为 1，IEEE 802.11 帧。取值为 3，EPC 网络（4G 核心网络）帧。取值为 0 和 2，保留。

⑤ T 标识(Type)：指出正在净荷中传递的帧的格式。此位为 1，净荷由 WBID 指出本地帧格式。此位为 0，净荷是 IEEE 802.3 帧。

⑥ F 标识（Fragment）：指出分组是否分段，为 1 标识分组为分段。

⑦ L 标识（Last）：当 F 为 1 时，L 才有效。此位为 1 表示是最后一个分段，为 0 表示不是最后一个分段。

⑧ W 标识(Wireless)：用于规定首部中是否包含"Wireless Specific Information"字段，此位为 1，标识此可选字段存在。

⑨ M 标识（MAC）：指出是否存在"Radio MAC Address"可选首部，用于传递、接收无线设备的 MAC 地址。

⑩ K 标识（Keep-Alive）：指出分组为"Data Channel Keep-Alive"分组，对应包含用户数据的数据分组，K 位必须设置为 1。

⑪ 将来标识（Flags）：在 CAPWAP Header 中一组用于将来的标识保留位。

⑫ 分段标识（Fragment ID）：16 位字段，分段标识值被分配给构成整个数据分组的每一分段。每个分组都有一个标识，当存在分段时，同一数据分组的分段标识相同。

⑬ 分段偏移（Fragment Offset）：13 位字段，指出这个分段在整个数据分组中的位置。第一个分段偏移为 0。CAPWAP 协议不允许重叠分段。

⑭ 保留字段（Reserved）：保留将来使用。

⑮ 无线 MAC 地址（Radio MAC Address）：可选字段，当 M 为 1 时，存在此字段。用于传递无线设备 MAC 地址给接入控制器 AC。用于避免因将 IEEE 802.11 帧格式转换为 IEEE 802.3 帧格式而引起无线设备 MAC 地址的丢失。

⑯ 无线特定信息（Wireless Specific Information）：可选字段，用于携带每包无线信息中特定技术信息。仅当 W 标识为 1 时才有此字段。

4. CAPWAP 载荷

CAPWAP 协议本身并不包括任何指定的无线技术，它依靠绑定协议来扩展对特定无线技术的支持。CAPWAP 载荷包括控制消息和数据消息。

(1) CAPWAP 控制消息

CAPWAP 控制消息用于在 AC 和瘦 AP 间提供控制通道。控制消息包括发现（Discovery）、加入（Join）、控制通道管理（Control Channel Management）、瘦 AP 配置管理（WTP Configuration Management）、工作站会话管理（Station Session Management CAPWAP Control）、设备管理操作（Device Management Operations）、绑定特定的 CAPWAP 管理消息（Binding-Specific CAPWAP Management Messages）等。

CAPWAP 控制消息由控制首部（Control Header）和消息元素（Message Elements）组成。CAPWAP 协议的可靠机制要求控制消息必须成对定义和出现，即包含请求消息和响应消息。响应消息必须是对请求消息的确认。所有请求消息类型具有奇数编号，所有响应消息类型均具有偶数编号。比如，发现请求消息类型编号为 1，发现响应消息类型编号为 2。

CAPWAP 控制消息的首部（Control Header）紧随 CAPWAP 首部之后，控制消息首部长度为 8 字节，由 4 字节消息类型（Message Type）、1 字节序列号（Sequence Number）、2 字节消息元素长度（Message Element Length）和 1 字节标志（Flags）组成。

CAPWAP 消息元素用于携带与控制消息有关的需要传递的信息，每个消息元素 TLV（Type-Length-Value）格式字段标识。类型字段为 2 字节，长度字段为 2 字节。值字段字节数由长度字段定义。

CAPWAP 协议控制消息中的消息元素包括 CAPWAP 协议消息元素、IEEE 802.11 消息元素、EPCGlobal 消息元素等。CAPWAP 协议消息元素在 RFC5415 中定义，而 IEEE 802.11 消息元素在 RFC5416 中定义。EPC（Evolved Packet Core）网络为演进分组核心网络，是 4G 核心网络，EPCGlobal 是一个非营利组织，负责 EPC 网络的全球标准化。

（2）CAPWAP 数据消息

CAPWAP 的数据消息分为两类，一类是 CAPWAP 数据通道保活消息（CAPWAP Data Channel Keep-Alive），用于将数据通道与控制通道绑定，并确保数据通道一直可用。另一类为 CAPWAP 数据载荷（CAPWAP Protocol Data Playload），用于封装转发无线数据帧。CAPWAP 协议定义了无线数据的两种封装模式：一种是对本地无线帧的封装，另一种是对 IEEE 802.3 帧格式数据的封装。

① 本地无线帧的封装。这种封装模式封装的无线帧格式服从特定无线技术绑定的规则。具体的无线技术绑定协议必须包含一个标题为"Payload Encapsulation"（有效负载封装）的部分，负责对本地无线帧的封装格式说明。

比如 RFC5416 是 CAPWAP 协议对 IEEE 802.11 无线技术的绑定说明，其中就包含"Payload Encapsulation"说明部分，定义对 IEEE 802.11 数据封装格式的说明。当 CAPWAP 数据载荷为 IEEE 802.11 数据载荷时，需要将 CAPWAP 首部字段中无线绑定标识 WBID 设置为 1，且 T 标识和 W 标识也要设置为 1。

T 标识设置为 1，表示 CAPWAP 无线绑定数据类型有无线绑定标识 WBID 决定。

无线绑定标识 WBID 设置为 1，表示 CAPWAP 数据载荷为 IEEE 802.11 数据。

W 标识设置为 1，表示当 CAPWAP 载荷为 IEEE 802.11 数据时，需要携带无线特定信息。

当 CAPWAP 数据载荷为 IEEE 802.11 数据载荷时，将封装 IEEE 802.11 首部和有效负载，但不包括 IEEE 802.11 的 FCS 检验和。瘦 AP 负责处理 IEEE 802.11 的 FCS 检验和。

对于携带的无线特定信息字段，根据数据消息传输的方向不同而不同。对于从瘦 AP 到 AC 的数据消息，该字段使用"IEEE 802.11 帧信息"（IEEE 802.11 Frame Info）；对于从 AC 发往瘦 AP 的数据消息，该字段使用"目标无线网络"（Destination WLANs）。RFC5416 文档中有该字段具体封装格式说明。

② IEEE 802.3 帧格式数据的封装。它是 CAPWAP 默认的数据封装格式。当瘦 AP 的 MAC 功能实现采用 local MAC 模式，并开启隧道模式时，AP 与 AC 之间 CAPWAP 载荷的封装的帧就必须是 IEEE 802.3 帧格式。这种封装方式是目前主流的工作方式。

## 8.8　CAPWAP 报文转发

CAPWAP 隧道协议使用标准 UDP 客户端/服务器模式通信。传递两类信息，控制信息和数据信息；使用两种信道，控制信道和数据信道。其中控制报文使用 CAPWAP 控制信道，部分的二层数据报文使用 CAPWAP 数据信道。

1. 控制报文转发方式

接入控制器 AC 与瘦 AP 之间控制报文使用控制通道，其中，在 AC 中的 CAPWAP 控制端口使用 UDP5246 端口，在瘦 AP 中的 CAPWAP 控制端口可以由瘦 AP 选择任意端口。如果 AC 允许改变 CAPWAP 控制端口号，则 CAPWAP 数据端口必须是下一个连续的端口号。

CAPWAP 控制报文用于接入控制器 AC 对瘦 AP 的控制，控制报文首先通过 CAPWAP 协议封装，然后使用 DTLS 加密机制和传输层 UDP 封装，最后通过 IP 封装后，在 AC 与瘦 AP 之间通过 CAPWAP 控制通道进行传递，也可以简单称为控制报文通过 CAPWAP 隧道转发。控制报文 CAPWAP 隧道转发如图 8-19 所示。

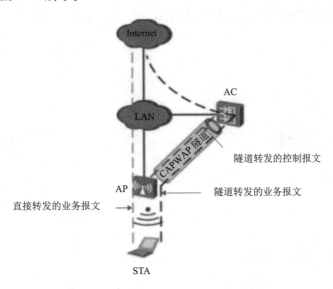

图 8-19　控制报文 CAPWAP 隧道转发

2. 数据报文转发方式

集中式 WLAN 中，一般瘦 AP 的 MAC 功能实现采用 Local MAC 模式。接入控制器 AC 和瘦 AP 之间的数据报文转发主要采取两种方式：一种是直接转发，一种是隧道转发。

（1）直接转发

直接转发模式下，工作站 STA 传输的无线数据帧，一般直接由瘦 AP 转换为 IEEE 802.3 帧并转发出去，不经过接入控制器 AC 处理。此时无线 MAC 功能实现采用本地 MAC 模式，即无线 MAC 功能在瘦 AP 中实现。

直接转发模式下，对于工作站访问外网的上行数据，瘦 AP 将工作站 STA 发送的 IEEE 802.11 无线帧格式报文直接转换成 IEEE 802.3 帧格式报文后向目的地发送。

对于外网返回工作站的下行数据，瘦 AP 将返回的 IEEE 802.3 帧格式报文转换成 IEEE 802.11 格式报文发送给工作站 STA，如图 8-20 所示。

采用直接转发方式，接入控制器 AC 一般旁挂在核心交换机或汇聚交换机上，不承担数据业务转发工作，只对 AP 进行管理。如果接入控制器 AC 与 AP 采用直连方式，数据报文也需要通过 AC 进行转发，此时 AC 可以看作普通交换机进行数据转发。

（2）隧道转发

隧道转发模式下，瘦 AP 与 AC 之间同时建立控制通道和数据通道，WLAN 业务数据和管理数据分别封装在 CAPWAP 数据报文和 CAPWAP 控制报文中。对于采用本地 MAC 模式的瘦 AP，在开启隧道模式时，CAPWAP 数据消息必须是 IEEE 802.3 帧格式。

对于工作站访问外网的上行数据，瘦 AP 首先将工作站 STA 发送的 IEEE 802.11 无线帧格式报文转换成 IEEE 802.3 帧格式报文后，然后通过 CAPWAP 隧道封装后转发至 AC，最后由 AC 对接收数据进行 CAPWAP 拆封并转发。

对于外网返回工作站的下行数据，首先由 AC 将 IEEE 802.3 帧数据进行 CAPWAP 封装传送给瘦 AP，瘦 AP 对接收数据进行 CAPWAP 拆封，再将得到的 IEEE 802.3 帧报文转换为 IEEE 802.11 无线帧格式报文发送给工作站 STA，如图 8-21 所示。

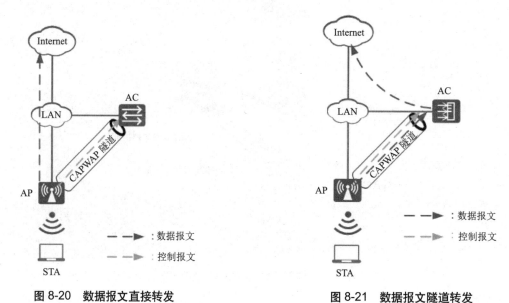

图 8-20　数据报文直接转发　　　　　　图 8-21　数据报文隧道转发

隧道转发方式下，AC 无论采用直连方式还是旁挂方式，封装后的数据包都需要由 AC 处理和转发。在 AC 中的 CAPWAP 数据端口使用 UDP5247 端口，在瘦 AP 中的 CAPWAP 数据端口可以由瘦 AP 选择任意端口。

（3）隧道转发方式、直接转发方式的优缺点

隧道转发方式、直接转发方式优缺点比较如表 8-1 所示。

表 8-1　隧道转发方式、直接转发方式优缺点比较

| 数据转发方式 | 优　点 | 缺　点 |
| --- | --- | --- |
| 隧道转发 | AC 集中转发数据报文，安全性好，方便集中管理和控制 | 业务数据必须经过 AC 转发，报文转发效率比直接转发方式低，AC 所受压力大 |
| 直接转发 | 数据报文不需要经过 AC 转发，报文转发效率高，AC 所受压力小 | 业务数据不便于集中管理和控制 |

 小结

本章主要介绍了集中式 WLAN 采用的无线网络管理协议 CAPWAP 的实现原理，重点介绍采用 CAPWAP 协议的 WLAN 构成、CAPWAP 的功能实现机制、工作过程、AC 发现过程以及报文

转发方式等。

采用 CAPWAP 协议的 WLAN 采用接入控制器 AC、瘦 AP、移动工作站 STA 三种设备组建。AC 与 AP 之间有三种连接方式，分别是二层直接连接、二层交换连接和三层路由连接。AC 接入网络有两种方式：直连式和旁挂式。

可以将瘦 AP 理解为 AC 控制器的远程 RF 接口，AC 与瘦 AP 之间采用 CAPWAP 协议通过 IP 网络组成一个分布式的胖 AP。AC 和瘦 AP 对 MAC 功能的实现采用三种模式，分别是本地 MAC 模式、分离 MAC 模式和远程 MAC 模式。

CAPWAP 协议主要定义了 AC 对瘦 AP 进行管理、业务配置等，包含的主要内容有：①瘦 AP 对 AC 的自动发现；②瘦 AP 与 AC 的状态机运行、维护；③AC 对瘦 AP 进行管理、业务配置下发；④STA 数据 CAPWAP 隧道封装并转发等。

瘦 AP 发现 AC 包括两种方式，一种是静态发现，一种是动态发现。静态发现是指在瘦 AP 中直接预置 AC 的 IP 地址，不需要发现过程。动态发现是指瘦 AP 需要对备选 AC 进行动态发现，需要有发现过程。动态发现可以采用广播方式、组播方式、单播方式。单播方式主要包括 DHCP 发现和 DNS 发现。

CAPWAP 报文包括控制报文和数据报文，由 FRC5415 定义，其中数据包传输层安全性协议 DTLS 的报文封装格式由 RFC4347 定义。控制报文采用 CAPWAP 隧道转发。数据报文可以采用两种方式转发：一种是直接转发，一种是 CAPWAP 隧道转发。

# 第 9 章 无线网络规划

随着 WLAN 网络技术的成熟，WLAN 网络承载的业务与应用越来越丰富多样，各大电信运营商、企业、学校也不断加大对 WLAN 网络的建设，以满足各类终端用户不断上涨的无线业务需求，为了保障 WLAN 网络能够满足无线网络的建设目标，在建设 WLAN 网络时，需要进行无线网络规划。

## 9.1 WLAN 网络建设

对于大中型的 WLAN 网络，一般需要采用接入控制器＋瘦 AP 组网方式，采用 CAPWAP 协议对 AP 进行集中管理。相对于传统的 WLAN 网络，它是一种智能的 WLAN 网络。这类 WLAN 网络建设需要按照网络工程的建设步骤进行建设。

### 9.1.1 WLAN 网络建设步骤

进行大型 WLAN 网络的建设，首先需要收集用户的无线覆盖需求，进行现场勘测，根据用户需求和现场勘测进行需求分析。然后在现场勘测和需求分析基础上，规划设计出使用的 AP 款型和数目、安装位置和安装方式、线缆部署方式等。再进行 WLAN 网络设备的安装部署，包括 AP 安装、AC 和交换机的具体安装等。最后进行测试验收，检测无线网络是否达到用户对无线网络的性能需求目标，以保障无线网络覆盖无盲区、覆盖效果好，上网速度快，提升无线网络使用体验。WLAN 网络的具体建设步骤包括 WLAN 网络需求分析、规划设计、安装部署、测试验收，见表 9-1。

表 9-1 智能 WLAN 的建设步骤

| WLAN 建设过程 | 具体内容 | 重点 |
|---|---|---|
| 一、需求分析 | 与客户交流收集 WLAN 网络需求信息，了解用户无线覆盖需求，进行现场勘测，根据需求信息和现场勘测进行需求分析，形成需求分析文档。主要包含三个过程：(1) 用户需求收集；(2) 现场勘测；(3) 形成需求分析文档 | 现场勘测 |

续表

| WLAN建设过程 | 具 体 内 容 | 重 点 |
|---|---|---|
| 二、规划设计 | 结合无线网络信号传输特点进行规划设计。主要过程包括：(1)对覆盖区域、终端容量、信道干扰等进行初步规划；(2)结合勘测数据对初步规划进行优化调整；(3)在规划的基础上，对AP款型和数目、安装位置和安装方式、线缆部署进行设计，最后形成规划设计文档等 | 信号覆盖<br>容量速率<br>信道干扰 |
| 三、安装部署 | WLAN网络的安装部署是WLAN项目中的关键环节，一般应首先制定设备安装部署方案，然后在方案指导下进行设备安装部署，包括AC安装配置、POE交换机安装、AP安装、天线安装等 | AP和天线安装 |
| 四、测试验收 | WLAN网络的测试验收一般包含三个过程，分别是初测初验，试运行和竣工验收。测试包括无线信号覆盖测试、强度测试、并发速率测试等 | 信号强度测试<br>并发速率测试 |

## 9.1.2 WLAN网络需求分析

WLAN网络的需求分析是无线网络建设的第一步，是无线网络规划设计的基础，也是建设好一个无线WLAN网络的前提。需求分析是通过需求调查获取需求信息，并对需求信息进行分析，形成需求报告的过程。

1. 需求调查

通过用户访谈、问卷调查、现场勘测等多种方法，可以获取WLAN网络的需求信息。WLAN网络的需求信息的获取大致包括以下内容。建议在需求调查前准备好各类数据记载表格、图纸等，提高需求调查的效果。

① 覆盖区域及覆盖区域分类；
② 覆盖区域图纸及比例信息；
③ 覆盖区域场强要求；
④ 建筑物使用材料及信号损耗；
⑤ 信号干扰源，比如微波炉、蓝牙等；
⑥ 接入终端数、终端类型和并发数；
⑦ WLAN网络业务用途及用户带宽要求；
⑧ AP安装位置和安装方式选择；
⑨ 配电及走线方式；
⑩ 有线侧交换机位置等。

WLAN网络需求信息的获取主要采用用户访谈和现场勘测方式。对于WLAN网络需求获取，现场勘测是必要的环节，是获取WLAN网络需求信息的重要方法手段。

2. 现场勘测

WLAN网络现场勘测采用的工具包括卷尺、望远镜、测距仪、胖AP、照相机、笔记本电脑、手机及AP扫描工具，以及建筑物图纸等。

通过现场勘测可以用于：了解覆盖区域的物理环境，包括覆盖区域类型是开放区域、半开放区域还是封闭区域，覆盖区域建筑物内部变化情况，以及覆盖区域接入用户和带宽要求等；确定AP和天线的安放位置和安装方式；确定AP的供电方式和布线方式和路径；结合实地对AP和天线进行选型；测定建筑物无线传输损耗；空间传播损耗等。

在用户访谈和现场勘测的基础上，进行 WLAN 网络需求分析，形成需求分析报告，为 WLAN 规划设计做准备。

> **注意：**
>
> 大型无线网络设备制造商一般提供无线网络现场勘测和验收软件，比如华为的"Wi-Fi 阿拉丁"和"CloudCampus APP"软件，用户可测试发射信号点强度、接收点信号强度，以及障碍物衰减。这两款 APP 还是功能强大的 Wi-Fi 监测工具，用户可以通过软件监测无线网络的速度、安全性、查看终端、干扰信息等功能。

### 9.1.3 WLAN 网络规划设计

WLAN 网络规划设计是在现场勘测和需求分析的基础上，在满足 WLAN 网络服务质量的前提和一定的成本约束下，对 WLAN 进行总体规划和详细设计，以便建立一个在覆盖范围和用户容量尽可能大的无线网络的过程。

WLAN 网络规划设计的内容是与无线信号的特点相关联的，比一般有线网络建设规划的内容更多。WLAN 网络规划设计主要内容包括：覆盖区域的覆盖规划、容量规划、基于覆盖区域和容量的网络规模估算、信道规划、AP 位置和数量规划、规划软件仿真，在软件仿真的基础上结合现场勘测进行的优化调整，以及 AP 选型、AP 布放和走线设计等。

WLAN 网络规划主要是将 WLAN 网络理论知识和实际环境相结合，对无线信号覆盖、同频干扰、无线上网速率等先期规划，并进行软件仿真，以保证 WLAN 网络建设的质量，使其满足客户建立无线网络的目标要求。本章后面将重点介绍 WLAN 网络规划方面的知识。

> **注意：**
>
> 大型无线网络设备制造商一般提供网络规划软件，比如华为的无线网络规划软件为"WLAN Planner"，TP-LINK 的无线网络规划软件为"TP-LINK 无线规划工具"。

### 9.1.4 WLAN 网络安装部署

WLAN 网络的安装部署是 WLAN 项目中的关键环节，WLAN 网络安装部署质量好坏将直接影响用户的使用效果和体验。随着 WLAN 网络应用的日趋丰富以及覆盖范围的扩大，在复杂环境中部署最优的 WLAN 网络，是 WLAN 网络项目建设中的一大难题。高质量的安装部署不仅可以提高设备使用效率，还可以减少后续的维护工作，提高用户的投资回报。

WLAN 网络的安装部署需要首先指定安装部署方案，在安装部署方案的指导下，按照施工进度计划进行施工，包括接入控制 AC 的安装部署、室内 AP 的安装部署、室外 AP 的安装部署、POE 设备的安装部署、天线安装部署等。

WLAN 网络设备安装都有一定的规范和要求，下面简要说明：

- 接入控制器 AC 设备一般应安装在网络中心和楼栋设备室。
- 室内 AP 安装位置应便于布线且必须保证无强电、强磁场的干扰。
- 室外 AP 安装一般应采用 POE 供电方式，安装时应注意防水处理。
- 对于需要 POE 供电的设备，可以采用支持 POE 供电的以太网交换机供电，或者采用 POE 模块为设备进行供电。POE 供电设备安装应注意防水处理。
- 天线安装必须使用天线的专用支架，固定牢固，同时要求支架具有防雷设施。

## 9.1.5 WLAN 网络测试验收

WLAN 网络的测试验收是 WLAN 网络建设的最后环境，是全面考核 WLAN 网络建设质量的重要手段，关系到 WLAN 网络建设的质量能否达到预期设计目标。WLAN 网络的测试验收一般包含三个过程，分别是初测初验，试运行和竣工验收。

初测初验一般在 WLAN 网络设备安装、调试完毕，并经过施工单位检查测试合格后，由施工单位向建设单位提出，并由建设单位组织进行的。初测初验工作包括无线设备核查、无线网络信号覆盖测试、信号强度测试、容量速率测试、文档验收等。

试运行是在工程初测初验通过后开始，试运行一般不应少于三个月，试运行期间应对初测初验中遗留的问题进行整改。

试运行结束，WLAN 网络各项功能、性能达到规范、合同及设计要求，工程遗留问题已经解决，可进行竣工验收。竣工验收应对 WLAN 网络的各项功能、性能进行抽测，对 WLAN 网络的工程设计和施工质量进行评定，评定结果可以为合格和优良。

## 9.1.6 WLAN 网络建设原则

WLAN 网络的建设一般应遵循先进性、实用性、兼容性、安全性、自动负载均衡，以及自动漫游等原则。

1. 先进性原则

WLAN 网络的建设应采用国际先进、主流、成熟的技术。应在 WLAN 网络建成后 5～10 年内，不能因为业务的增加导致对网络结构和主要设备的重大调整。

2．实用性原则

WLAN 网络的设备和技术性能在逐步提升的同时，其价格却是在逐步下降的，对 WLAN 网络中涉及的各类设备不可能也没必要实现一步到位。因此，在 WLAN 网络中应采用成熟可靠的技术和设备，适当考虑设备的先进性。充分体现 WLAN 网络实用够用的网络建设原则。避免购买超过实际性能需求的高档设备，造成投资浪费。

3．兼容性原则

WLAN 网络应采用开放的标准和技术，选用的通信协议符合国际标准和工业标准，尽量采用品牌企业 WLAN 网络设备，同时兼容其他厂商设备。既有利于可以保护用户前期投资，也有利于 WLAN 网络的后期扩展。

4．安全性原则

WLAN 网络自身存在多种安全隐患，为此，WLAN 网络采用了多种加密安全机制。在 WLAN 网络建设中，要充分考虑 WLAN 网络安全，合理选择安全技术手段，保障 WLAN 网络的安全。WLAN 网络一般采用集中认证，对每个数据进行加密传送。

5．自动负载均衡原则

在同一区域，同一时间，当 WLAN 用户比较多，超出一个 AP 的承受范围时，用户传输速率会明显下降，为了保障用户传输速率，可以对 AP 进行接入限制，或者通过接入控制器配置，在多 AP 中实现自动负载均衡。

6．自动漫游原则

对于大型 WLAN 网络，应支持不同 AP 之间自动漫游，保障用户漫游后仍然能够正常访问漫游前的网络，保障用户无线业务不中断，提高 WLAN 网络的可用性。

## 9.2 为什么要进行无线网络规划

WLAN 网络通过无线信号传输数据，随传输距离的增加无线信号强度会越来越弱，且相邻的无线信号之间会存在重叠干扰的问题，这些都会降低无线网络信号质量甚至导致无线网络无法使用。另外，信号覆盖区域的并发用户太多也会导致单个用户无线上网速度无法满足用户带宽要求。为改善无线网络质量，使其满足客户的建网目标和要求，需要对大型 WLAN 网络进行规划。

如果前期不进行网络规划，安装完 AP 后，再进行网络优化整改可能会需要重新安装 AP、布放线缆，返工操作非常不便。无线网络规划通常针对如下常见问题进行设计优化：

① 无线信号覆盖盲区问题。如果设计无线网络覆盖范围时没有考虑 AP 的实际发射功率，网络覆盖容易出现盲区。盲区处信号强度弱或没有信号，用户上网速度慢甚至无法接入，通过网规来合理规划每个 AP 的覆盖范围，保障每个区域能够有足够强度的无线信号覆盖。

② 同频干扰严重问题。同频干扰是指两个相邻 AP 的射频工作在相同信道上，同时收发数据时会有干扰和延时，大大降低网络性能。因此有重叠覆盖区域的 AP 之间需要规划互不干扰的不同工作信道。

③ 无线终端上网速度慢问题。WLAN 采用的是 CSMA/CA 机制，并发的无线用户数越多，无线报文相互冲突的概率迅速增大，导致上网速度急速下降。对于高密度区域，为避免每个 AP 射频下接入用户过多，可以通过选择多射频 AP 或高密小角度定向天线，控制每个射频接入的用户数，减少报文冲突概率。

无线网络的规划，主要是解决以上三个问题，涉及无线网络覆盖规划、无线网络信道规划、无线网络容量规划等。

下面首先介绍无线网络覆盖规划、无线网络信道规划、无线网络容量规划与 AP 布放规划设计的相关知识，然后从实际 WLAN 网络建设出发，说明如何进行无线网络的规划。

## 9.3 WLAN 网络覆盖规划

### 9.3.1 无线网络覆盖相关概念

扫一扫
WLAN 网络覆盖规划

无线网络覆盖规划，涉及无线覆盖区域、有效传输距离、AP 覆盖范围，以及衡量覆盖范围的指标、覆盖半径和覆盖距离等概念，下面首先介绍这些概念。

1. 无线覆盖区域

构建无线网络，需要无线覆盖的地方可以称为无线覆盖区域，根据覆盖区域的重要程度，一般可以将无线网络的覆盖区域分为三种类型：一是重要覆盖区域，比如会议室、办公室；二是普通覆盖区域，比如教室、宿舍、酒店房间等；三是简单覆盖区域，比如过道、储物间等。将覆盖区域分类，便于无线网络规划设计。一般情况下，重要区域信号强度要求大于 −60 dBm，普通区域大于 −65 dBm，而简单区域信号强度大于 −70 dBm。

2. 有效传输距离

无线信号的有效传输距离是指从接入点 AP 到 AP 覆盖范围边缘的直线距离。有效传输距离与发送端发送信号强度以及不同场景下路径损耗有关,以及无线信号的工作频率等相关联,如图 9-1（左）所示。

3. 覆盖范围

AP 通过天线发射无线信号,在天线周围产生无线网络覆盖,信号传得越远,信号强度就变得越弱。通常把天线周边信号强度大于网络规划指标值的区域称为无线网络覆盖范围。网络覆盖范围边缘的场强称为边缘场强（也是覆盖范围边缘的接收信号强度指示 RSSI）。如普通覆盖区信号边缘强度指标值为 −65 dBm,网络规划设计时,AP 信号的边缘场强大于等于 −65 dBm 的区域就是 AP 覆盖范围,如图 9-1 所示。

4. 覆盖半径

全向天线使用覆盖半径来衡量覆盖范围。如图 9-1(左)所示,以吸顶安装的全向天线 AP 为例,AP 的安装高度可以通过工勘测量得知,信号的有效传输距离可以基于边缘场强进行计算,计算方法可以根据接收信号强度公式和不同场景下路径损耗与信号传输距离的关系公式进行计算。当高度和有效传输距离确定后,即可根据直角三角形三边关系计算出全向天线的覆盖半径,进而计算网络信号有效覆盖范围。

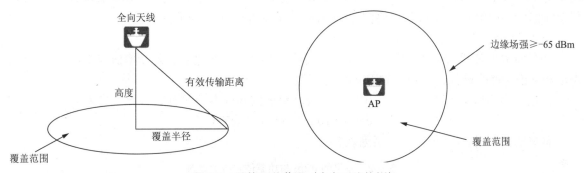

图 9-1　网络覆盖范围（全向天线俯视）

5. 覆盖距离

定向天线使用覆盖距离来衡量覆盖范围,如图 9-2 所示,以室外抱杆安装的定向天线 AP 为例,天线到覆盖范围边缘的有效传输距离可以通过接收信号强度公式和不同场景下路径损耗与信号传输距离的关系公式计算得出,天线高度可以通过工勘测量得知。当高度和有效传输距离确定后,即可根据直角三角形三边关系计算出定向天线的覆盖距离。

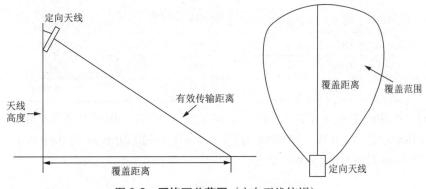

图 9-2　网络覆盖范围（定向天线俯视）

无论是覆盖半径还是覆盖距离，都需要先计算出有效传输距离后才能计算出覆盖半径或覆盖距离，而射频发射功率和信号强度是计算有效传输距离的输入条件。

### 9.3.2 发射功率和信号强度

1. 无线信号功率单位

日常生活中，我们使用功率来衡量一个电器做功的快慢，如一个 10 W 的电灯泡，10 W 功率就是电灯泡消耗能量做功的快慢。在天线收发系统里，同样也需要消耗电能来转换为电磁波的能量进行传输。但是电磁波的能量衰减非常快，例如，一个 100 mW 的能量源，传输一段距离后很快就能衰减成 1 mW、0.1 mW、0.01 mW 甚至更小。对于这种呈几何数量级的衰减，使用功率来衡量会给计数带来不便，因此引用新的信号强度概念：dB 和 dBm。

① 单位 dB。

dB 是一个纯计数单位，它的计算公式为

$$dB = 10 \lg(A/B)$$

当 $A$ 和 $B$ 表示两个功率时，dB 就表示两个功率的相对值，例如，$A$ 的功率为 100 mW，$B$ 的功率为 10 mW，则 10 lg(100/10)=10 dB，表示 $A$ 比 $B$ 大 10 dB。如果 $A$ 的功率变为 10 000 mW，则 10 lg(10 000/10)=30 dB。dB 主要作为信噪比 (S/N) 和信号损耗的单位。

② 单位 dBm。

如果将 $B$ 的值设置为 1 mW，则用 dBm 表示，dBm 即分贝毫瓦，是功率值与 1 mW 的比值，表示功率绝对值的单位，且 dB 与 dBm 的值一致。

这里采用 dBm，m 表示 mW，dBm 可以与功率单位 mW 相互转换，计算公式为：

$$dBm = 10 \lg(功率值/1mW)$$

常见的 dBm 与功率值对应关系见表 9-2。

表 9-2 常见的 dBm 与功率值对应关系表

| dBm | 功率值/mW | dBm | 功率值/mW |
| --- | --- | --- | --- |
| 0 | 1 | 0 | 1 |
| 1 | 1.25 | −1 | 0.8 |
| 3 | 2 | −3 | 0.5 |
| 6 | 4 | −6 | 0.25 |
| 10 | 10 | −10 | 0.1 |
| 17 | 50 | −17 | 0.02 |
| 20 | 100 | −20 | 0.01 |
| 30 | 1 000 | −30 | 0.001 |
| 40 | 10 000 | −40 | 0.000 1 |

可以看到，0 dBm 对应 1 mW，1 dBm 对应 1.25 mW，−1 dBm 对应 0.8 mW，10 dBm 对应 10 mW，−10 dBm 对应 0.1 mW，20 dBm 对应 100 mW，−20 dBm 对应 0.01 mW，30 dBm 对应 1 000 mW，−30 dBm 对应 0.001 mW，等等。

③ 单位 dBi 和 dBd。

dBi 和 dBd 主要作为天线增益的单位。dBi 和 dBd 都是表示功率增益的单位，两者都是相对值，但是它们的参考基准不同。dBi 是相对于点源全向天线的功率增益，在各方向的辐射是均匀的。dBd 是相对于对称振子天线（偶极子天线）的功率增益。一般认为，表示同一个增益，用 dBi 表示出来比用 dBd 表示出来要大 2.15。例如，对于一根增益为 16 dBd 的天线，其增益折算成单位为 dBi 时，则为 18.15 dBi。

2. 发射功率和信号强度基本概念

在 WLAN 网络中，使用接入点 AP 设备和天线来实现有线信号和无线信号互相转换。有线网络侧的数据从 AP 设备的有线接口进入 AP 后，经过 AP 的编码调制处理，转换为射频信号，从 AP 的发送端（TX）经过馈线线缆发送到天线，从天线处以高频电磁波（2.4 GHz 或 5 GHz 频率）的形式将射频信号发射出去。高频电磁波通过一段距离的传输后，到达无线终端位置，由无线终端的接收天线接收，再输送到无线终端的接收端（RX）解调解码处理，还原有线网络侧的数据。反过来，从无线终端的发送端（TX）发出去的数据，经过无线终端编码调制处理后，转换为射频信号，按照上述的流程逆向处理，从无线终端的发送端（TX）经过无线传输到达 AP 的接收端（RX），还原得到无线终端发送的数据。WLAN 网络中有线无线信号转换如图 9-3 所示。

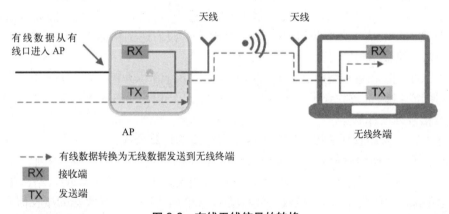

图 9-3  有线无线信号的转换

在发送天线和接收天线之间传递的信号即是无线信号。无线信号的信号强度在传输过程中会逐渐衰减。与信号强度有关的概念包含射频发送功率、有效全向辐射功率、接收信号强度指示、下行信号强度、上行信号强度等。下面首先介绍这几个与无线信号强度有关联的基本概念，然后介绍接收信号强度指示的计算方法。

（1）基本概念

结合无线信号发送接收图示，能够较好地说明 WLAN 网络中与信号强度有关的射频发送功率、有效全向辐射功率、接收信号强度指示、下行信号强度、上行信号强度等概念。如图 9-4 所示，图中各数字代表含义如下：

- ①和⑦表示射频发送端处的功率，单位是 dBm。
- ②和⑥表示连接天线的转接头和馈线等线路损耗，单位是 dB。
- ③和⑤表示天线增益，单位是 dBi 或 dBd。
- ④表示路径损耗和障碍物衰减，是天线间的信号能量损耗，单位是 dB。

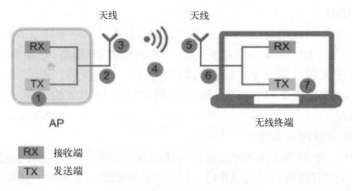

图 9-4 无线信号发送接收图示

射频发射功率：图中①表示 AP 端的射频发射功率，图中⑦表示无线终端的射频发射功率。在 WLAN 网络规划时，注意发射功率与天线增益之和不要超出国家码限制的最大值。

有效全向辐射功率：有效全向辐射功率 EIRP（Effective Isotropic Radiated Power），即天线端发射出去时的信号强度，EIRP= ① − ② + ③。

接收信号强度指示：接收信号强度指示 RSSI（Received Signal Strength Indicator），指示无线网络覆盖范围内某处位置的信号强度，是 EIRP 经过一段传输路径损耗和障碍物衰减后的值。WLAN 网络规划遇到的信号强度弱问题就是指 RSSI 弱，没有达到指标要求值，导致无线终端接收到很弱的信号甚至接收不到信号。

下行信号强度：指无线终端接收到 AP 的信号强度，下行信号功率 = ① − ② + ③ − ④ + ⑤ − ⑥。
上行信号强度：指 AP 接收到无线终端的信号强度，上行信号功率 = ⑦ − ⑥ + ⑤ − ④ + ③ − ②。

(2) 接收信号强度计算

在不考虑干扰、线路损耗等因素时，接收信号强度的计算公式为：

接收信号强度 = 射频发射功率 + 发射天线增益 − 路径损耗 − 障碍衰减 + 接收天线增益

假定发射端发射功率为 $P_t$（单位 dBm），发射天线增益为 $G_t$（单位 dBi），路径损耗 $P_L$（单位 dB），障碍物衰减 $L_s$（单位 dBm），接收天线增益 $G_r$（单位 dBi），则接收端的接收信号强度 $P_r$（单位 dBm）可用下面公式表示：

$$P_r = P_t + G_t − P_L − L_s + G_r$$

当发射端发射功率 $P_t$，发射天线增益为 $G_t$，障碍物衰减为 $L_s$，接收天线增益为 $G_r$。接收信号强度 $P_r$ 的值通过勘测确定后，就可以确定路径损耗 $P_L$ 的值，然后就可以根据有效传输距离和路径损耗的关系，计算出有效传输距离。有效传输距离与路径损耗的关系与具体的无线网络场景有关。

### 9.3.3 信号衰减与干扰

从计算公式可以看出，除了发射功率和天线增益对信号强度有增强的作用外，路径损耗和障碍物衰减会减弱信号强度，它们属于信号衰减范畴。另外环境中的干扰和噪声也会减弱信号强度，属于信号干扰的范畴。网络覆盖规划时应尽量减少不必要的信号衰减和干扰，提升信号强度，增加信号有效传输距离。

1. 信号衰减

无线信号在传输过程中信号强度会逐渐衰减。由于接收端只能接收识别一定阈值以上信号强度的无线信号，当信号衰减过大后，接收端将无法识别无线信号。下面介绍影响信号衰减的几个主要常见因素。

① 障碍物：障碍物是无线网络环境中最常见，对信号衰减影响非常显著的一个重要因素。日常环境中的各种墙壁、玻璃、门对信号都有不同程度的衰减，尤其是金属障碍物，很有可能完全阻隔、反射掉无线信号的传播。因此在网络规划的过程中，尽量避免各类障碍物遮挡AP。

② 传输距离：电磁波在空气中传播时，随传输距离的增加，信号强度会逐步衰减，直至消失。在传输路径上的衰减即为路径损耗。我们无法更改空气的衰减值，也无法避开空气传播无线信号，但是可以通过诸如合理增强天线端的发射功率、减少障碍物遮挡等方式来延长电磁波的传输距离。电磁波能传输得越远，无线信号就能覆盖更大的空间范围。

③ 频率：对于电磁波来说，频率越高，波长越短，衰减越严重。无线信号采用2.4 GHz或5 GHz的电磁波发射信号，由于所使用的电磁波频率很高，波长很短，衰减会比较明显，所以通常传输距离不会很远。

当然，除了以上几个因素之外，如天线、数据传输速率、调制方案等也会影响到信号的衰减。

2. 信号干扰

除了信号衰减会影响接收端对无线信号的识别外，干扰和噪声也会在一定程度上产生影响。通常使用信噪比来衡量干扰和噪声对无线信号的影响。信噪比是度量通信系统通信质量可靠性的主要技术指标，比值越大越好。

- 干扰：指系统本身以及异系统带来的干扰，如同频干扰、多径干扰。
- 噪声：指经过设备后产生的原信号中并不存在的无规则的额外信号，这种信号与环境有关，不随原信号的变化而变化。

信噪比（Signal to Noise Ratio，SNR），指的是系统中信号与噪声的比。信噪比的表达方式为

$$\text{SNR} = 10 \lg(P_S/P_N)$$

其中：SNR为信噪比，单位是dB；$P_S$为信号的有效功率；$P_N$为噪声的有效功率。

信干噪比（Signal to Interference plus Noise Ratio，SINR），指的是系统中信号与干扰和噪声之和的比。信干噪比的表达方式为

$$\text{SINR} = 10 \lg[P_S/(P_I+P_N)]$$

其中：SINR为信干噪比，单位是dB；$P_S$为信号的有效功率；$P_I$为干扰信号的有效功率；$P_N$为噪声的有效功率。

当考虑信噪比SNR或信干噪比SINR时，则接收信号强度的计算公式为

接收信号强度 = 射频发送功率 − 噪声功率 + 发射天线增益 −
路径损耗 − 障碍衰减 + 接收天线增益

在网规方案设计时，由于多数新增网络场景下通常没有信号干扰源存在，所以一般计算时不考虑干扰和噪声，如有信号干扰源，需要考虑SNR或SINR的计算。

### 9.3.4 WLAN网络路径损耗

在WLAN网络的规划阶段，工作频率确定之后，必须通过估算WLAN的路径损耗，以便计算AP的有效传输距离，确定AP的覆盖范围，从而确定AP的分布。

由于室内外传输的电磁环境差异很大，其路径损耗的计算方式也不完全相同。研究人员主要采用两种不同的做法来计算无线传输的路径损耗，一是直接应用电磁理论形成的理论计算公式进行确定性路径损耗计算；二是基于大量测量数据的统计分析结果而导出的经验计算公式进行路径

损耗计算。经验计算公式计算路径损耗是基于大量测量数据形成的计算方法，也得到许多通信厂商的认可和采用。

> **注意：**
> 经验计算公式是基于某一特定环境下，依据大量实际测量无线路径损耗数据，形成路径损耗曲线，并根据路径损耗曲线导出的计算公式。

结合研究文献给出三种环境下路径损耗的简单计算方法：一是自由空间无线传输路径损耗的计算；二是室外覆盖环境路径损耗的计算；三是室内覆盖环境路径损耗的计算。

1. 自由空间无线传输路径损耗

自由空间是指相对介电常数和相对导磁率都为1的均匀介质所存在的空间，自由空间的无线信号传输速率为光速，它是一个理想的无限大的空间，是为简化问题研究而提出的一种科学抽象。自由空间无线传输，其能量是没有介质损耗的，随着距离的增加，其路径损耗是由于球面波的扩散使接收点处的功率密度减少而引起的，也称为传播扩散损耗。

自由空间无线传输路径损耗，采用电磁理论进行确定性计算，仅考虑由能量扩散引起的损耗，即接收端和发射端之间是无任何阻挡的视距路径时的传播损耗。

假定在自由空间中，设在某个原点 $O$ 有一辐射源，均匀地向各方向辐射，辐射功率为 $P_t$，则距辐射源 $d$ 处的能流密度为：$S=P_t/(4\pi d^2)$，若接收天线有效面积为 $A=\lambda^2 \cdot D/4\pi$，公式中 $\lambda$ 为波长，$D$ 为天线的方向性系数，对于各向同性的天线 $D=1$，则接收端接收功率 $P_r=S \cdot A=P_t \cdot \lambda^2 \cdot D/(4\pi d)^2$。

发射功率与接收功率的比值为传播损耗。所以，自由空间无线传播路径损耗可写作：

$$P_{L0}=P_t/P_r=(4\pi d/\lambda)^2=(4\pi df/c)^2$$

式中，$d$ 为有效传播距离，单位为 m；$\lambda$ 为波长；$f$ 为无线信号频率，单位为 Hz；$c$ 为光速，其值为 $3 \times 10^8$ m/s。

从自由空间无线传播路径损耗公式可以看出，无线信号在空中传播损耗与距离的平方成正比，与频率的平方成正比。

为便于计算，有效传输距离 $d$ 单位为 km，频率 $f$ 单位为 MHz，对自由空间传播路径损耗取对数，将实际计算数据代入公式，得到：

$$P_{L0}=10\lg((4\pi df/c)^2)=20\lg(4\pi/(3\times 10^8))+20\lg(d\times 10^3)+20\lg(f\times 10^6)$$

$$P_{L0}=12.45-160+20\lg d+60-20\lg f+120$$

最后得到自由空间无线传输路径损耗计算公式：

$$P_{L0}=32.45+20\lg d+20\lg f$$

其中，$d$ 的单位为 km，$f$ 的单位为 MHz。当有效传输距离 $d$ 的单位改为 m，频率 $f$ 的单位为 MHz 时，通过对自由空间传播路径损耗取对数，得到自由空间无线传输路径损耗计算公式：

$$P_{L0}=92.45+20\lg d+20\lg f$$

其中，$d$ 单位为 m，$f$ 单位为 MHz。

2. 室外覆盖环境路径损耗

自由空间是一种理想的情况，实际上无线信号是在有限空间传播。室外覆盖环境下无线信号的传播是受大气及周围环境的影响，周围环境的影响包括如建筑物、山地、树林等的影响。室外环境比较典型的有农村环境、郊区环境和城市环境。农村环境建筑物少且分布范围广，郊区环境指密集建筑区，但其高度小于接入点 AP 天线高度，城市环境指城市中许多建筑物的高度远高于测量中使用最大天线高度的区域。现阶段 WLAN 室外覆盖区域的应用主要为城市环境。

室外覆盖环境下无线信号的传输路径分为视距和非视距两种情况。当传播路径为视距时，没有障碍物对信号产生反射、衍射，主要是直射传播，路径损耗为直射传播损耗。当传播路径为非视距时，主要由直射传播和衍射（以及多重衍射）传播组成。路径损耗为由直射传播路径损耗、衍射传播路径损耗和多重衍射传播路径损耗组成，比较复杂。

这里主要考虑比较简单的室外覆盖环境，比如城市街道环境等，障碍物产生的损耗（$L_s$）单独计算。一般情况下，室外覆盖环境路径损耗的可以采用以下公式进行初步计算：

$$P_L = 42.6 + 26 \lg d + 20 \lg f$$

其中，$d$ 单位 km，$f$ 单位 MHz。

3. 室内覆盖环境路径损耗

室内覆盖环境包括居民小区、办公大楼、学生宿舍等。室内覆盖环境具有传输距离短、环境变化大的特点，因此，室内覆盖环境对无线信号传播影响因素多且复杂。对无线信号的传播影响因素包括建筑物的布置、材料结构和类型，以及建筑物内部具有的大量分隔，如同层分隔和楼层间分隔等。

室内覆盖环境下，无线传输能量损耗，不但有直线传播损耗，还有信号反射损耗、衍射损耗、信号透射损耗，以及通过介质时无线信号极化产生的能量损耗等。

室内覆盖环境下无线信号的传输路径分为视距和阻挡两种情况。当传播路径为视距时，主要是直射传播，路径损耗为直射传播损耗。当传播路径为非视距时，主要由直射传播、衍射或穿透传播组成。路径损耗主要为由直射传播路径损耗、衍射损耗或穿透损耗等组成。

WLAN 室内覆盖环境无线信号传播的影响因素非常复杂，要获得精确的室内总路径损耗结果比较困难，通常的做法是采取简化的室内覆盖环境的路径损耗计算公式进行室内路径损耗计算，并采用 WLAN 规划软件结合计算结果进行 AP 布放规划，然后通过现场勘测的损耗数据来调制 AP 的数量和布放位置。

这里主要考虑简单的室内覆盖环境，假定室内覆盖环境是简易、无阻碍的覆盖环境。房屋墙体的透射衰减等作为障碍物单独测算障碍物损耗。简单室内覆盖环境可以采用对数距离路径损耗计算公式进行室内覆盖路径损耗计算，公式如下：

$$P_L = P_L(d_0) + 10n \lg (d/d_0)$$

公式中：$P_L$ 为平均路径损耗；$P_L(d_0)$ 是发射端到参考点的路径损耗，称为参考路径损耗，参考路径损耗可以通过测试得到；$n$ 是路径损耗因子；$d$ 为发射端到接收端的距离，单位为米（m）；$d_0$ 为参考距离，是发射端到参考点的距离，单位为米。

当参考距离为 1 m 时，即 $d_0 = 1$ m 时，得到室内路径损耗公式如下：

$$P_L = P_{L0} + 10n \lg d$$

式中，$P_L$ 为平均路径损耗；$P_{L0}$ 为参考路径损耗，参考距离为 1 m，$P_{L0}$ 又称"第一米路径损耗"；$d$ 为发射端到接收端的距离，单位为米（m）；$n$ 是路径损耗因子。

针对不同的无线环境，路径损耗因子 $n$ 的取值有所不同。在自由空间中，路径损耗因子与距离的平方成正比，即衰减因子为 2。在建筑物内，距离对路径损耗的影响将明显大于自由空间。一般来说，全开放环境下 $n$ 的取值为 2.0～2.5；半开放环境下 $n$ 的取值为 2.5～3.0；较封闭环境下 $n$ 的取值为 3.0～3.5。

室内覆盖环境下，可以通过 WLAN 网络在 2.4G 和 5G 模式下大量勘测数据，得到平均参考路径损耗值和平均路径损耗因子。这里采用华为提供的2.4G和5G模式下的参考路径损耗值和路径损耗因子。

- 2.4G模式，参考路径损耗$P_{L0}$为46 dBm，路径损耗因子$n$取值2.5。
- 5G模式，参考路径损耗$P_{L0}$为53 dBm，路径损耗因子$n$取值3.0。

因此，在室内覆盖环境下，具体路径损耗公式如下：

- 2.4G模式：$P_L=46+25\lg d$。
- 5G模式：$P_L=53+30\lg d$。

### 9.3.5 网络覆盖计算

全向天线通过覆盖半径、定向天线通过覆盖距离衡量网络覆盖范围，但不管是覆盖半径还是覆盖距离，都需要先确定信号的有效传输距离才能计算出来。下面介绍如何计算有效传输距离。

1. 路径损耗与有效传输距离的关系

在不考虑干扰、线路损耗等因素时，接收信号强度的计算公式为：

接收信号强度 = 射频发射功率 + 发射端天线增益 − 路径损耗 −
障碍物衰减 + 接收端天线增益

设发射端输出功率为$P_t$，空间路径损耗$P_L$，障碍物衰减$L_s$，发射天线增益为$G_t$，接收天线增益$G_r$，则接收端接收的功率$P_r$可用下面公式表示：

$$P_r = P_t + G_t - P_L - L_s + G_r$$

根据接收端信号强度公式，可以得到路径损耗值的计算公式：$P_L=P_t+G_t-L_s+G_r-P_r$。通过勘测获取发射端输出功率$P_t$，障碍物衰减$L_s$，发射天线增益为$G_t$，接收天线增益$G_r$，以及接收端的接收功率$P_r$，带入路径损耗值计算公式，即可计算出路径损耗值。根据不同场景下路径损耗与有效传输距离关系表达式，即可计算出无线信号的有效传输距离。

下面分别给出在室内覆盖场景、室外覆盖场景下，路径损耗与信号传输距离的关系。

（1）室内覆盖场景

2.4G模式下，路径损耗与信号传输距离的关系：$P_L=46+25\lg d$。

5G模式下，路径损耗与信号传输距离的关系：$P_L=53+30\lg d$。

这里$P_L$为路径损耗（dBm），$d$为信号传输距离（室内覆盖场景单位为m）。

室内覆盖场景路径损耗与信号传输距离关系典型值，见表9-3。

表9-3 室内场景路径损耗与信号传输距离关系表

| 距离/m | 2.4G路径损耗/dBm | 5G路径损耗/dBm |
| --- | --- | --- |
| 1（参考路径损耗） | 46 | 53 |
| 2 | 53.5 | 62 |
| 5 | 63.5 | 74 |
| 10 | 71 | 83 |
| 15 | 75.4 | 88.3 |
| 20 | 78.5 | 92 |
| 40 | 86 | 101 |
| 60 | 90.5 | 106 |

## 第 9 章　无线网络规划

续表

| 距离 /m | 2.4G 路径损耗 /dBm | 5G 路径损耗 /dBm |
|---|---|---|
| 80 | 93.5 | 110 |
| 100 | 96 | 113 |

（2）室外覆盖场景

2.4G 和 5G 频率下，路径损耗与信号传输距离有近似的关系：

$$P_L = 42.6 + 26 \lg d + 20 \lg f$$

这里，$f$ 为工作频率（MHz），$P_L$ 为路径损耗（dBm），$d$ 为信号传输距离（室外覆盖场景单位为 km）。

室外覆盖场景路径损耗与信号传输距离关系典型值，见表 9-4。

表 9-4　室外环境路径损耗与信号传输距离关系

| 距离 /km | 2.4 G 路径损耗 /dBm | 5 G 路径损耗 /dBm |
|---|---|---|
| 0.05 | 76.4 | 84 |
| 0.1 | 84.2 | 91.9 |
| 0.2 | 92 | 99.7 |
| 0.3 | 96.6 | 104.2 |
| 0.5 | 102.4 | 110 |
| 0.8 | 107.7 | 115.4 |
| 1 | 110.2 | 117.9 |

室外覆盖场景下，传输距离单位为千米(km)，2.4G 工作模式的频率为 2 400～2 483.5 MHz，取值 2 400 MHz，5G 工作模式的频率为 5 150～5 850 MHz，取值 5 800 MHz。

2. 障碍物衰减

障碍物包括各种建筑材料，典型障碍物的衰减可以参考表 9-5。实际准确的衰减数值建议以实际现场勘测结果为准。

表 9-5　障碍物信号衰减参考表

| 典型障碍物 | 厚度 /mm | 2.4G 信号衰减 /dB | 5G 信号衰减 /dB |
|---|---|---|---|
| 合成材料 | 20 | 2 | 3 |
| 石棉 | 8 | 3 | 4 |
| 木门 | 40 | 3 | 4 |
| 玻璃窗 | 50 | 4 | 7 |
| 有色厚玻璃 | 80 | 8 | 10 |
| 砖墙 | 120 | 10 | 20 |
| 砖墙 | 240 | 15 | 25 |
| 防弹玻璃 | 120 | 25 | 35 |

续表

| 典型障碍物 | 厚度/mm | 2.4G 信号衰减/dB | 5G 信号衰减/dB |
|---|---|---|---|
| 混凝土 | 240 | 25 | 30 |
| 金属 | 80 | 30 | 35 |

3. 国家对无线设备发射功率的限制

从信号强度的计算公式可以得知，通过提高发射端功率、发射端天线增益，减少障碍物衰减可以有效增强信号强度。但是发射端功率、发射端天线增益受限于硬件设备和国家法律法规要求，不能无限提升，其取值需要参照不同硬件设备和国家法律法规要求在可行的范围内变化。AP 布放时应尽量避免或减少障碍物的遮挡，以减少障碍物引起的信号衰减。路径损耗直接影响 AP 的覆盖范围。

WLAN 网络主要使用工业科学医疗频段（Industrial Scientific Medical Band, ISM），ISM 频段在各个国家的规定并不统一。常用的 WLAN 网络工作频段主要包括 2.4G 频段的 2 400～2 483.5 MHz 和 5G 频段的 5 725～5 850 MHz。

① 根据《关于调整 2.4 GHz 频段发射功率限值及有关问题的通知》(信部无〔2002〕353 号) 规定，在 2.4 GHz～2.483 5 GHz 频段，无线电发射设备的等效全向辐射功率（EIRP），当天线增益<10 dBi 时，小于等于 100 mW 或者 20 dBm；当天线增益≥10 dBi 时，小于等于 500 mW 或者 27 dBm。

注意：

室内 AP 一般分为两种：一种为室内放装 AP；一种是室内分布合路 AP。室内放装 AP 自带天线，直接把 AP 放置在需要覆盖的场景，室内放装型 AP 的等效全向辐射功率一般小于等于 100 mW 或 20 dBm。室内分布合路 AP 一般与分室系统进行合路，一个 AP 连接 5～8 副吸顶天线，每副天线增益≥10 dBi，AP 的等效全向辐射功率一般小于等于 500 mW 或 27 dBm。（华为将室内分布合路 AP 称为敏分 AP）

② 根据《关于使用 5.8 GHz 频段频率事宜的通知》(信部无〔2002〕277 号) 规定，无线电设备工作在 5 725～5 850 MHz 时，射频口发射功率小于等于 500 mW 或 27 dBm，等效全向辐射功率小于 2 000 mW 或 33 dbm，且在该频段内的无线电发射设备的射频部分与其天线必须按照一体化设计和生产。根据《工业和信息化部关于发布 5 150～5 350 MHz 频段无线接入系统频率使用相关事宜的通知》(工信部无函〔2012〕620 号) 规定，无线电通信设备工作在 5 150～5 350 MHz 时最大全向辐射功率（ERIP）为小于等于 200 mW 或 23 dBm，且这个频段的无线接入系统仅限室内使用。与无线电测定等其他业务共存，工作于 5 250～5 350 MHz 频段的无线接入设备应采用发射功率控制（TPC）及动态频率选择（DFS）干扰抑制技术。TPC 范围不小于 6 dB；如无 TPC，则发射功率、等效全向辐射功率和最大功率谱密度均应降低 3 dB。根据这两个规定，中国 Wi-Fi 设备在 5 GHz 频段可以使用 5 150～5 350 MHz 和 5 725～5 850 MHz。

4. 射频信号有效传输距离计算

例 1：要求计算室内覆盖场景下，2.4 GHz 和 5 GHz 射频信号有效传输距离。已知边缘场强信号要求为 −65 dBm(0.000 001 mW 左右)，障碍物衰减为 8 dB，假设接收终端为手机（通常天线增益为 0）。

① 计算 2.4 GHz 射频信号下，AP 射频发射功率为 20 dBm（100 mW），2.4G 天线增益为 6 dBi 时的有效传输距离。

② 计算 5 GHz 射频信号下，AP 射频发射功率为 23 dBm（200 mW），5G 天线增益为 6 dBi 时的有效传输距离。

分析：计算射频信号有效传输距离，首先需要计算路径损耗，然后根据路径损耗与有效传输距离的关系，计算有效传输距离。

首先将发送端输出功率 $P_t$，障碍物衰减 $L_s$，发射天线增益为 $G_t$，接收天线增益 $G_r$，以及接收端接收功率 $P_r$，带入接收信号强度公式：

接收信号强度 = 射频发射功率 + 发射端天线增益 − 路径损耗 − 障碍物衰减 + 接收端天线增益

得到路径损耗值，即 $P_L=P_t+G_t-L_s+G_r-P_r$。然后利用室内半开放场景下的路径损耗与有效传输距离关系函数，计算有效传输距离。下面计算室内覆盖场景下 2.4G 模式和 5G 模式下，AP 的有效传输距离。

- 2.4 GHz 射频信号下，AP 发射功率为 20 dBm（100 mW）时，将发射端输出功率 $P_t$，障碍物衰减 $L_s$，发射天线增益为 $G_t$，接收天线增益 $G_r$，以及接收端接收功率 $P_r$，代入接收信号强度公式，得到路径损耗 $P_L=20+6-8+0+65=83$，根据路径损耗与有效传输距离的关系式：$P_L=46+25 \lg d$，得到有效传输距离 $d=10^{1.48}$。有效传输距离为 30 m。

- 5 GHz 射频信号下，AP 射频发射功率为 23 dBm（200 mW）时，将发射端输出功率 $P_t$，障碍物衰减 $L_s$，发射天线增益为 $G_t$，接收天线增益 $G_r$，以及接收端接收的功率 $P_r$，代入接收信号强度公式，得到路径损耗 $P_L=23+6-8+0+65=86$，根据路径损耗与传输距离的关系式：$P_L=53+30 \lg d$，得到有效传输距离 $d=10^{1.1}$。有效传输距离为 13 m。

例 2：要求计算室外覆盖场景下，2.4 GHz 和 5 GHz 射频信号有效传输距离。已知边缘场强信号要求为 −65 dBm（0.000 001 mW 左右），障碍物衰减为 0 dB，假设接收终端为手机（通常天线增益为 0）。

① 计算 2.4 GHz 射频信号下，AP 射频发射功率为 27 dBm（500 mW），2.4G 天线增益为 10 dBi 时的有效传输距离。

② 计算 5 GHz 射频信号下，AP 射频发射功率为 27 dBm（500 mW），5G 天线增益为 10 dBi 时的有效传输距离。

分析：首先将发送端输出功率 $P_t$，障碍物衰减 $L_s$，发射天线增益为 $G_t$，接收天线增益 $G_r$，以及接收端接收的功率 $P_r$，代入公式：$P_L=P_t+G_t-L_s+G_r-P_r$，得到路径损耗值。然后利用室外覆盖场景下的路径损耗与有效传输距离关系函数，计算有效传输距离。下面计算室外覆盖场景下 2.4G 模式和 5G 模式下，AP 的有效传输距离。

- 2.4 GHz 射频信号下，AP 发射功率为 27 dBm（500 mW）时，将发射端输出功率 $P_t$，障碍物衰减 $L_s$，发射天线增益为 $G_t$，接收天线增益 $G_r$，以及接收端接收的功率 $P_r$，代入接收信号强度公式，得到路径损耗值：$P_L=27+10-0+0+65=102$，根据路径损耗与有效传输距离的关系式：$P_L=42.6+26 \lg d+20 \lg f$，$26\lg d=102-42.6-67.6$，即 $\lg d=-8.2/26$，有效传输距离 $d=10^{-0.33}$。有效传输距离为 0.47 km。

- 5 GHz 射频信号下，AP 射频发射功率为 27 dBm（500 mW）时，将发射端输出功率 $P_t$，障碍物衰减 $L_s$，发射天线增益为 $G_t$，接收天线增益 $G_r$，以及接收端接收的功率 $P_r$，代入接收信号强度公式，得到路径损耗值：$P_L=P_t+G_t-L_s+G_r-P_r$，得到路径损耗 $P_L=27+10-0+0+65=102$，再根据路径损耗与传输距离的关系：$P_L=42.6+26 \lg d+20 \lg f$，将路径损耗值，

5G 频率 5 800 MHz 代入公式，得到 26 lg $d$=102−42.6−75.3，即 lg $d$=−15.9/26，得到有效传输距离 $d$=$10^{-0.61}$。有效传输距离为 0.24 km。

通过以上计算，这里给出一般 AP 有效传输距离经验值。

① 室内覆盖环境下，2.4 G 频率下，AP 的发射功率为 100 mW（20 dBm），AP 有效传输距离为 30 m；5G 频率下，AP 的发射功率为 200 mW（23 dBm），AP 有效传输距离为 13 m。

② 室外覆盖环境下，AP 的发射功率为 500 mW（27 dBm），2.4G 频率下，AP 有效传输距离可达 470 m 左右；5G 频率下，AP 有效传输距离为 240 m 左右。

### 9.3.6 无线网络覆盖规划

WLAN 网络覆盖规划包括：确定覆盖区域，对覆盖区域进行分类；根据不同覆盖区域类型确定 AP 发射功率和天线增益；确定用户对不同覆盖区域的接收信号的强度要求；计算 AP 有效传输距离等过程。WLAN 网络覆盖规划一般采用 WLAN 网络规划软件进行。

1. 确定覆盖区域，对覆盖区域进行分类

对覆盖区域需要进行另种方式的分类确认：一种分类是确定室内覆盖区域或室外覆盖区域，以便合理进行 AP 选型，选择合适的发射功率和天线增益，选择合适的有效距离计算公式计算 AP 有效传输距离；另一种分类是确定覆盖区域的重要程度，分为重要覆盖区域、普通覆盖区域和简单覆盖区域，不同区域接收信号强度要求不同。

2. 确定 AP 发射功率和天线增益

根据覆盖区域是室内覆盖区域或室外覆盖区域，合理进行 AP 选型，一般情况下，室内 AP 的发射功率小于或等于 100 mw 或 20 dBm，天线增益小于 10 dBm；室外 AP 的发射功率小于等于 500 mw 或 27 dBm，天线增益可以大于或等于 10 dBm。

3. 确定用户对不同区域的接收信号的强度要求

根据覆盖区域的重要程度，分为重要覆盖区域、普通覆盖区域和简单覆盖区域。重要覆盖区域一般要求接收信号强度大于等于 −60 dBm，普通覆盖区域一般要求接收信号强度大于等于 −65 dBm，简单覆盖区域一般要求接收信号强度大于等于 −70 dBm。

4. 计算 AP 有效传输距离

根据覆盖区域是室内覆盖区域或室外覆盖区域，以及工作频段是 2.4G 频段还和 5G 频段，选择路径损耗与有效传输距离关系表达式，计算不同覆盖区域的有效传输距离。

## 9.4 WLAN 网络容量规划

WLAN 网络容量规划是根据无线终端的终端数目、带宽要求、并发率，以及单 AP 性能等数据来规划部署 WLAN 网络所需的 AP 数量，并进行 AP 选型，确保无线网络性能可以满足所有终端的上网业务需求。

### 9.4.1 容量规划参数

① 终端数目。终端数目是 WLAN 网络计划容纳的终端总数。需要用户根据其 WLAN 网络建设目标和需求调查获取准确的终端数目。一般在需求分析阶段获取。

② 单终端带宽。单终端带宽是计算 AP 数据的重要参数。不同类型的终端，使用不

扫一扫

WLAN网络容量规划

同网络业务的终端,对带宽的要求不一样。如观看高清视频的终端,其带宽要求会大于仅浏览网页的终端。因此需要根据终端的业务和类型,合理规划出足够使用的带宽,以免出现带宽不够用或者浪费的情况。具体业务应用的速率采用经验数据,见表 9-6。具体业务应用速率经验数据表可以作为容量规划是单终端带宽要求的参考数据。

表 9-6 业务应用速率要求表

| 业务类型 | 一般 | 极好 |
| --- | --- | --- |
| Web 应用 | 1.2 Mbit/s | 2.5 Mbit/s |
| 高清视频 (720 P) | 6.4 Mbit/s | 8 Mbit/s |
| 高清视频 (1 080 P) | 12 Mbit/s | 16 Mbit/s |
| 文件下载上传 | 4 Mbit/s | 8 Mbit/s |
| 桌面共享 | 1.2 Mbit/s | 2.5 Mbit/s |
| 及时通信 | 0.128 Mbit/s | 0.256 Mbit/s |
| 网络游戏 | 1 Mbit/s | 2 Mbit/s |

③ 并发率。并发率是指同一时间内使用网络的终端占总终端数目的比例。通常和终端数目一起计算出同一时间使用网络的平均终端数。并发率与无线覆盖场景有关,一般情况下,可以考虑并发率在 20% ~ 35% 之间。

④ 单 AP 性能。单 AP 性能可以用接入带宽并发终端数来衡量。接入带宽并发终端数即在不同接入带宽要求下并发用终端数量,是 AP 数据规划的重要依据。不同款型的 AP 速率不同,推荐的典型接入带宽并发接入终端数不一样。一般情况下,Wi-Fi 5 和 Wi-Fi 6 的接入带宽并发终端数采用经验数据,见表 9-7 和表 9-8。Wi-Fi 5 和 Wi-Fi 6 的接入带宽并发数经验数据表可以作为计算 AP 数量的参考数据。

表 9-7 Wi-Fi 5 AP 性能参考数据表

| Wi-Fi 5 AP 在不同带宽下的最大并发终端数 | | | | |
| --- | --- | --- | --- | --- |
| 序号 | 用户接入带宽 / (Mbit/s) | 单频最大并发终端数 | 双频最大并发终端数 | 三频最大并发终端数 |
| 1 | 1 | 30 | 55 | 85 |
| 2 | 2 | 22 | 40 | 62 |
| 3 | 4 | 12 | 22 | 34 |
| 4 | 6 | 11 | 20 | 31 |
| 5 | 8 | 10 | 18 | 28 |
| 6 | 16 | 5 | 9 | 14 |

表 9-8 Wi-Fi 6 性能参考数据表

| Wi-Fi 6 AP 在不同带宽下的最大并发终端数 | | | | |
| --- | --- | --- | --- | --- |
| 序号 | 用户接入带宽 / (Mbit/s) | 单频最大并发终端数 | 双频最大并发终端数 | 三频最大并发终端数 |
| 1 | 2 | 42 | 72 | 114 |
| 2 | 4 | 24 | 41 | 65 |

续表

| Wi-Fi 6 AP 在不同带宽下的最大并发终端数 | | | | |
|---|---|---|---|---|
| 序号 | 用户接入带宽/（Mbit/s） | 单频最大并发终端数 | 双频最大并发终端数 | 三频最大并发终端数 |
| 3 | 6 | 18 | 29 | 47 |
| 4 | 8 | 15 | 24 | 39 |
| 5 | 16 | 9 | 14 | 23 |

**注意：**

由于 WLAN 采用 CSMA/CA 机制，如果接入用户过多，那么同一时刻发生冲突的概率明显增大，必定会延长每个用户等待的时间，从而使系统带宽闲置。WLAN 网络规划时，一般每个 AP 的并发终端数在 20～30 台左右比较合适，如果采用 Wi-Fi 6 的 AP，每个 AP 并发接入终端数可以适当增加。

### 9.4.2 AP 选型

WLAN 网络容量规划的关键是确定 AP 数量，而确定 AP 的数量与单 AP 性能相关。不同 AP 的性能不同，需要的 AP 数量就不相同。因此在进行网络容量规划时，还需要根据不同 AP 的性能进行 AP 设备选型。

WLAN 遵循 802.11 协议标准，从最开始的 802.11a/b/g，经历 802.11n（Wi-Fi 4）、802.11ac（Wi-Fi 5），发展到最新的 802.11ax（Wi-Fi 6），每一次的演进都带来了数据传输速率上的飞跃。

当前进行 WLAN 网络建设可以选择 Wi-Fi 5 的 AP 设备或最新 Wi-Fi 6 的 AP 设备。如果考虑部署更强性能的无线网络，可以选用支持 Wi-Fi 6 协议的 AP。Wi-Fi 6 对比之前的 Wi-Fi 5，在以下几个方面性能有显著提升。

- 大带宽。Wi-Fi 6 采用 8×8 MIMO 空间流、更多数量的子载波、1024-QAM 编码方式等技术提升带宽，速率最高可达 9.6 Gbit/s。
- 高并发。增加空间流，采用 OFDMA 技术提升频谱利用率，实现并发容量的增加。
- 低时延。提升频谱利用率，采用 BSS Color 降低空口干扰率，实现时延的降低。
- 低耗电。采用 TWT（Target Wakeup Time）技术，按需唤醒终端 Wi-Fi，减少耗电。

Wi-Fi 6 的大带宽、高并发、低时延可以增强多用户高密并发、VR/AR/4K 等大带宽低时延场景的用户体验。另外不同于 Wi-Fi 5 仅支持下行 MU-MIMO，Wi-Fi 6 能支持上行和下行 OFDMA 传输和上行、下行 MU-MIMO 传输，使得上行的数据传输速率也得到了提升。

为方便用户快速了解不同场景下的单终端带宽需求、并发率以及单 AP 性能，合理地进行 AP 选型和数量规划。华为技术有限公司总结常见 WLAN 网络场景下的经验数据，提供了包括教育、办公、商场、医疗、酒店、展会、机场、仓库等场景的无线网络规划资料。网址如下：

https://support.huawei.com/enterprise/zh/wlan/ac6000-pid-250526784?category=engineering-planning-design&subcategory=planning-and-design-guide。

教育环境中主要包括教室、会议室、报告厅、图书馆、实验室、食堂、操场等场景，分为室内覆盖环境和室外覆盖环境，室内覆盖环境如教室场景，室外覆盖环境如操场。下面提供教室场景和操场场景相关容量计算经验参数，以供 AP 选型和数量规划参考。

- 教室场景中，一般要求 95% 的区域带宽达到 8 Mbit/s，接收信号强度指示 RSSI 大于等于 −65

dBm，用户并发率为 35%。建议 100 m² 及以下房间，总人数 80 以下，部署 1 台 AP。可以采用华为 Wi-Fi 5 AP 和 Wi-Fi 6 室内 AP。Wi-Fi 5 室内 AP 可以采用 AP7050DE、AP6050DN 或 AP4051TN。Wi-Fi 6 室内 AP 可以采用 AirEngine8760-X1-PRO、AirEngine6760-51、AirEngine 6760-51E 等型号。

- 操场场景中，一般要求 95% 的区域带宽达到 4 Mbit/s，接收信号强度指示 RSSI 大于或等于 −70dBm，用户并发率为 20%。建议每 15/20 m 左右安装一台 AP，直线型部署。可以采用华为 Wi-Fi 5AP 和 Wi-Fi 6 室外 AP。Wi-Fi 5 室外 AP 可以采用 AP8050DN。Wi-Fi 6 室外 AP 可以采用 AirEngine8760R-X1、AirEngine8760R-X1E、AirEngine6760R-51、AirEngine6760R-51E 等型号。

### 9.4.3 无线网络容量规划

WLAN 网络容量规划，主要目的是根据用户随网络覆盖区域的信号强度要求，确定各网络覆盖区域所需 AP 数量。

#### 1. 网络覆盖范围内信号强度

在室内场景下，网络覆盖信号强度为大于等于 −65 dBm；在室外场景下，所有区域网络覆盖信号强度为大于或等于 −70 dBm。重点区域信号强度要求可以为大于或等于 −60 dBm。

注意：AP 网络覆盖信号强度可以使用华为的无线信号检测软件"Wi-Fi 阿拉丁"或"CloudCampus APP"进行检测。

#### 2. 网络覆盖范围所需 AP 数量

WLAN 网络覆盖范围内所需 AP 数量与覆盖区域的终端数量、终端并发数、单终端带宽需求，以及单 AP 性能有关。

所需 AP 数量计算公式为：

所需 AP 数 =（终端数目 × 并发率 × 单终端带宽）/ 单 AP 性能

或：

所需 AP 数 =（终端数目 × 并发率）/ 单 AP 终端并发数

## 9.5 WLAN 网络信道规划

通过网络覆盖有效传输距离的计算，可以分别计算出单个 AP 的 2.4G 和 5G 频段的射频覆盖范围，单个 AP 的覆盖范围是有限的。对于企业网络的无线覆盖，通常需要部署多个 AP 才能完成完整的网络覆盖。多个 AP 的组网中，相邻 AP 间通常会存在同频干扰问题，需要通过规划无线信号工作的频段和信道来减少同频干扰问题。另外通过信道捆绑可以提高无线终端的网络速率。2.4G 和 5G 频段各有不同的工作信道。

扫一扫

WLAN网络信道规划

### 9.5.1 WLAN 网络 2.4G 频段

如图 9-5 所示，WLAN 网络的 2.4G 频段被分为 14 个交叠的、错列的 20 MHz 信道，它们的中心频率间隔分别是 5 MHz，信道编码从 1 到 14，邻近的信道之间存在一定的重叠范围。根据工业与信息化部有关无线信道的相关规定，我国可用 2.4G 频段信道为 1、2、3、4、5、6、7、8、9、10、11、12、13，共计 13 个信号。

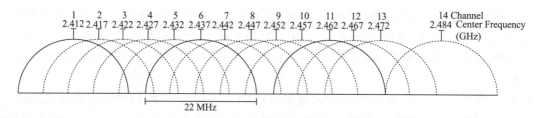

图9-5　2.4G频段信道分布

从图9-6中可知，信道之间没有重叠区域至少要间隔5个信道。一般场景通常推荐采用1、6、11这种至少分别间隔4个信道的信道组合方式来部署蜂窝式的无线网络覆盖，也可以选用2、7、12或3、8、13的组合方式。

在高密场景下，通常推荐使用1、5、9、13四个信道组合方式，如图9-7所示。

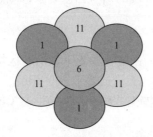

图9-6　2.4G蜂窝式网络覆盖

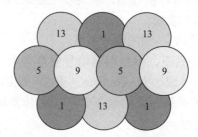

图9-7　2.4G高密网络覆盖

## 9.5.2　WLAN网络5G频段

如图9-8所示，WLAN网络5G频段的信道资源更丰富，比2.4G频段拥有更多的20 MHz信道，且相邻信道之间是不重叠的。

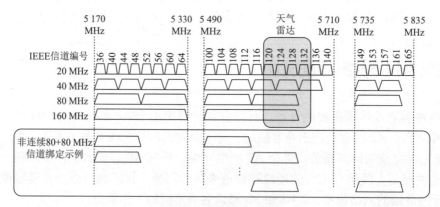

图9-8　5G频段信道分布

某些地区的雷达系统工作在5G频段，与工作在5G频段的AP射频信号会存在干扰。雷达信号可能会对52、56、60、64、100、104、108、112、116、120、124、128、132、136、140、144信道产生干扰（我国的雷达信道为52、56、60、64信道）。如果射频工作的信道是手动指定的，在规划信道时注意避开雷达信道，如果射频工作的信道是系统动态调整的，系统检测到工作的信道有干扰时，会自动切换工作信道。

不同国家对 5G 频段的使用规定不完全相同，根据工业与信息化部有关无线信道相关规定，我国可用的 WLAN 网络 5G 频段包括 5.2G 频段（5 150～5 350 MHz）和 5.8G 频段（5 725～5 850 MHz）。可以使用的信道包括 5.2G 频段的 36、40、44、48、52、56、60、64 信道，以及 5.8G 频段的 149、153、157、161、165 信道，共计 13 信道。

### 9.5.3 信道捆绑

为了提高无线终端无线网络速率，可以增加射频的信道工作带宽，提高无处理承载带宽。从 IEEE 802.11n 开始支持信道捆绑，如果把两个 20 MHz 信道捆绑在一起成为 40 MHz 信道，同时向一个无线终端发送数据，理论上数据的通道加宽了一倍，速率也会增加一倍。如果捆绑两个 40 MHz 信道，速率会再次加倍，以此类推。按照信道不同的捆绑方法，可以采取的捆绑方式又分为 40 MHz+、40 MHz-、80 MHz、80+80 MHz 和 160 MHz 几种类型的信道工作带宽，能成对捆绑的信道是固定的。

40 MHz+ 和 40 MHz-：两个相邻的互不干扰的信道捆绑成一个 40 MHz 的信道，其中一个是主信道，一个是辅信道。如果主信道的中心频率高于辅信道的中心频率，则为 40 MHz-，主信道的中心频率低于辅信道的中心频率则为 40 MHz+。例如，36 和 40 信道捆绑成 40 MHz，如果主信道是 40 信道，则为 40 MHz-；如果主信道为 36，则为 40 MHz+。

80 MHz：两个连续的 40 MHz 信道捆绑在一起成为 80 MHz，80 MHz 内的四个 20 MHz 可以选择任一个作为主信道。例如，36、40、44、48 捆绑成 80 MHz。

80+80 MHz：两个不连续的 80 MHz 捆绑在一起成为 80+80 MHz。例如，36、40、44、48、100、104、108、112 捆绑成 80+80 MHz。

160 MHz：两个连续的 80 MHz 捆绑在一起成为 160 MHz。160 MHz 内的八个 20 MHz 可以选择任一个作为主信道。例如，36、40、44、48、52、56、60、64 捆绑成 160 MHz。

### 9.5.4 国家码

WLAN 网络中 AP 的无线信号的发射功率影响网络覆盖范围，工作信道的不合理设置会带来同频干扰，所以 WLAN 网络规划时，需要规划合适的工作信道和发射功率。但是由于各个国家或地区遵循的法律法规存在差别，能够使用的信道和射频最大发射功率也不同，因此在 WLAN 网络规划时一定要考虑国家码。不同的国家码对应不同的信道和最大发射功率。规划时不能超出国家码支持的范围，以免造成网规方案无法应用于实际。

### 9.5.5 信道规划

对于大型的 WLAN 网络，由于需要使用多个 AP 组成完整的网络覆盖，为避免无线网络覆盖区域出现覆盖盲区，保证无线网络的漫游体验，相邻 AP 间网络不可避免地会出现重叠覆盖区，一般需保留 10%～15% 的重叠缓冲区域。为减少重叠区域内的同频干扰，需要规划相邻 AP 使用互不干扰的射频频段。水平方向上信道，建议采用如图 9-9 所示的蜂窝覆盖部署方式。

如果在多层楼层中部署无线网络，垂直方向上也要规划互不干扰的信道。垂直方向上信道规划建议如图 9-10 所示。

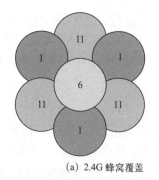
(a) 2.4G 蜂窝覆盖

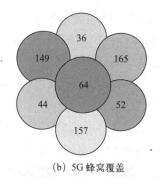
(b) 5G 蜂窝覆盖

图 9-9 水平方向信道规划

| 楼层 | 规划信道 | | |
|---|---|---|---|
| 五楼 | 1 | 6 | 11 |
| 四楼 | 11 | 1 | 6 |
| 三楼 | 6 | 11 | 1 |
| 二楼 | 1 | 6 | 11 |
| 一楼 | 11 | 1 | 6 |

2.4G 垂直方向

| 楼层 | 规划信道 | | |
|---|---|---|---|
| 五楼 | 149 | 157 | 165 |
| 四楼 | 165 | 149 | 157 |
| 三楼 | 157 | 165 | 149 |
| 二楼 | 149 | 157 | 165 |
| 一楼 | 165 | 149 | 157 |

5G 垂直方向

图 9-10 垂直方向信道规划

### 9.5.6 信道和功率自动调整

信道和功率规划完成后，需要将其应用在实际的 AP 射频上。如果依靠人工手动配置每个射频的信道和功率会费时费力，并且网络随时可能存在变化，固定的信道和功率不能一直满足网络的实际覆盖需求。因此迫切地需要一种能够根据网络实时变化而能自动调整信道和功率的功能。

新的接入点 AP 会自动检测射频可用的信道，选择干扰最少的信道。通过信道调整，可以保证每个 AP 能够分配到最优的信道，尽可能地减少和避免相邻或相同信道的干扰，保证网络的可靠传输。

传统的射频功率控制方法只是静态地将发射功率设置为最大值，单纯地追求信号覆盖范围，但是功率过大可能对其他无线设备造成不必要的干扰。因此，需要选择一个能平衡覆盖范围和信号质量的最佳功率。功率调整就是在整个无线网络的运行过程中，根据实时的无线环境情况动态地分配合理的功率。

网络覆盖规划和信道规划解决了为什么要做网络规划中提出的信号强度弱和同频干扰严重问题，剩下的终端上网速度慢和覆盖区域体验问题通过网络容量设计来解决。

## 9.6 WLAN 网络 AP 布放设计

通过 WLAN 网络覆盖规划和网络容量规划，已初步确定 AP 的数目和布放位置，但是还要根据实地勘测数据和物理环境等实际情况对 AP 的布放位置、布放方式和供电走线进行修正确认。

## 9.6.1 AP布放原则

WLAN网络常用的覆盖场景很多，包括教育、办公、商场、医疗、酒店、展会、机场、无线超市等场景。各场景下AP布放原则基本一致，需考虑以下几点：

- 减少无线信号穿越的障碍物数目，如果不能避免穿越，则尽量垂直穿越墙壁、天花板等障碍物。尤其避免金属障碍物遮挡。
- AP的正面正对网络覆盖区域。
- AP远离干扰源。
- 安装美观。尤其对美观性要求较高的区域，可以增加美化罩或者安装在非金属天花板内部。

## 9.6.2 供电和走线原则

接入点AP有两种供电方式：一种是PoE供电，另一种是DC电源适配器供电。大部分AP支持两种供电方式。只有少数类型AP只支持其中一种类型的供电方式。

### 1. PoE网线供电

在室内场景中，多数情况下AP都可以使用PoE供电，使用PoE供电的优势如下：

- 复用数据传输的网线就可以供电，无须另外布线，减少施工成本。
- 无须另外购买电源适配器，节省经济投入。
- 采用电源适配器供电会要求AP附近有供电电源，PoE供电无此要求，通常只需要一个PoE接入交换机为AP提供PoE输入。

部署PoE供电时需要注意，网线越长，供电越弱，通常推荐网线长度不超过80m。具体实际的网线最大长度取决于网线类型、AP类型。网线布线涉及穿墙、布管、布线，这些安装施工耗时较长，所以如果网络未来有升级需求，建议选用较高规格的网线。

在室外场景或少数无法使用PoE网线供电的室内场景，通常采用PoE电源适配器供电，PoE电源适配器如图9-11所示。

### 2. DC电源适配器供电

在无法使用PoE供电的场景中，只能通过DC电源适配器直接给AP供电，如图9-12所示。

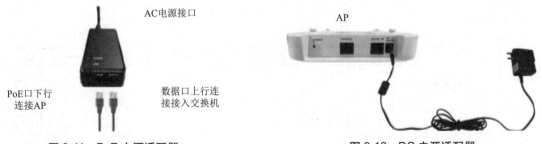

图9-11　PoE电源适配器　　　　　　　图9-12　DC电源适配器

### 3. 走线原则

为AP布放连接网线时，网线布置走线需要注意：网线长度预留5 m，以便对微调AP位置来减轻干扰或优化信号覆盖；网线要远离强电强磁位置部署。

通过WLAN网络覆盖规划、信道规划、WLAN网络容量规划，以及AP布放设计。WLAN网络规划方案也就设计出来了。

## 9.7 WLAN 网络的规划示例

### 9.7.1 无线网络规划过程

WLAN 网络规划通常的做法是：针对 WLAN 网络建设项目，首先进行需求调查和现场勘测，做好规划前期准备，然后进行网络覆盖、容量、信道等的规划和设备选型，再进行 AP 布放设计和配电走线设计，最后在无线信号检测的基础上，结合现场勘测优化调整 AP 数量和布放位置，形成 WLAN 网络规划设计方案。

扫一扫

WLAN网络的规划示例

这里给出 WLAN 网络规划设计的过程：
① 需求分析，是规划的前期准备工作，包括需求收集和现场勘测。
② 覆盖规划，利用网络规划软件确认覆盖区。
③ 容量规划，根据带宽要求、接入终端数和并发数计算 AP 数量。
④ 信道规划，结合覆盖区域和 AP 数量，对各 AP 进行信道规划。
⑤ AP 布放设计，先进行 AP 设备选型，在 AP 选型基础上利用软件模拟 AP 布放。
⑥ 优化调整，在信号检测基础上，结合现场勘测对 WLAN 规划进行优化调整。

可以使用的 WLAN 网络规划软件有多种，比较常用的有 WLAN Planner 和 TP-LINK 无线规划工具软件。WLAN Planner 软件为华为技术有限公司的 WLAN 网络规划工具，包括 AP 自动布放、信号仿真、AP 计算器、导出报告等功能，WLAN Planner 软件需要使用华为 Uniportal 账号，在 ServiceTurbo Cloud 平台登录页面申请授权才能使用。TP-LINK 无线规划工具是普联技术有限公司 WLAN 网络规划工具，包括手工布放 AP、信号仿真、导出报告等功能。TP-LINK 无线规划工具软件可以在互联网下载免费使用。

利用 TP-LINK 无线规划工具软件进行 WLAN 网络规划操作流程：新建或打开工程→导入图纸并设置环境→设置比例尺→绘制障碍物→布放 AP→设置覆盖区域→设置最低忽略场强→网络仿真→导出规划报告→保存项目。具体操作流程如图 9-13 所示。

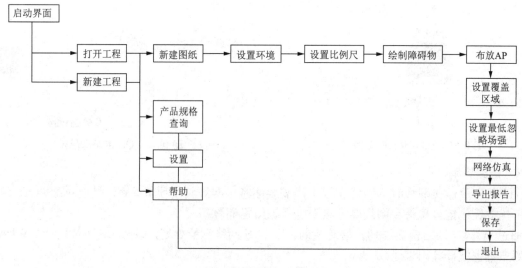

图 9-13 TP-LINK 无线规划工具软件操作流程

## 9.7.2 无线网络规划示例

下面结合实际项目，利用 TP-LINK 无线规划工具软件进行 WLAN 网络规划示例。假定无线覆盖区域为教学楼 2 楼 8 间教室（每间 150 m²）。

### 1. 需求分析

进行 WLAN 网络建设规划设计，必须首先了解 WLAN 网络建设的需求信息，因此需要首先进行需求信息收集和现场勘测，通过需求收集和现场勘测，获取建设 WLAN 的基本信息，这个过程也可以称为需求分析。为了便于需求信息收集，一般采用表格形式，主要通过用户访谈和现场勘测获取方式获取这些信息。

以教育场景为例，要求对无线覆盖区域进行无线网络覆盖，下面提供无线覆盖区域的需求信息表，以供 WLAN 网络建设需求分析参考，见表 9-9。

表 9-9 无线覆盖区域需求信息收集表

| 需 求 | 结 果 确 认 | 获 取 方 式 |
| --- | --- | --- |
| 覆盖区域 | 室内覆盖<br>（例：教学楼 2 楼 8 间教室，每间 150 m²） | 用户访谈 |
| 覆盖区域图纸 | 调查获取图纸或绘制平面图（附图纸） | 用户访谈 |
| 覆盖区域场强要求 | 信号强度大于等于 −65 dBm | 用户访谈 |
| 建筑物用材及损耗 | 建筑物墙壁厚度，楼层高度等 | 现场勘测 |
| 信号干扰源 | 确定干扰源位置，干扰信号强度 | 现场勘测 |
| 接入终端数 | （例：每间教室 100 终端，并发率 35%） | 用户访问 |
| 带宽要求 | 每用户接入带宽至少 4 MB 以上 | 用户访谈 |
| AP 安装位置及方式 | 采用 W 型方式部署，吸顶安装 | 现场勘测 |
| 配置及走线方式 | POE 供电，确认走线路径 | 现场勘测 |
| 交换机位置 | 交换机放置在弱电间 | 现场勘测 |

### 2. 覆盖规划

WLAN 网络覆盖规划包括确定覆盖区域及类型，覆盖区域大小，计算覆盖区域 AP 信号有线传输距离等内容。可以首先根据现场勘测和需求收集到的相关信息，计算室内覆盖环境下一定发射功率下的有效传输距离，并根据需求收集信息，合理选择 AP 设备型号。在此基础上利用 WLAN 规划软件进行覆盖区域规划。这里利用普联技术有限公司 WLAN 网络规划工具 TP-LINK 无线规划工具进行规划设计说明。

① 启动"TP-LINK 无线规划工具"，建立 WLAN 网络项目，导入教学楼 2 层覆盖区域楼层图纸，图纸格式可以是 jpg、png、pdf 等格式。

② 设置图纸准确比例尺寸。

③ 绘制覆盖区域墙体、门、窗户等障碍物。一般障碍物用不同颜色区分，不同障碍物信号损耗不同。"TP-LINK 无线规划工具"软件显示的覆盖区域如图 9-14 所示。

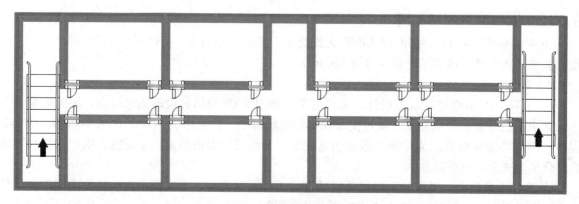

图 9-14　无线覆盖区域绘制

3．容量规划

WLAN 网络容量规划本质上就是确定覆盖区域的 AP 数量。可以根据覆盖区域接入点数量、并发率或者并发数，用户带宽要求，以及单 AP 性能参考数据表等信息，计算覆盖区域所需 AP 数量。

根据需求收集信息，覆盖区域最大终端数为 8×100=800 个。覆盖区域并发率为 35%。用户带宽要求为 4 Mbit/s。当前一般采用 Wi-Fi 6 AP，根据 Wi-Fi 6 的 AP 性能参考表，Wi-Fi 6 AP 的 4 Mbit/s 接入带宽并发送数为 24 个。覆盖区域 AP 数量根据以下公式进行计算：

$$所需 AP 数 =（终端数目 \times 并发率 \times 单终端带宽）/ 单 AP 性能$$

通过公式计算，所需 AP 数 =800×35%×4/(4×24) ≈ 12 个，考虑到每间教室通过墙体分割，总共 8 间教室，因此所需 AP 数取 16 个，每间教室 2 个 Wi-Fi 6 AP。

4．信道规划

多个 AP 的组网中，相邻 AP 间通常会存在同频干扰问题，需要通过规划无线信号工作的频段和信道来减少同频干扰问题。

根据覆盖区域特点和 AP 数量，计划采用 W 型进行 AP 布放，2.4G 模式采用 1、6、11 信道交替，5G 模式采用 149、157、165 信道交替部署。TP-LINK 无线规划工具软件支持信道规划。

5．AP 布放设计

通过覆盖规划和容量规划，确定教学楼 2 楼有 8 间教室，每间教室 2 台 AP。利用 TP-LINK 无线规划工具软件进行 AP 布放设计，计划采用 W 型方式布放。

> **注意：**
>
> 在布放 AP 前，应首先根据覆盖规划和容量规划时，针对 AP 参数如 AP 发送功率、AP 性能等参数的要求，对 AP 进行选型。这里利用 TP-LINK 无线规划工具软件进行布放设计，因此选择 TP-LINK 公司 AP 产品进行布放设计。

选择室内吸顶 AP 进行布放，利用规划软件模拟布放，布放结果如图 9-15 所示。

# 第 9 章 无线网络规划

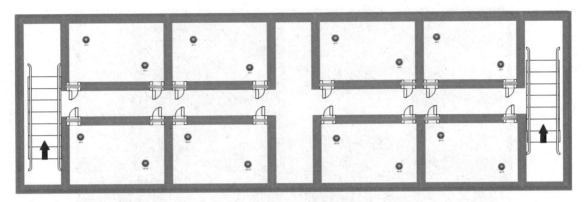

图 9-15 AP 模拟布放

6. 规划方案优化调整

AP 布放后，WLAN 网络规划初步方案已经形成。初步方案是否合理，还需要对覆盖区域的信号进行检测，以及现场勘测，在此基础上对初步方案进行优化调整。

TP-LINK 无线规划工具软件中，可以通过"绘制覆盖区域"和"信号仿真"来计算并显示无线信号的强度数据信息和覆盖图示信息。TP-LINK 无线规划工具软件操作界面和信号检测操作指示如图 9-16 所示。

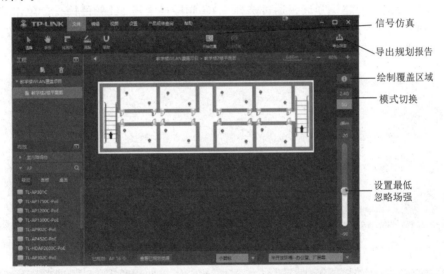

图 9-16 "TP-LINK 无线规划工具"软件操作界面

（1）绘制覆盖区域

布放 AP 后，可以通过绘制覆盖区域，确认覆盖区域信号覆盖信息强度信息。"TP-LINK 无线规划工具"通过绘制覆盖区域计算的信号覆盖情况如图 9-17 所示。

根据绘制覆盖区域可以得到信号覆盖区域信号强度统计信息，如果无线信号覆盖达不到信号强度要求，可以手动调制 AP 设备布放位置，或者添加 AP 设备，并进行重新统计，直到无线信号覆盖达到信号强度要求。

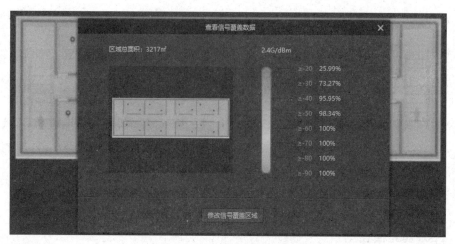

图 9-17　无线信号覆盖情况

（2）设置最低忽略场强

AP 布放后，为便于查看无线信号仿真在不同忽略场强下的显示效果，可以设置覆盖区域的最低忽略场强，覆盖区域最低忽略场强根据用户对覆盖区域场强要求进行设定。

（3）信号仿真

AP 布放并设置最低忽略场强后，通过选择 2.4G 频段模式或 5G 频段模式，单击"开始仿真"按钮，可以分别显示 2.4G 信号仿真效果和 5G 信号仿真效果。Wi-Fi 2.4G 信号仿真效果如图 9-18 所示，Wi-Fi 5G 信号仿真效果如图 9-19 所示。

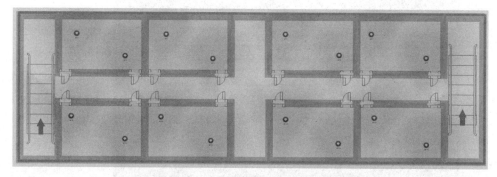

图 9-18　Wi-Fi 2.4G 信号仿真效果图

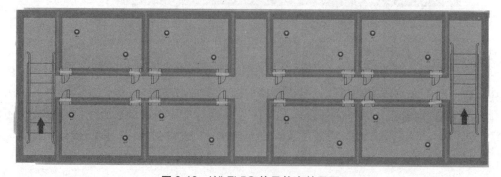

图 9-19　Wi-Fi 5G 信号仿真效果图

通过信号仿真，如果无线信号覆盖达不到信号强度要求，可以手动调制 AP 设备布放位置，或者添加 AP 设备，并重新进行信号仿真，直到无线信号覆盖达到信号强度要求。

（4）方案优化调整

为保证规划方案的合理性，还需要在初步规划方案的基础上，通过现场勘测，确定障碍物材料和测定障碍物信号损耗。确定 AP 安装的位置、高度和方式，AP 供电走线方式。标记弱电间位置和交换机安装位置等。根据现场勘测结果，对初步规划方案进行优化调整，形成最终的 WLAN 网络规划方案。

## 小结

本章首先介绍了大型 WLAN 网络的建设过程，包括需求分析、规划设计、安装部署、测试验收等。然后重点介绍了无线网络的规划，主要内容包括无线网络的覆盖规划、容量规划、信道规划，以及 AP 布放规划。最后利用"TP-LINK 无线规划工具"软件，结合实际项目进行了一个无线网络规划示例。

# 第 10 章

# 集中式 WLAN 及实践

集中式 WLAN 主要用于企业网络无线覆盖，在 AP 数量众多的时候，通过接入控制器 AC 来管理配置，可以简化工作量。因此 AC+FIT-AP 架构在企业无线网络建设中得到广泛应用。

## 10.1 集中式 WLAN 概述

集中式 WLAN 架构(Centralized-Architecture)，又称为接入控制器＋瘦 AP(AC+FIT-AP)架构。在该架构下，通过 AC 集中管理和控制多个 AP，所有无线接入功能由 AP 和 AC 共同完成。AC 集中处理所有的安全、控制和管理功能，例如，移动管理、身份验证、VLAN 划分、射频资源管理和数据包转发等。FIT-AP 完成无线射频接入功能，例如，无线信号发射与探测响应、数据加密解密、数据传输确认等。AP 和 AC 之间采用 CAPWAP 协议进行通信，AP 与 AC 间可以跨越二层网络或三层网络。

集中式 WLAN 主要采用两种设备：一种是接入控制器 AC，一种是瘦 AP。可以将瘦 AP 理解为 AC 控制器的远程 RF 接口，AC+FIT-AP 通过 IP 网络组成一个分布式的胖 AP。AC 实现大部分 CAPWAP 功能，瘦 AP 实现物理层功能，而 MAC 功能的实现由 AC 和瘦 AP 配合实现。

为简化网络管理，集中式 WLAN 中，只需要对接入控制器 AC 进行配置，并利用 AC 对瘦 AP 进行配置、管理、控制，瘦 AP 本身不需要做配置。

学习集中式 WLAN 局域网，关键是掌握集中式 WLAN 的基本原理和 CAPWAP 协议实现机制，掌握如何配置集中式 WLAN，特别是 AC 的配置方式。

扫一扫

集中式 WLAN 基础知识

## 10.2 AC 的部署方案、接入方式和组网方式

集中式 WLAN 架构中根据网络规模可以选择单个或多个 AC，可以集中式部署和分布式部署；根据 AC 接入网络的方式，以及采用直接接入方式和旁挂接入方式。

1. AC 部署方案

对于企业网络实现无线覆盖，当采用集中式 WLAN 架构师，AC 部署可以采用两种 AC 部署方案：集中式 AC 方案和分布式 AC 方案。

(1) 集中式 AC 方案

集中式 AC 方案，是指整个网络中集中部署 AC 设备来控制和管理整网的 AP 设备。集中式 AC 方案一般采用独立的 AC 设备来实现对交换机下挂的所有 AP 进行管理。大中型园区网的集中式 AC 组网方案如图 10-1 所示。

(2) 分布式 AC 方案

分布式 AC 方案，是指网络中分区域采用多个 AC 设备，分别对本区域的 AP 设备进行管理。分布式 AC 方案一般不采用独立的 AC 设备，而采用在汇聚设备上集成 AC 功能，来实现对本交换机下挂的 AP 进行管理。大中型园区网的分布式 AC 组网方案如图 10-2 所示。

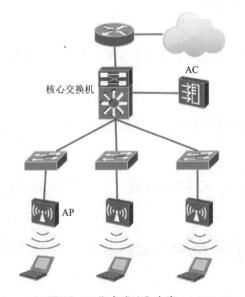

图 10-1　集中式 AC 方案

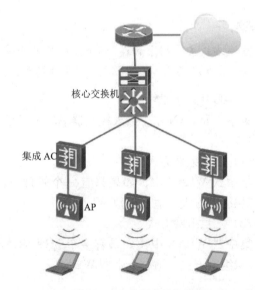

图 10-2　分布式 AC 方案

2. AC 接入方式

集中式 WLAN 中，接入控制器 AC 可以采用两种方式接入网络：一种是直连方式；另一种是旁挂方式。

(1) AC 直连方式

AC 直连方式下，AC 直接部署在 AP 和汇聚/核心交换机之间，如图 10-3 所示。当汇聚设备集成 AC 功能时，一般采用直连方式接入。

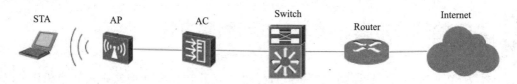

图 10-3　AC 直连方式

（2）AC 旁挂方式

AC 旁挂方式下，AC 一般部署在汇聚 / 核心交换机旁侧，如图 10-4 所示。当采用独立 AC 时，可以采用旁挂方式部署。

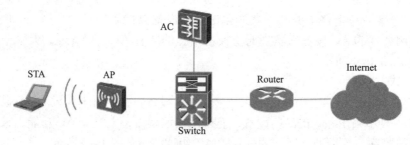

图 10-4　AC 旁挂方式

**注意：**

直连方式主要用于新建 WLAN 网络的场景。旁挂方式主要用于在不改变现有网络拓扑基础上增加 AC 设备以满足 WLAN 网络部署的场景。

3．AC 组网方式

集中式 WLAN 中，接入控制器 AC 可以采用两种组网方式，一种是二层组网方式，一种是三层组网方式。

（1）二层组网方式

集中式 WLAN 中，如果只有一个管理 VLAN，且 AC 和 AP 在同一个管理 VLAN 内，则为 AC 二层组网方式，适合小型 WLAN。

（2）三层组网方式

集中式 WLAN 中，如果有多个管理 VLAN，且 AC 和 AP 不在同一个管理 VLAN 内，则为 AC 三层组网方式，适合大中型 WLAN。

## 10.3　集中式 WLAN 应用场景

集中式 WLAN 可以应用于多种场景，典型的应用如小型园区 WLAN 和大中型园区 WLAN。另外，还有酒店房间、校园宿舍、医院病房等多房间场景 WLAN。

1．小型园区 WLAN

小型园区网定位为中小型企业，包括独立的小型园区网，也包括只在分支机构部署 WLAN 的场景。小型园区 WLAN 部署规模小于大型园区网络规模但高于 SOHO（居家办公）网络规模。相对于大型 WLAN 而言，小型园区网 WLAN 可能较少考虑网络可靠性，也不需要专门的网管设备以及认证服务器等。

小型园区网由于规模较小，一般采用集中式 AC 方案。可采用独立 AC 设备或者集成 AC 设备的部署方式，如图 10-5 所示（以独立 AC 设备为例）。

2. 大中型园区 WLAN

大中型园区网定位为大中型企业总部、高校、机场等场所。大中型园区 WLAN 部署的 AP 数量较多。从网络运维以及安全考虑，大中型园区网主要采用集中式（AC+FIT AP）架构来部署 WLAN。AC 的部署可以采用集中式方案和分布式方案，如图 10-6 所示。

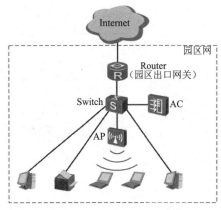

图 10-5　小型园区 WLAN 方案

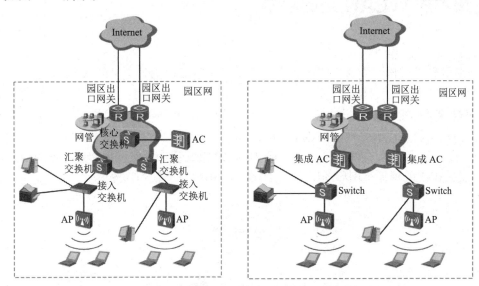

图 10-6　大中型园区 WLAN 集中式 AC 方案和分布式方案

3. 多房间场景 WLAN

在酒店房间、校园宿舍、医院病房等多房间的场景中，由于墙体等室内建筑物的阻隔，无线信号的衰减现象较为严重，普通的室内放装型 AP 和室内分布式 AP 无法完全满足低成本、高性能的无线覆盖需求。在这类场景下，可以采用接入控制 AC+中心 AP+接收单元 RU 的组网方式，RU（Receive Unit，接入单元）收发无线报文，中心 AP 通过网线连接 RU，相比于普通 AP 通过馈线连接天线，网线能够提供更长的部署距离，方便在离中心 AP 更远的位置部署 RU。

这种方式是对集中式 WLAN 的扩展，华为称为敏捷分布式 WLAN。如图 10-7 所示，中心 AP 连接 RU 并为 RU 提供 PoE 供电。还可在中心 AP 下连接 PoE 交换机，PoE 交换机再连接 RU，扩展中心 AP 下管理的 RU 数目。RU 和其接入的中心 AP 之间是二层可达的组网并且必须是树型组网。

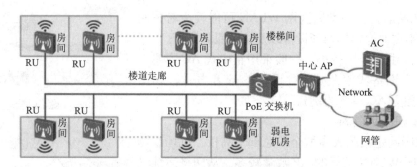

图 10-7　华为敏捷分布式 WLAN 组网图

## 10.4　集中式 WLAN 终端漫游

1. 漫游和智能漫游

一个 AP 的覆盖范围终究是有限的，在某些场景下就需要部署大量的 AP，但是移动设备跨度过大，会造成业务的中断。例如，当你在一个酒店的大厅办理服务时连接了无线网络，当你进入房间后，可能就会需要重新进行认证再连接网络，但是本质上这两个网络是同属于一个网络的，那么无线漫游技术就可以很好地解决这个问题。

WLAN 漫游是指 STA 在同属于一个 ESS 内的 AP 之间移动且保持用户业务不中断。如图 10-8 所示，STA 从 AP-1 的覆盖范围移动到 AP-2 的覆盖范围的行为就叫作漫游。

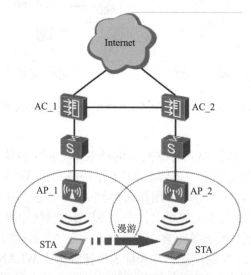

图 10-8　WLAN 漫游示意图

现代网络中，有一类终端漫游的主动性较差，主要表现为始终坚持关联其最初关联的 AP 上，即使随着终端的移动，与关联的 AP 很远，信号很弱，这类终端依然不能漫游到其他信号更好的 AP。这类终端被称为黏性终端。为了解决这一问题，智能漫游功能被提出，当用户配置了智能漫游后，系统主动促使终端及时漫游到信号更好的邻居 AP 中。

2. 漫游分类

（1）根据站点是否在同一 AC 管理范围分类

根据站点是否在同一 AC 管理范围漫游，可以分为 AC 内漫游和 AC 间漫游，在同一个 AC 管理的 AP 内进行切换属于 AC 内漫游，在不同 AC 管理的 AP 内进行切换属于 AC 间漫游，但是不是在所有的 AC 间都是可以漫游，在 AC 间漫游必须将这两个 AC 加入同一个漫游组内，如图 10-9 所示。

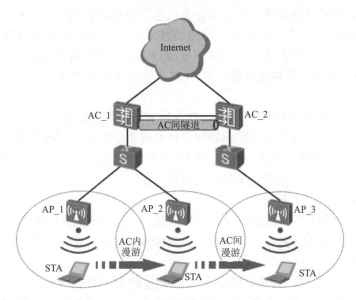

图 10-9　AC 内漫游和 AC 间漫游

需要注意的是，对于敏捷分布式 WLAN，还存在一种漫游，就是统一中心 AP 内不同 RU 之间的漫游。这里称为 AP 内漫游（华为称为敏捷分布式 SFN 漫游），如图 10-10 所示。

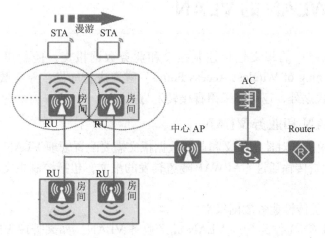

图 10-10　AP 内漫游

（2）根据站定是否在同一子网内漫游分类

根据站点是否在同一业务 VLAN ID 内漫游，可以将漫游分为同一业务 VLAN ID 内的 AP 间漫游和不同业务 VLAN ID 间的 AP 间漫游，也称为二层漫游和三层漫游。

① 二层漫游：STA 漫游前后的 AP 对应同一个业务 VLAN ID。

② 三层漫游：用户漫游前后的 AP 对应的业务 VLAN ID 不同。为了保证漫游过程中用户业务不中断，必须保持用户的业务 VLAN 不变，即数据报文的 VLAN 仍然为切换前 VLAN，而不是切换后 AP 对应的 VLAN。

（3）根据用户采用不同安全策略分类

根据用户采用的不同安全策略，又可以分为快速漫游和非快速漫游两种方式，注意，只有当安全策略为 WPA2–802.1X，且 STA 支持快速漫游技术时，可以实现快速漫游；除 WPA2–802.1X 以外的其他安全策略，无论 STA 是否支持快速漫游技术，都为非快速漫游；同时，如果安全策略为 WPA2–802.1X，但 STA 不支持快速漫游技术，仍然不能实现快速漫游，其漫游方式为非快速漫游。

3. 漫游目的

WLAN 网络的最大优势就是 STA 不受物理介质所处位置的影响，可以在 WLAN 覆盖范围内四处移动，这样就需要 STA 在移动过程中能够保持业务不中断，WLAN 漫游技术因此而产生。同一个 ESS 内包含多个 AP 设备，当 STA 从一个 AP 覆盖区域移动到另外一个 AP 覆盖区域时，利用 WLAN 漫游技术可以实现 STA 用户业务的平滑过渡。

WLAN 漫游可以解决以下问题：

① 避免漫游过程中用户的认证时间过长而导致数据丢包甚至业务中断。如果 STA 接入 Internet 需要用户接入认证，认证过程（例如 802.1X 认证）时间较长。快速漫游避免 STA 重新认证的过程，保证了用户业务不中断。

② 保证用户 IP 地址不变。应用层协议是以 IP 地址和 TCP/UDP 协议承载用户业务，漫游后的用户必须能够保持原 IP 地址不变，对应的 TCP/UDP 连接才能不中断，应用层数据才能保持正常转发。

## 10.5 集中式 WLAN 的 VLAN

集中式 WLAN 网络中的报文包括控制报文和业务数据报文。控制报文必须采用 CAPWAP（Control And Provisioning of Wireless Access Points）隧道进行转发；业务数据报文除了可以采用 CAPWAP 隧道转发方式之外，还可以采用直接转发方式。

### 10.5.1 管理 VLAN 和业务 VLAN

在实际配置过程中，针对控制报文和业务数据报文需要配置管理 VLAN 和业务 VLAN。

① 管理 VLAN 负责传输通过 CAPWAP 隧道转发的报文，包括控制报文和通过 CAPWAP 隧道转发的业务数据报文。

② 业务 VLAN 负责传输业务数据报文。

建议不要使用 VLAN 1 作为管理 VLAN 或者业务 VLAN。如果管理 VLAN 和业务 VLAN 都配置为 VLAN 1，报文从 AP 上行口以 untag 方式发送出去，此时，需要在连接 AP 的交换机的端口上配置 PVID，使用 AP 和用户的地址池对应的 VLANIF 作为该 PVID。

## 10.5.2 集中式 WLAN 配置注意事项

业务数据采用隧道转发方式时,管理 VLAN 和业务 VLAN 不能配置为同一 VLAN,否则会导致 MAC 漂移,报文转发出错。并且采用隧道转发方式时,AP 和 AC 间只能放通管理 VLAN,不能放通业务 VLAN。

业务数据采用直接转发方式时,建议管理 VLAN 和业务 VLAN 分别使用不同的 VLAN,否则可能导致业务不通。例如,业务 VLAN 如果和管理 VLAN 相同,且交换机连接 AP 的端口配置了 PVID 为管理 VLAN,则下行到用户的报文出连接 AP 的交换机时业务 VLAN 会被终结,从而导致业务不通。

建议与 AP 直连的设备接口上配置端口隔离,如果不配置端口隔离,尤其是业务数据转发方式采用直接转发时,可能会在 VLAN 内形成大量不必要的广播报文,导致网络阻塞,影响用户体验。需要注意的是,配置端口隔离后,无线接入设备之间无法进行二层通信,因此,如果需要无线接入设备之间进行二层通信,则不能配置端口隔离。

> **说明:**
> 端口隔离,是网络设备提供的一种端口互相隔离的功能,包括二层隔离三层互通模式,也可以二层三层都隔离,默认情况下是二层隔离三层互通。需要在接口模式下使用 :port-isolate 命令进行配置。

建议在业务数据转发方式采用直接转发时,在直连 AP 的交换机接口上配置组播报文抑制;在业务数据转发方式采用隧道转发时,在 AC 的流量模板下配置组播报文抑制。

> **说明:**
> 对于纯组播报文,由于协议要求在无线空口没有 ACK 机制保障,且无线空口链路不稳定,为了纯组播报文能够稳定发送,通常会以低速报文形式发送。如果网络侧有大量异常组播流量涌入,则会造成无线空口拥堵。为了减小大量低速组播报文对无线网络造成的冲击,建议配置组播报文抑制功能。配置前请确认是否有组播业务,如果有组播业务,需要谨慎配置限速值。

## 10.5.3 VLAN 中报文的转发流程

为说明 VLAN 中报文的转发流程,这里用 VLAN m、VLAN m' 表示管理 VLAN,用 VLAN s、VLAN s' 表示业务 VLAN。当 AP 与 AC 间为二层组网时,VLAN m 与 VLAN m' 相同,VLAN s 与 VLAN s' 相同;当 AP 与 AC 间为三层组网时,VLAN m 与 VLAN m' 不相同,VLAN s 与 VLAN s' 不相同。

1. 控制报文在 CAPWAP 隧道中的转发处理流程

如图 10-11 所示,控制报文经过 CAPWAP 封装。

当控制报文从 AP 上传 AC 时(AP → AC),控制报文由 AP 封装在 CAPWAP 报文中;由连接 AP 的 Switch 标记管理 VLAN m;AC 将 CAPWAP 报文解封装并终结管理 VLAN m'。

当控制报文从 AC 下发 AP 时(AC → AP),控制报文由 AC 封装在 CAPWAP 报文并标记管理 VLAN m';由连接 AP 的 Switch 终结 VLAN m;AP 接收 CAPWAP 报文后解封装。

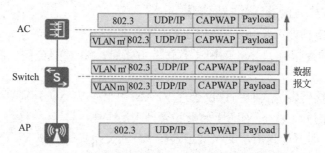

图 10-11　控制报文的转发处理流程

2. 直接转发模式下业务数据报文的转发处理流程

如图 10-12 所示，直接转发模式下业务数据报文不经过 CAPWAP 封装。

当业务数据从 STA 上传访问互联网时（STA → Internet），AP 收到 STA 的 802.11 格式的上行业务数据，由 AP 直接转换为 802.3 报文并标记业务 VLAN s 后向目的地发送。

当业务数据从互联网下发到 STA 时（Internet → STA），下行业务数据以 802.3 报文到达 AP（由上层网络设备标记业务 VLAN s'），由 AP 转换为 802.11 格式发送给 STA。

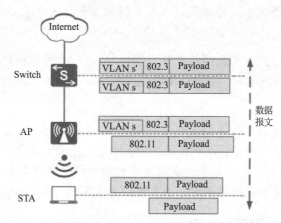

图 10-12　直接转发模式下数据报文的转发处理流程

3. 隧道转发模式下业务数据报文的转发处理流程

如图 10-13 所示，业务报文经过 CAPWAP 封装，在 CAPWAP 数据隧道中传输。

当业务数据从 STA 上传访问互联网时（STA → Internet），AP 收到 STA 的 802.11 格式的上行业务数据，由 AP 直接转换为 802.3 报文并标记业务 VLAN s，然后 AP 封装上行业务数据到 CAPWAP 报文中；由连接 AP 的交换机标记管理 VLAN m；AC 接收后解 CAPWAP 封装并终结 VLAN m'。

当业务数据从互联网下发到 STA 时（Internet → STA），下行业务数据由 AC 封装到 CAPWAP 报文中，AC 允许携带 VLAN s 的报文通过并对该报文标记 VLAN m'，由 AC 标记业务 VLAN s 和管理 VLAN m'；由连接 AP 的交换机终结 VLAN m；由 AP 接收后解 CAPWAP 封装并终结 VLAN s，并将 802.3 报文转换为 802.11 报文发送给 STA。

封装后的报文在 CAPWAP 报文外层使用管理 VLAN m，AP 与 AC 之间的网络设备只能透传管理 VLAN m，而对封装在 CAPWAP 报文内的业务 VLAN s 不能放通。

# 第 10 章　集中式 WLAN 及实践

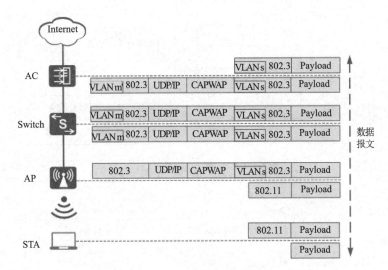

图 10-13　隧道转发模式下数据报文的转发处理流程

> **注意：**
>
> 根据 VLAN 中控制报文和业务报文转发流程，可以看出，在集中式 WLAN 的配置中，接入控制器 AC 与交换机 LSW、交换机 LSW 与接入点 AP 互联的接口一般采用 Trunk 模式，不同的是根据业务数据报文的转发方式不同，它们之间的互联接口允许通过的 VLAN 编号有所不同，在后面的配置过程中要注意这一点。

## 10.6　集中式 WLAN 配置流程

集中式 WLAN 无线终端的接入实现，主要使用无线接入设备，包括接入控制器 AC、无线接入点 AP 和接入单元 RU，无线接入功能的配置只需要对 AC 进行配置即可。组成集中式 WLAN 网络，还需要有交换机、路由器等设备，配置内容包括有线网络互通配置、DHCP 配置、AP 上线配置，以及 AC 为 FIT-AP 下发 WLAN 业务等。

### 10.6.1　配置流程

在配置 WLAN 基本业务过程中，用户可参照图 10-14 所示的配置流程进行配置。WLAN 基本业务配置流程包括四个步骤。

（1）有线网络互通配置

有线网络互通配置包括配置交换配置和路由配置等，用于实现有线网络的互联互通。

（2）DHCP 配置

DHCP 配置实现动态主机 IP 地址自动分配，用于为无线工作站 STA 动态分配 IP 地址。

（3）AP 上线配置

AP 上线配置包括创建 AP 组，配置国家码、AC 源接口以及 AP 认证模式等系统参数，使 AP 与 AC 进行连接上线。

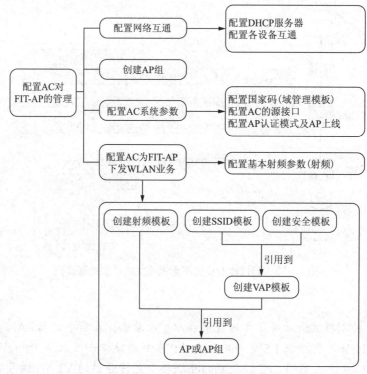

图 10-14 WLAN 基本业务配置流程图

（4）AC 为 FIT-AP 下发 WLAN 业务配置

AC 为 FIT-AP 下发 WLAN 业务配置用于接入控制下 AC 为 AP 下发无线业务参数，包括 SSID、安全参数、射频参数等，使无线终端 STA 能够接入无线网络。

### 10.6.2 WLAN 模板

为了方便用户配置和维护 WLAN 的各个功能，针对 WLAN 的不同功能和特性设计了各种类型的模板，这些模板统称为 WLAN 模板。如域管理模板、VAP 模板、SSID 模板、安全模板、空口扫描模板、2G 射频模板、5G 射频模板、AP 系统模板、AP 有线口模板、WIDS 无线入侵检测模板、WDS 无线分布式系统模板、Mesh 模板等。

当用户在配置 WLAN 业务功能时，需要在对应功能的 WLAN 模板中进行参数配置，配置完成后，需要将此模板引用到 AP 组和 AP 中，配置下发到 AP，进而使配置的功能在 AP 上生效。

由于模板之间是存在相互引用关系，因此在用户配置过程中，需要提前了解各个模板之间存在的逻辑关系，模板之间的逻辑关系如图 10-15 所示。如果一个 WLAN 模板引用到了上一层模板中，则还需要配置上一层模板并引用到 AP 组或 AP 中。图中标有 * 的模板表示该模板存在默认的模板。

一般情况下，配置 WLAN 网络，需要建立 AP 组，而 AP 组需要引用域管理模板和 VAP 模式，而 VAP 模板需要引用 SSID 模板和安全模板等模板。

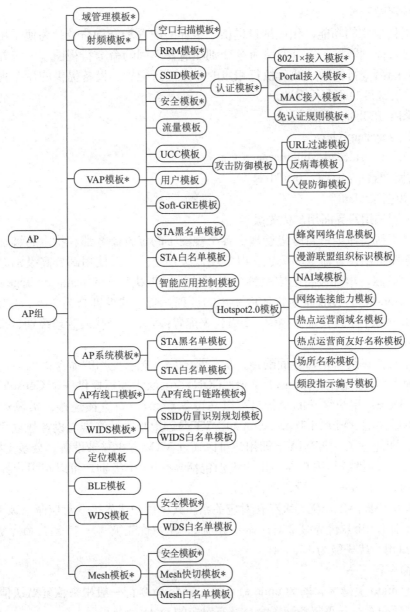

图 10-15　模板引用关系图

## 10.7　AC 常用基本配置命令

接入控制器 AC 配置涉及基础配置、AC 管理配置、AP 管理配置、射频资源管理配置，以及 AC 业务功能配置等。

1. 基础配置

基础配置包括 AC 的命令行视图设置、命令级别设置、undo 命令的使用等。

(1) 命令行视图配置

华为设备提供丰富的功能，相应地也提供了多样的配置和查询命令。为便于用户使用这些命令，华为无线接入控制器按功能分类将命令分别注册在不同的命令行视图下。配置某一功能时，需首先进入对应的命令行视图，然后执行相应的命令进行配置。设备提供的命令视图有很多，下面提到的视图是最常用的命令行视图。

- 用户视图：开机进入用户视图。
- 系统视图：system-view。
- 接口视图：interface gigabitethernet x/y/z。
- 路由器协议视图：isis 1、ospf 1 等。
- WLAN 视图：wlan。

(2) 命令级别和用户界面用户优先级

命令级别，系统将命令进行分级管理，各个视图下的每条命令都有指定的级别。设备管理员可以根据用户需要重新设置命令的级别，以实现低级别用户可以使用部分高级别命令的需求，或者将命令的级别提高，增加设备的安全性。在系统视图下执行 command-privilege level level view view-name command-key，设置指定视图内命令的级别。命令的级别分为 4 级，分别为 0、1、2、3 级，0 级代表参观级，1 级代表监控级，2 级代表配置级别，3 级代表管理级别。每一种级别向下支持其他级别配置命令。

用户界面用户优先级，用户界面的用户优先级不同，能够使用的命令级别不同，目前支持的用户界面有两种。一种控制口（Console Port，CON），一块主控板提供一个 Console 口，接口类型为 EIA/TIA-232 DCE。用户终端的串行口可以与设备 Console 口直接连接，实现对设备的本地访问。一种虚拟类型终端（Virtual Type Terminal，VTY）。用户通过终端与设备建立 Telnet 或安全外壳 SSH 连接后，即建立了一条 VTY，即用户可以通过 VTY 方式登录设备。最多支持 15 个用户同时通过 VTY 方式访问设备。用户界面用户级别包括 0～15 个级别。可以在用户界面视图下，使用命令 user privilege level level，设置用户优先级。

命令级别与用户界面用户优先级存在对应关系。其中用户优先级 0 对应命令级别 0，用户优先级 1 对应命令级别 1，用户优先级 2 对应命令级别 2，用户优先级 3～15 对应命令级别 3。缺省情况下，Console 口用户优先级为 15。

(3) undo 命令行

在命令前加 undo 关键字，即为 undo 命令行。undo 命令行一般用来恢复默认情况、禁用某个功能或者删除某项配置。几乎每条配置命令都有对应的 undo 命令行。

2. AC 管理配置

AC 设备管理配置包括查看设备状态、硬件管理、节能管理、故障管理、设备信息中心管理、网络时间协议 NTP 配置管理、POE 管理等的配置。有些 AC 设备管理配置没有实际操作意义，不用配置。这里简要介绍设备状态查看命令和设置信息中心管理配置。

(1) 查看设备状态

可以使用 display 命令查看 AC 设备状态，包括查看设备信息、查看序列号、查看版本信息、查看接口信息等。

- 查看设备信息：display device。
- 查看设备序列号：display sn。

- 查看版本信息：display version。
- 查看接口信息：display interface。

(2) 设备信息中心管理

当设备出现异常或故障时，用户需要及时准确地收集设备运行过程中发生的情况。

AC 设备信息中心记录了设备运行过程中各个模块产生的信息，包括三类信息：Log 信息、Trap 信息和 Debug 信息。

通过配置信息中心，可以对设备产生的信息按照信息类型、严重级别等进行分类或筛选。根据信息的严重等级或紧急程度，信息分为 8 个等级，信息越严重，其严重等级阈值越小。8 个等级分别为 0～7。

设备产生的信息可以向远程终端、控制台、Log 缓冲区、日志文件、SNMP 代理等方向输出信息。为了便于各个方向信息的输出控制，信息中心定义了 10 条信息通道，通道之间独立输出，互不影响。用户可以根据自己的需要配置信息的输出规则，控制不同类别、不同等级的信息从不同的信息通道输出到不同的输出方向，如图 10-16 所示。这样，用户或网络管理员可以从不同的方向收集设备产生的信息，方便监控设备运行状态和定位故障。

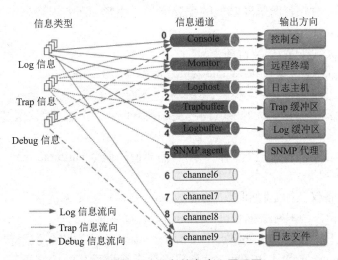

图 10-16 AC 设备信息中心原理图

设备信息中心配置包括使能和去使能信息中心、监控信息中心、清除统计信息等。

- 使能信息中心：info-center enable。
- 去使能信息中心：undo info-center enable。
- 查看信息中心的配置信息：display info-center。
- 查看信息中心的统计信息：display info-center statistics。
- 清除统计信息：reset info-center statistics。

另外，故障管理（Fault Management，FM）用于对设备产生的告警或事件进行集中管理和有效上报。网络时间协议 NTP 用于解决网络内设备系统时钟的同步问题，通过配置 NTP 以便网络中所有设备时钟保持一致。PoE 管理配置用于实现通过以太网网络供电。这里不做具体配置介绍。

3. AP 管理配置

对 AP 设备的管理配置主要包括设置 AP 名称、AP 加入的 AP 组、复位 AP、删除 AP 等。配置在 WLAN 视图下进行。
- 修改 AP 名称：ap-rename ap-name name new-name ap-new-name。
- 创建 AP 组：ap-group name group-name。
- 修改 AP 加入 AP 组：ap-regroup ap-name ap-name new-group new-group-name。
- 复位 AP：ap-reset all。
- 恢复 AP 出厂设置：ap manufacturer-config。
- 删除 AP：undo ap ap-name ap-name。

4. 射频资源管理配置

通过射频资源管理，可以动态调整 AP 的射频资源，以便适应无线信号环境的变化，提高用户上网的服务质量。射频资源管理能够自动检查周边无线环境、动态调整信道和发射功率等射频资源、智能均衡用户接入，从而调整无线信号覆盖范围，降低射频信号干扰，使无线网络能够快速适应无线环境变化。

默认情况，AP 采用默认的射频资源配置。默认配置中，使能信道自动选择功能，发送功率自动选择功能，射频调优功能和频谱导航功能；未使用干扰检测功能，智能漫游功能动态 EDCA（增强分布式信道接入）参数调制和 AP 的逐包功率调整功能。

这里简要介绍部分射频资源管理功能的配置方法。注意：所有射频资源管理配置都在 WLAN 视图下进行。

（1）配置射频调优（在 WLAN 视图下）
- 配置射频调优模式：Calibrate enable {auto | manual |schedule time}

射频调优功能有三种模式：自动模式、手动模式和定时模式。
- 自动模式：设备会根据调优间隔（间隔由参数 interval 指定，默认值是 1 440 分钟）周期地进行调优。
- 手动模式：设备不会主动进行调优，用户需要使用命令 calibrate manual startup 来手动触发调优功能。
- 定时模式：设备仅在指定时间点（由参数 time 指定）触发调优。

三种工作模式互斥，用户可根据自己的实际情况选择一种。

用户在任意模式下，均可通过命令 calibrate manual startup 立即触发调优功能。对于 manual 模式，如果不执行 calibrate manual startup，设备将不会进行调优。默认情况下，射频调优的模式为 auto 模式，调优的时间间隔为 1 440 分钟，起始时间为 03:00:00。手动调优需要触发。
- 去使能射频调优功能：undo calibrate enable
- 立即触发调优功能：calibrate manual startup

（2）使能信道自动选择功能（在 AP 组或 AP 的射频视图下执行）

```
radio radio-id                                              ## 进入射频视图
undo calibrate auto-channel-select disable                  ## 使能信道自动选择功能
```

（3）使能发送功率自动选择功能（在 AP 组或 AP 的射频视图下执行）

```
radio radio-id                                              ## 进入射频视图
undo calibrate auto-txpower-select disable                  ## 使能发送功率自动选择功能
```

（4）使能频谱导航功能（在 VAP 模板视图下执行）

```
vap-profile name profile-name                    ## 进入 VAP 模板视图
undo band-steer disable                          ## 使能频谱导航功能
```

（5）使能干扰检测

WLAN 网络的无线信道经常会受到周围环境影响而导致服务质量变差。通过配置干扰检测，监测 AP 可以实时了解周围无线信号环境，并及时向 AC 上报告警。干扰检测可以检测的干扰类型包括：AP 同频干扰、AP 邻频干扰和 STA 干扰。通过配置干扰检测，设备如果检测到同频、邻频或 STA 干扰达到指定值，则向 AC 发送告警消息。

```
radio-2g-profile name profile-name               ## 或者进入 2G 射频模板视图
radio-5g-profile name profile-name               ## 或者进入 5G 射频模板视图
interference detect-enable                       ## 使能干扰检测
```

（6）使能动态 EDCA 参数调整

```
rrm-profile name profile-name                    ## 创建 RRM 模板并进入模板视图
dynamic-edca enable                              ## 使能动态 EDCA 参数调整
```

（7）使能置智能漫游

```
rrm-profile name profile-name                    ## 创建 RRM 模板并进入模板视图
undo smart-roam disable                          ## 使能置智能漫游
```

（8）使能逐包功率调整

```
radio-2g-profile name profile-name               ## 或者进入 2G 射频模板视图
radio-5g-profile name profile-name               ## 或者进入 5G 射频模板视图
power auto-adjust enable                         ## 使能逐包功率调整
```

5. AC 业务功能配置

AC 具体业务功能配置包括基本业务配置、漫游配置、安全配置等。将在后续章节中通过具体示例进行说明。

## 10.8 小型 WLAN 基本业务配置示例

小型企业的 WLAN 的 AC 部署方案一般采用集中式 AC 方案，AC 接入方式可以采用直连方式或旁挂方式。AC 组网方式一般采用二层组网方式。

小型企业组建企业 WLAN 网络，用于企业用户通过 WLAN 接入网络，以满足移动办公的最基本需求。且在覆盖区域内移动发生漫游时，不影响用户的业务使用。中小型 WLAN 具有以下特点，一般只有一个 AP 管理 VLAN，一个或多个无线业务 VLAN。注意：业务 VLAN 和管理 VLAN 不能配置为同一 VLAN。

1. 网络拓扑图及组网配置要求

示例采用集中式 AC 方案，AC 二层组网直连方式。管理和业务数据都采用隧道转发方式。AC 既作为接入控制器，又作为三层交换机，同时 AC 作为 DHCP 服务器为 AP 和

小型WLAN基本业务配置示例

STA 分配 IP 地址。示例采用华为 eNSP 网络虚拟仿真软件进行演示。

如图 10-17 所示，拓扑图中 AC1 采用 AC6605，AP1 采用 AP4050，AR1 采用 AR2200，AR1 作为网络出口路由器。要求通过配置，网络内路由器 AR1、PC1 与 STA 都可以互通，同时支持 AP1 和 AP2 内的二层漫游。

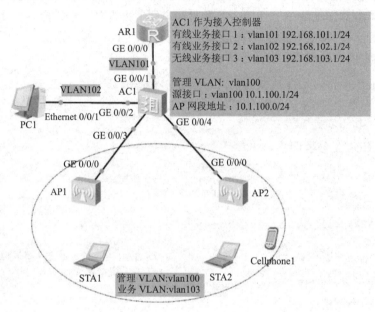

图 10-17  中小网络 WLAN 拓扑图

无线业务数据 VLAN 为 VLAN103，有线业务数据 VLAN 为 VLAN101、VLAN102。无线 AC1 作为三层交换机，有线连接路由器 AR1 采用 VLAN101 接口，IP 地址为 192.168.101.1/24；有线连接 PC1 采用 VLAN102 接口，VLAN102 接口 IP 地址 192.168.102.1/24，无线连接 STA1 和 STA2 采用 VLAN103 接口，VLAN103 接口 IP 地址 192.168.103.1/24。

AP 管理 VLAN 为 100，AC1 对 AP 的管理采用 VLAN100，VLAN100 接口地址为 10.1.100.1/24。AP 获得的 IP 地址为 10.1.100.0/24 范围。

2. AC 数据规划

集中式 WLAN 的主要配置集中在 AC 中，为保障 AC 配置的正确性，首先对 AC 需要配置的数据进行规划。AC 数据规划见表 10-1。

表 10-1  AC 数据规划表

| 配 置 项 | 数 据 |
| --- | --- |
| AP 管理 VLAN | VLAN100 |
| STA 业务 VLAN | VLAN103（无线业务 VLAN 可以多个，本例只采用一个） |
| DHCP 服务器 | AC 作为 DHCP 服务器为 STA 和 AP 分配 IP 地址 |
| AP 的 IP 地址池 | 10.1.100.2 ～ 10.1.100.254/24 |
| STA 的 IP 地址池 | 192.168.103.2 ～ 192.168.100.254/24 |
| PC1 的 IP 地址 | 192.168.102.2 ～ 192.168.100.254/24 |
| 与 AR1 连接接口 IP | VLANIF101:192.168.101.2/24 |

## 第 10 章  集中式 WLAN 及实践

续表

| 配 置 项 | 数 据 |
|---|---|
| AC 源接口 IP 地址 | VLANIF100：10.1.100.1/24 （管理 AP 的接口） |
| AP 组 | 名称：ap-guestgroup1<br>引用模板：VAP 模板 wlan-vap1、域管理模板 wlan-domain1 |
| 域管理模板 | 名称：wlan-domain1<br>国家码：CN |
| SSID 模板 | 名称：wlan-ssid1<br>SSID 名称：wlan-guest |
| 安全模板 | 名称：wlan-security1<br>安全策略：WPA2+PSK+AES<br>密码：ab12345678 |
| VAP 模板 | 名称：wlan-vap1<br>转发模式：隧道转发<br>业务 VLAN 及 IP 地址：VLAN103：192.168.103.0/24<br>引用模板：SSID 模板 wlan-ssid1、安全模板 wlan-security1 |

说明：

WLAN 中配置 AC，主要包括配置 AC 系统参数和无线业务参数。AC 系统参数和无线业务参数主要是通过模板进行配置，模板配置后被引用到 AP 组中并下发到 AP 中，从而发生作用。

- AC 系统参数包括国家码、AC 源接口以及 AP 认证模式等，其中国家码的设置采用域管理模板。AC 源接口以及 AP 认证模式单独配置。
- AC 无线业务参数包括 SSID 名称、安全策略、射频参数等。使用 SSID 模板、安全模板和 VAP 模板等。其中 VAP 模板需要引用 SSID 模板、安全模板。
- 建立 AP 组并引用 VAP 模板和域管理模板。

3. WLAN 配置思路

根据 AC 数据配置规划，可以采用如下步骤配置小型网络的 WLAN 基本业务。

① 配置 AP、AC 和网络设备之间实现三层网络互通。这里 AC 既作为无线集中控制器，也作为三层交换机。

② 配置 AC 作为 DHCP 服务器为 STA 和 AP 分配 IP 地址。

③ 配置 AP 上线。

- 创建 AP 组，用于将需要进行相同配置的 AP 都加入 AP 组，实现统一配置。
- 配置 AC 的系统参数，包括国家码、AC 与 AP 之间通信的源接口。
- 配置 AP 上线的认证方式并离线导入 AP，然后启动 AP，实现 AP 正常上线。

④ 配置 WLAN 业务参数，包括安全模板、SSID 模板以及 VAP 模板等参数。

⑤ 配置 AP 组应用 VAP 模板，使 WLAN 业务生效。

4. WLAN 具体配置

(1) 配置网络互通

在 AC 中配置 VLAN 100、VLAN101、VLAN102、VLAN103。VLAN100 作为 AP 管理 VLAN。

VLAN101、VLAN102、VLAN103 为业务 VLAN。其中 VLAN103 作为无线终端 STA 使用的无线业务 VLAN。VLAN 100 采用 10.1.100.0/24 网段，VLAN101 采用 192.168.101.0/24 网段，VLAN102 采用 192.168.102.0/24 网段，VLAN103 采用 192.168.103.0/24 网段。有线网络配置部分略。下面给出与 WLAN 相关的配置。

```
# 配置AC管理VLAN，使AP与AC之间能够传输CAPWAP报文
<AC6605> system-view
[AC6605] sysname AC
[AC] vlan batch 100 101 102 103
[AC] interface Gigabitethernet 0/0/3
[AC-GigabitEthernet0/0/3] port link-type trunk
                          ##设置端口trunk模式
[AC-GigabitEthernet0/0/3] port trunk pvid vlan 100
                          ##修改trunk模式端口默认VLAN
[AC-GigabitEthernet0/0/3] port trunk allow-pass vlan 100
                          ##只开通管理VLAN，不放通业务VLAN
[AC-GigabitEthernet0/0/3] port-isolate enable group 1   ##隔离组号1
                          ##配置端口隔离，可选配置，组号范围1-64
[AC-GigabitEthernet0/0/3] quit
[AC] interface Gigabitethernet 0/0/4
[AC-GigabitEthernet0/0/4] port link-type trunk
[AC-GigabitEthernet0/0/3] port trunk pvid vlan 100
[AC-GigabitEthernet0/0/4] port trunk allow-pass vlan 100
[AC-GigabitEthernet0/0/3] port-isolate enable
                          ##配置端口隔离，默认隔离组号为1
[AC-GigabitEthernet0/0/4] quit
```

💡 **注意**：

交换机接口有三种工作模式，包括 access 模式、hybird 模式和 trunk 模式。access 模式一般用于连接计算机设备；hybird 模式既可以用于连接计算机设备也可用于交换机与交换机互联；trunk 模式一般用于交换机与交换机互联。当交换机端口采用 trunk 模式，且用于连接计算机设备或交换设备与交换设备互联时，需要修改交换机接口 trunk 模式的默认 VLAN。另外，当交换机或 AC 与 AP 相连的接口采用 trunk 模式时，需要将 trunk 模式的默认 VLAN 设置为管理 VLAN。因此，本示例中，LSWA 的 G0/0/3 和 G0/0/4 端口与 AP 相连，并采用 trunk 模式，管理 VLAN 为 VLAN100，需要执行命令：port trunk pvid vlan 100。

（2）配置 DHCP 服务

在 AC 中配置基于接口地址池的 DHCP 服务器和全局 DHCP 服务器，其中，VLANIF100 接口采用全局 DHCP 服务为 AP 提供 IP 地址，VLANIF103 接口为 STA 提供 IP 地址。

```
[AC] ip pool appool                              ##配置全局地址池为AP动态分配IP地址
[AC-ip-pool-appool] gateway-list 10.1.100.1
[AC-ip-pool-appool] network 10.1.100.0 mask 24
[AC-ip-pool-appool]quit
[AC] dhcp enable
[AC] interface vlanif 100
[AC-Vlanif100] ip address 10.1.100.1 24
[AC-Vlanif100] dhcp select global               ##全局DHCP服务
```

```
[AC-Vlanif100] quit
[AC] interface vlanif 103
[AC-Vlanif101] ip address 192.168.103.1 24
[AC-Vlanif101] dhcp select interface         ## 开启接口 DHCP 服务为 STA 分配 IP 地址
[AC-Vlanif101] quit
```

如果需要配置 DNS 服务器地址,则可以采用如下配置方法:接口地址池场景下,需要在 VLANIF 接口视图下执行命令 dhcp server dns-list ip-address &<1-8>;全局地址池场景下,需要在 IP 地址池视图下执行命令 dns-list ip-address &<1-8>。

(3) 配置域管理模板、AP 组和 AC 源接口,使 AP 上线

```
# 创建域管理模板,在域管理模板下配置 AC 的国家码
[AC]wlan                              ## 进入 WLAN 配置视图
[AC-wlan-view] regulatory-domain-profile name wlan-domain1
[AC-wlan-regulate-domain-wlan-domain1] country-code cn
[AC-wlan-regulate-domain-wlan-domain1] quit
# 创建 AP 组,并在 AP 组下引用域管理模板
[AC-wlan-view] ap-group name ap-guestgroup1
[AC-wlan-ap-group-ap-guestgroup1] regulatory-domain-profile wlan-domain1
Warning: Modifying the country code will clear channel, power and antenna gain
configurations of the radio and reset the AP. Continue?[Y/N]:y
[AC-wlan-ap-group-ap-guestgroup1] quit
[AC-wlan-view] quit
# 配置 AC 的源接口
[AC] capwap source interface vlanif 100
# 在 AC 上离线导入 AP,并将 AP 加入 AP 组 "ap-guestgroup1" 中
```

要将接入点 AP 加入 AP 组中,需要知道 AP 的 MAC 地址或者 AP 的序列号 SN,并设置相应的认证模式。

> **注意:**
>
> 命令 ap auth-mode 用来配置 AP 的认证模式,AP 的认证模式有三种,分别是 mac-auth(mac 地址认证)、sn-auth(序列号认证)和 no-auth(无认证)模式。默认情况下为 MAC 认证,如果之前没有修改其默认配置,可以不执行 ap auth-mode mac-auth 命令。

首先查看 AP 的 MAC 地址或 SN 号,如图 10-18 所示,AP1 的 MAC 地址为 00e0-fc92-5130,序列号为 2102354483103744B504。

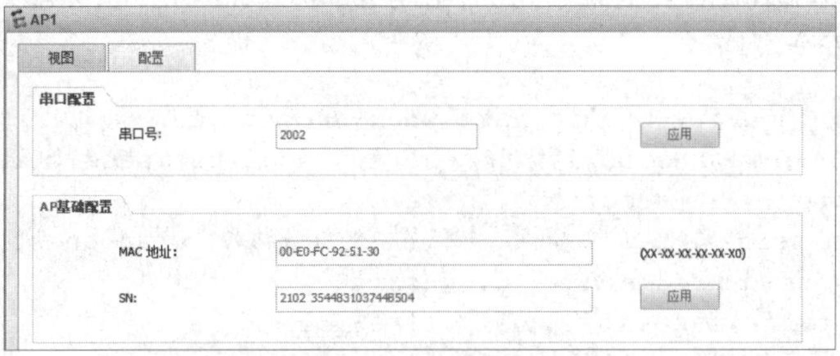

图 10-18 显示 AP 的 MAC 地址和序列号

配置过程中,需要指定 AP 的名称,为了便于管理,建议根据 AP1 的部署位置为 AP1 配置名

称，便于从名称上就能够了解AP的部署位置。假定MAC地址为00e0-fc92-5130的AP1部署在1号区域，命名此AP为ap-area1。MAC地址为00e-fcc3-6810的AP2部署在2号区域，命令此AP为ap-area2，它们都属于ap-guestgroup1。

```
# 配置将AP加入AP组"ap-guestgroup1"中
[AC] wlan
[AC-wlan-view] ap auth-mode mac-auth
[AC-wlan-view] ap-id 0 ap-mac 00e0-fc39-3c70
[AC-wlan-ap-0] ap-name ap-area0
Warning: This operation may cause AP reset. Continue? [Y/N]:y
[AC-wlan-ap-0] ap-group ap-guestgroup1
Warning: This operation may cause AP reset. If the country code changes, it will clear channel, power and antenna gain configurations of the radio, Whether to continue? [Y/N]:y
[AC-wlan-ap-0]quit
[AC-wlan-view] ap-id 1 ap-mac 00e0-fc33-71c0
[AC-wlan-ap-1] ap-name ap-area1
Warning: This operation may cause AP reset. Continue? [Y/N]:y
[AC-wlan-ap-1] ap-group ap-guestgroup1
Warning: This operation may cause AP reset. If the country code changes, it will clear channel, power and antenna gain configurations of the radio, Whether to continue? [Y/N]:y
[AC-wlan-ap-1]quit
# 将AP上电，使AP上线
```

执行命令display ap all，查看AP的"State"字段为"nor"时，表示AP正常上线。

```
[AC-wlan-view] display ap all
--------------------------------------------------------------------------------
ID  MAC    Name   Group    IP      Type     State  STA  Uptime
--------------------------------------------------------------------------------
0  00e0-fc39-3c70 ap-area0 ap-guestgroup1 10.1.100.251 AP4050DN-E nor 1  2D:5H:54M:44S
1  00e0-fc33-71c0 ap-area1 ap-guestgroup1 10.1.100.205 AP4050DN-E nor 1  2D:5H:43M:27S
--------------------------------------------------------------------------------
Total: 2
```

(4) 配置WLAN业务参数

创建名为"wlan-security1"的安全模板，并配置安全策略。

以配置WPA2+PSK+AES的安全策略为例，密码为"ab12345678"，实际配置中请根据实际情况，配置符合实际要求的安全策略。

```
[AC-wlan-view] security-profile name wlan-security1
[AC-wlan-sec-prof-wlan-security1] security wpa2 psk pass-phrase ab12345678 aes
[AC-wlan-sec-prof-wlan-security1] quit
# 创建名为"wlan-ssid1"的SSID模板，并配置SSID名称为"wlan-guest"
[AC-wlan-view] ssid-profile name wlan-ssid1
[AC-wlan-ssid-prof-wlan-ssid1] ssid wlan-guest
[AC-wlan-ssid-prof-wlan-ssid1] quit
# 创建名为"wlan-vap1"的VAP模板，配置业务数据转发模式、业务VLAN，并且引用安全模板和SSID模板。
[AC-wlan-view] vap-profile name wlan-vap1
```

```
[AC-wlan-vap-prof-wlan-vap1] forward-mode tunnel          ##隧道转发方式
[AC-wlan-vap-prof-wlan-vap1] service-vlan vlan-id 103     ##配置业务VLAN
[AC-wlan-vap-prof-wlan-vap1] security-profile wlan-security1
[AC-wlan-vap-prof-wlan-vap1] ssid-profile wlan-ssid1
[AC-wlan-vap-prof-wlan-vap1] quit
```

(5) 配置AP组引用VAP模板，实现WLAN业务功能

```
# AP上射频0（2.4G）和射频1（5G）都使用VAP模板"wlan-vap1"的配置。
[AC-wlan-view] ap-group name ap-guestgroup1
[AC-wlan-ap-group-ap-guestgroup1] vap-profile wlan-vap1 wlan 1 radio 0
[AC-wlan-ap-group-ap-guestgroup1] vap-profile wlan-vap1 wlan 1 radio 1
[AC-wlan-ap-group-ap-guestgroup1] quit
```

(6) 配置AP射频参数（可选）

可以对AP射频的信道和功率进行调整，这里进行简单配置。实际配置中请根据AP的国家码和网络规划结果进行配置。默认情况下，AP组下引用名为default的2G射频模板和5G射频模板。可以执行命令radio-2g-profile profile-name radio { radio-id | all } 或radio-5g-profile profile-name radio { id | all }，将指定的射频模板引用到射频。这里采用默认的2G和5G射频模板。

```
# 配置AP射频0的频率、信道和功率、覆盖距离等
[AC-wlan-view] ap-id 0
[AC-wlan-ap-0] radio 0         （射频0默认为2.4G频段、1信道）
[AC-wlan-radio-0/0] frequency 2.4g          ##设置频率为2.4G
[AC-wlan-radio-0/0] channel 20mhz 1         ##设置2.4G工作信道
Warning: This action may cause service interruption. Continue?[Y/N]y
[AC-wlan-radio-0/0] eirp 127                ##设置等效全向射频功率
[AC-wlan-radio-0/0] coverage distance 2     ##设置覆盖距离
[AC-wlan-radio-0/0] quit
# 配置AP射频1的信道和功率等
[AC-wlan-view] ap-id 1
[AC-wlan-ap-0] radio 1         （射频1默认为5G频段、149信道）
[AC-wlan-radio-0/1] channel 20mhz 149       ##设置5G工作信道
Warning: This action may cause service interruption. Continue?[Y/N]y
[AC-wlan-radio-0/1] eirp 127                ##设置等效全向射频功率
[AC-wlan-radio-0/1] quit
```

**说明：**

华为AP设备有些支持两射频，分别为射频0和射频1。有些支持三射频，分别为射频0、射频1和射频2。

① 使用frequency命令修改工作频段，使用channel命令修改信道带宽和信道。默认情况下，一般射频0工作在2.4G频段，工作信道为1信道；射频2工作在5G频段，默认信道为149信道；射频的工作带宽为20 MHz。为了避免信号干扰，请确保相邻AP工作在非重叠信道上。如果AP工作在双5G，两个5G射频工作的信道之间至少相隔一个信道。

② 命令Coverage distance distance用于设置无线覆盖距离，取值范围为1～400，单位为100 m。默认情况下，射频覆盖距离参数为3，即默认覆盖距离为300 m。

③ 命令eirp eirp用于设置射频的发射功率，取值范围为1～127 dBm，默认情况下，射频的

发射功率为 127 dBm。

④ 可以使用命令 display radio ap-name ap-name 查看以上信息。

⑤ 执行命令 undo radio disable，可以开启射频。默认情况下，所有 AP 射频开启。

(7) 验证配置结果

WLAN 业务配置会自动下发给 AP，配置完成后，通过执行命令 display vap ssid wlan-guest 查看如下信息，当"Status"项显示为"ON"时，表示 AP 对应的射频上的 VAP 已创建成功。

```
[AC-wlan-view] display vap ssid wlan-guest
WID : WLAN ID
-----------------------------------------------------------------
AP ID  AP name  RfID WID BSSID          Status Auth type   STA  SSID
0      ap-area1  0    1   00E0-FC39-3c70 ON     WPA2-PSK    0    wlan-guest
0      ap-area1  1    1   00E0-FC39-3c80 ON     WPA2-PSK    0    wlan-guest
1      ap-area2  0    1   00E0-FC33-71c0 ON     WPA2-PSK    0    wlan-guest
1      ap-area2  1    1   00E0-FC33-71d0 ON     WPA2-PSK    0    wlan-guest
-----------------------------------------------------------------
Total: 4
```

STA 搜索到名为"wlan-guest"的无线网络，输入密码"ab12345678"并正常关联后，在 AC 上执行 display station ssid wlan-guest 命令，可以查看到用户已经接入到无线网络"wlan-guest"中。

```
[AC-wlan-view] display station ssid wlan-guest
Rf/WLAN: Radio ID/WLAN ID
Rx/Tx: link receive rate/link transmit rate( Mbit/s)
-----------------------------------------------------------------
STA MAC         AP ID Ap name  Rf/WLAN Band  Type Rx/Tx RSSI VLAN IP address
5489-9849-07e4  0     ap-area0  0/1    2.4G   -    -/-   -   103  192.168.103.182
5489-9891-6ceb  1     ap-area1  0/1    2.4G   -    -/-   -   103  192.168.103.82
-----------------------------------------------------------------
Total:2 2.4G: 2 5G: 0
```

配置完成后，打开无线工作站 STA1，在 VAP 列表栏，可以看到有两个 VAP。SSID 都为 wlan-guest。选定射频类型为"802.11bgn"的 wlan-guest，通过单击"连接"按钮，并输入 Wi-Fi 密码。工作站 STA1 即可连接无线网络，如图 10-19 所示。

通过将两台 STA 设备和一台 Cellphone1 设备连接到无线网络，最后显示结果如图 10-20 所示。

在图 10-20 中，STA1 靠近 AP1，接入 AP1；STA2 靠近 AP2，接入 AP2。STA1 获取的 IP 地址和 STA2 获得 IP 地址属于同一网络，能够互相通信。WLAN 配置正确。

(8) 二层漫游测试

默认情况下，华为集中式 WLAN 设备支持 AC 内二层漫游。如图 10-21 所示，将靠近并连接在 AP2 的 Cellphone1 移动靠近 AP1，则 Cellphone1 连接到 AP1 中，通过 AP1 连接网络。由于通过 AP1 和 AP2 获取的地址属于同一 VLAN，Cellphone1 在 AP1 和 AP2 之间漫游，属于二层漫游。

# 第 10 章 集中式 WLAN 及实践

图 10-19 无线工作站连接示意图

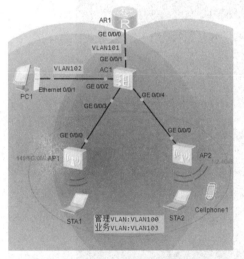

图 10-20 AC 二层组网直连模式结果

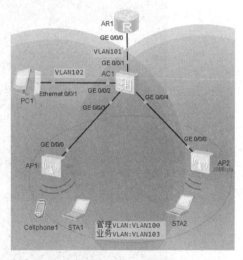

图 10-21 二层漫游

执行命令：display station roam-track sta-mac 5489-9812-3e57。其中 5489-9812-3e57 为 Cellphone1 的 MAC 地址，如图 10-22 所示，可以看到 Cellphone1 的漫游属于二层漫游（L2）。

```
<AC>display station roam-track sta-mac 5489-9852-6a2a
Access SSID:wlan-guest
Rx/Tx: link receive rate/link transmit rate(Mbps)
z: Zero Roam c:PMK Cache Roam r:802.11r Roam
--------------------------------------------------------------
L2/L3            AC IP               AP name            Radio ID
BSSID            TIME                In/Out RSSI        Out Rx/Tx
--------------------------------------------------------------
--               10.1.100.1          ap-area1           0
00e0-fc33-71c0   2021/06/10 14:34:27 -95/-95            0/0
L2               10.1.100.1          ap-area0           0
00e0-fc39-3c70   2021/06/10 14:37:49 -95/-            -/-
--------------------------------------------------------------
Number: 1
```

图 10-22 二层漫游

5. 测试与问题讨论

（1）测试及问题发现

利用 PING 命令进行连通性测试，进行两次测试，一次是当 AP1 和 AP2 距离较近时（AP1 和 AP2 各自在对方的信号覆盖范围内，见图 10-20），利用连接 AP1 的 STA 去 PING 连接 AP2 的 STA；另一次是当 AP1 和 AP2 距离较远时（AP1 和 AP2 互相不在对方的信号覆盖范围内，见图 10-21），利用连接 AP1 的 STA 去 PING 连接 AP2 的 STA。

两次 PING 的结果如图 10-23 所示，第一次 PING 的效果为 AP1 与 AP2 较近时（AP1 和 AP2 各自在对方的信号覆盖范围内），利用连接 AP1 的 STA 去 PING 连接 AP2 的 STA 的效果，丢包率严重；第二次 PING 的效果为 AP1 与 AP2 较远时（AP1 和 AP2 互相不在对方的信号覆盖范围内），利用连接 AP1 的 STA 去 PING 连接 AP2 的 STA 的效果，没有丢包。

```
STA>ping 192.168.103.143

Ping 192.168.103.143: 32 data bytes, Press Ctrl_C to break
From 192.168.103.143: bytes=32 seq=1 ttl=128 time=906 ms
Request timeout!
Request timeout!
Request timeout!
Request timeout!

--- 192.168.103.143 ping statistics ---
 5 packet(s) transmitted
 1 packet(s) received
 80.00% packet loss
 round-trip min/avg/max = 906/906/906 ms

STA>ping 192.168.103.143

Ping 192.168.103.143: 32 data bytes, Press Ctrl_C to break
From 192.168.103.143: bytes=32 seq=1 ttl=128 time=203 ms
From 192.168.103.143: bytes=32 seq=2 ttl=128 time=203 ms
From 192.168.103.143: bytes=32 seq=3 ttl=128 time=203 ms
From 192.168.103.143: bytes=32 seq=4 ttl=128 time=203 ms
From 192.168.103.143: bytes=32 seq=5 ttl=128 time=203 ms

--- 192.168.103.143 ping statistics ---
 5 packet(s) transmitted
 5 packet(s) received
 0.00% packet loss
 round-trip min/avg/max = 203/203/203 ms
```

图 10-23　AP1 与 AP2 相隔较近和较远时的网络测试效果对比

（2）问题原因分析

由于 AP1 和 AP2 都采用默认的信道配置，2.4 G 频段采用 1 信道，5G 频段采用 149 信道。当 AP1 和 AP2 较近时（AP1 和 AP2 各自在对方的信号覆盖范围内），AP1 和 AP2 采用的无线信道相同，存在同频信号干扰，导致丢包率严重。

（3）问题解决办法

可以采用以下两种办法解决同频信号干扰问题。

一是在部署 AP 时，让 AP 保持适当的距离，避免将 AP 部署在其他 AP 的信号覆盖范围内。

二是在部署 AP 完成后，通过配置修改 AP 的工作信道，避免相隔较近的 AP 采用相同的信道。可以利用 AC 控制器通过 channel 命令修改 AP 使用的无线信道。

## 10.9 大中型 WLAN 基本业务配置示例

扫一扫

大中型WLAN
基本业务配置
示例

大中型 WLAN 中 AC 部署方案可以采用集中式 AC 方案和分布式 AC 方案。AC 接入方式可以采用直连方式或旁挂方式。AC 组网方式一般采用三层组网方式。

大中型企业组建企业 WLAN 网络，用于企业用户通过 WLAN 接入网络，以满足移动办公的最基本需求，同时在覆盖区域内移动发生漫游时，不影响用户的业务使用。一般采用 AC 三层组网方式，并使用 VLAN pool 作为业务 VLAN，可以避免出现 IP 地址资源不足或者 IP 地址资源浪费，减小单个 VLAN 下的用户数目，缩小广播域。大中型园区 WLAN 具有以下特点，一般具有多个管理 VLAN，多个无线业务 VLAN，一个 AC 或多个 AC 管理整个 WLAN。注意：业务 VLAN 和管理 VLAN 不能配置为相同 VLAN。

1. 组网需求及网络拓扑图

示例采用集中式 AC 方案，AC 三层组网旁挂方式。业务数据转发方式为直接转发方式。AC 作为 DHCP 服务器为 AP 和 STA 分配 IP 地址，拓扑图如图 10-24 所示。拓扑图中 AC1 采用 AC6605，AP1、AP2 采用 AP4050，AR1 采用 AR2200，作为网络出口路由器。

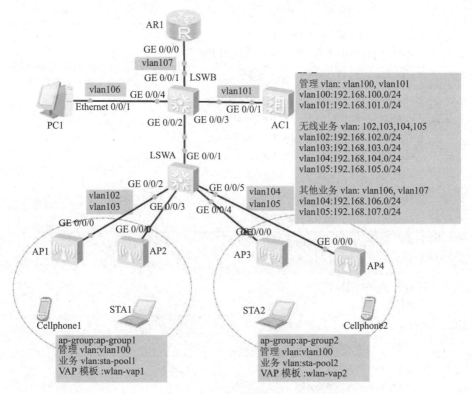

图 10-24 大型网络 WLAN 拓扑图

要求通过配置，网络内路由器 AR1、PC1 与 STA 和 Cellphone 都可以互通，同时支持业务 VLAN 之间三层漫游。

无线业务 VLAN 包括 VLAN102、VLAN103、VLAN104、WLAN105。有线业务 VLAN 包

括 VLAN106 和 VLAN107。LSWB 作为三层交换机，有线连接出口路由器 AR1 采用 VLAN107 接口，IP 地址为 192.168.107.1/24；有线连接 PC1 采用 VLANIF106 接口，VLANIF106 接口 IP 地址 192.168.106.1/24。Cellphone1 和 STA1 采用 VLAN pool 业务 VLAN，包括 VLAN102 和 VLAN103，其中 VLANIF102 接口 IP 地址 192.168.102.1/24，VLANIF103 接口 IP 地址 192.168.103.1/24；Cellphone 和 STA2 采用 VLAN pool 业务 VLAN，包括 VLANIF104 和 VLAN105。其中 VLANIF104 接口 IP 地址 192.168.104.1/24，VLANIF105 接口 IP 地址 192.168.105.1/24。

AP 管理 VLAN 包括 VLAN100 和 VLAN101。AC1 采用旁路与 LSWB 连接，通过接口 VLANIF101 连接，LSWB 端 VLANIF101 接口 IP 地址 192.168.101.1/24，AC1 端 VLANIF101 接口 IP 地址 192.168.101.2/24。AC1 对 AP 的管理采用 VLAN100，VLAN100 接口地址为 192.168.100.1/24。AP 获得的 IP 地址为 192.168.100.0/24 范围。

2. AC 数据规划

为保障 AC 配置的正确性，首先对 AC 需要配置的数据进行规划。AC 数据规划如表 10-2 所示。

表 10-2 AC 数据规划表

| 配置项 | 数据 |
|---|---|
| AP 管理 VLAN | VLAN100，VLAN101 |
| STA 业务 VLAN | VLAN102，VLAN103，VLAN104，VLAN105 |
| DHCP 服务器 | AC1 作为 DHCP 服务器为 AP 分配 IP 地址<br>三层交换机 LSWB 为 STA 和 Cellphone 分配 IP 地址 |
| AP 的 IP 地址池 | 名称：appool1，地址范围：192.168.100.2～192.168.100.254/24 |
| STA 的 IP 地址池 | VLAN102：192.168.102.2～192.168.102.254/24<br>VLAN103：192.168.103.2～192.168.103.254/24<br>VLAN104：192.168.104.2～192.168.104.254/24<br>VLAN105：192.168.105.2～192.168.105.254/24 |
| VLAN pool | 名称：sta-pool1：VLAN102，VLAN103<br>sta-pool2：VLAN104，VLAN105 |
| AC 源接口 IP | VLANIF101：192.168.101.2/24 |
| AP 组 | 名称：ap-group1　　ap-group2<br>引用：域管理模板和 VAP 模板 |
| 域管理模板 | 名称：domain-hbkjxy<br>国家码：CN |
| SSID 模板 | 名称：ssid-hbkjxy<br>SSID 名称：wlan-hbkjxy |
| 安全模板 | 名称：security-hbkjxy<br>安全策略：WPA2+PSK+AES<br>密码：ab12345678 |
| VAP 模板 | 名称：wlan-vap1　　vlan-vap2<br>配置：转发方式和业务 VLAN<br>引用：SSID 模板和安全模板 |

续表

| 配置项 | 数　　据 |
|---|---|
| 空口扫描模板 | 名称：wlan-airscan1<br>探测信道集合：调优信道<br>扫描间隔时间：60 000 ms<br>扫描持续时间：60 ms |
| 2G 射频模板 | 名称：wlan-radio2g<br>引用模板：空口扫描模板 wlan-airscan1 |
| 5G 射频模板 | 名称：wlan-radio5g<br>引用模板：空口扫描模板 wlan-airscan1 |

AC 数据规划中，关键的数据是 AP 组(ap-group)。另外还有域管理模板、VAP 模板、SSID 模板、安全模板、VLAN 池（vlan pool）或 VLAN-ID 等参数。

① AP 组用于将 AP 进行分组，每个分组内的 AP 配置相同，可以利用 mac 或 sn 对 AP 进行认证，并将 AP 加入不同的 AP 组中，一个 AP 只能属于一个 AP 组。

② 每个 AP 组需要指定一个 VAP 模板，而 VAP 模板中可以定义 STA 的数据转发方式、采用的安全模板、SSID 模板，以及相关的 VLAN-ID 或 VLAN 池。

③ AP 组需要引用域管理模板（regulatory-domain-profile），域管理模板用于定义无线 Wi-Fi 参数，包括国家代码、2.4 G 信道、5 G 带宽、5 G 信道等参数。AP 一般对这些参数都配置有默认值，无特殊情况，可以采用默认值。默认的域管理模板为 default。

④ AP 组如果有必要，可配置 2.4 G 射频和 5 G 射频属性，进行射频调优。可以配置 2.4 G 和 5 G 射频模板，模板中引用空口扫描模板；空口扫描模板用于设置信道扫描时间、扫描间隔、调优信道集合；调优集合即域管理模板中的 2.4 G 信道和 5 G 信道参数。

⑤ VLAN 池（vlan pool）用于将一个或多个无线 VLAN 进行分组，以便将连接 AP 的 STA 与不同的 VLAN 进行绑定。对于小型网络可以使用 VLAN-ID 代替。

3. WLAN 配置思路

采用如下的思路配置大型网络 WLAN 基本业务：

① 配置 LSWA、LSWB 和 AC 等网络设备，实现三层网络互通。LSWB 作为三层交换机。

② 在 LSWB 上配置基于接口地址池的 DHCP 服务器，为 STA 分配 IP 地址，在 AC 配置全局地址池的 DHCP 服务器，为 AP 分配 IP 地址。

③ 配置两个 VLAN pool，分别是 sta-pool1 和 sta-pool2。

④ 配置 AP 上线。
- 创建 AP 组，用于将需要进行相同配置的 AP 都加入 AP 组，实现统一配置。
- 配置 AC 的系统参数，包括国家码、AC 与 AP 之间通信的源接口。
- 配置 AP 上线的认证方式并离线导入 AP，实现 AP 正常上线。

⑤ 配置 WLAN 业务参数，包括安全模板、SSID 模板、VAP 模板等参数。

⑥ 配置视频资源管理，开启射频调优。本项目中 AP 的射频信息采用手动配置参数，需要进行 AP 射频调优配置。

⑦ 在 AP 组引用相关模板，使 WLAN 业务生效。

## 4. WLAN 基本配置步骤

（1）配置网络互通

在三层交换机 LSWB 中配置 VLAN100、VLAN101、VLAN102、VLAN103、VLAN104、VLAN105、VLAN106 和 VLAN107。其中 VLAN100 和 VLAN101 作为管理 VLAN，VLAN100 用于管理 AP，VLAN101 作为 AC 旁挂使用的 VLAN。VLAN102、VLAN103、VLAN104、VLAN105 作为无线业务 VLAN。VLAN106 和 VLAN107 作为有线用户使用的业务 VLAN。

VLAN100 采用 192.168.100.0/24 网段，VLAN101 采用 192.168.101.0/24 网段，VLAN102 采用 192.168.102.0/24 网段，VLAN103 采用 192.168.103.0/24 网段，VLAN104 采用 192.168.104.0/24 网段，VLAN105 采用 192.168.105.0/24 网段，VLAN106 采用 192.168.106.0/24 网段，VLAN107 采用 192.168.107.0/24 网段。

**注意：**

LSWB 作为三层交换机，配置 VLAN 及 SVI 接口 IP 地址，包括 VLAN100\101\102\103\104\ 105\ 106\107。有线网络配置部分这里忽略。下面给出与 WLAN 相关的配置。

```
# 配置AC、LSWB、LSWA，使AP与AC之间能够传输CAPWAP报文
#AC 配置
<AC6605> system-view
[AC6605] sysname AC
[AC] vlan batch 101
[AC] interface gigabitethernet 0/0/1
[AC-GigabitEthernet0/0/1] port link-type trunk
[AC-GigabitEthernet0/0/1] port trunk allow-pass vlan 101
[AC-GigabitEthernet0/0/1] quit
#LSWB 配置
<HAUWEI>system-view
<HAUWEI>sysname LSWB
[LSWB] vlan batch 100 to 107
[LSWB] int gigabitethernet0/0/3
[LSWB-GigabitEthernet0/0/3] port link-type trunk
[LSWB-GigabitEthernet0/0/3] port trunk allow-pass vlan 101
[LSWB]int gigabitethernet0/0/2
[LSWB-GigabitEthernet0/0/2] port link-type trunk
[LSWB-GigabitEthernet0/0/2] port trunk allow-pass vlan all
#LSWA 配置
<HAUWEI>system-view
<HAUWEI>sysname LSWA
[LSWA] vlan batch 100 to 107
[LSWA]int GigabitEthernet0/0/1
[LSWA-GigabitEthernet0/0/1] port link-type trunk
[LSWA-GigabitEthernet0/0/1] port trunk allow-pass vlan all
[LSWA]int GigabitEthernet0/0/2
[LSWA-GigabitEthernet0/0/2] port link-type trunk
## 设置端口 trunk 模式
[LSWA-GigabitEthernet0/0/2] port trunk pvid vlan 100
## 修改 trunk 模式端口默认 VLAN
```

```
[LSWA-GigabitEthernet0/0/2] port trunk allow-pass vlan 100 102 to 103
## 既开通管理 VLAN，又放通业务 VLAN
[LSWA]int GigabitEthernet0/0/3
[LSWA-GigabitEthernet0/0/3] port link-type trunk
[LSWA-GigabitEthernet0/0/3] port trunk pvid vlan 100
[LSWA-GigabitEthernet0/0/3] port trunk allow-pass vlan 100 102 to 103
[LSWA]int GigabitEthernet0/0/4
[LSWA-GigabitEthernet0/0/4] port link-type trunk
[LSWA-GigabitEthernet0/0/4] port trunk pvid vlan 100
[LSWAGigabitEthernet0/0/4] port trunk allow-pass vlan 100 104 to 105
[LSWA]int GigabitEthernet0/0/5
[LSWA-GigabitEthernet0/0/5] port link-type trunk
[LSWA-GigabitEthernet0/0/5] port trunk pvid vlan 100
[LSWA-GigabitEthernet0/0/5] port trunk allow-pass vlan 100 104 to 105
[LSWA-GigabitEthernet0/0/5]quit
```

**注意：**

当业务数据采用隧道转发模式时，交换机与 AP 互联的接口需要开通管理 VLAN，阻断业务 VLAN。但业务数据采用直接转发时，交换机与 AP 互联的接口需要开通管理 VLAN，同时放开业务 VLAN。

（2）配置 DHCP 服务

本示例要求 AC1 作为 DHCP 服务为 AP 分配 IP 地址，三层交换机 LSWB 为 STA 和 Cellphone 分配 IP 地址。AC1 与 AP 不在同一网段，因此 AC1 作为 AP 的 DHCP 服务器，需要采用全局地址池方式，且需要在三层交换机 LSWB 中开启 DHCP 中继代理。三层交换机 LSWB 与 STA 和 Cellphone 属于直连网络，因此 LSWB 作为 STA 和 Cellphone 的 DHCP 服务器，可以采用接口地址池方式。

```
# 为 AP 设备配置 DHCP 服务
```

在 AC 中配置基于全局地址池 DHCP 服务器，为 VLANIF100 中 AP 提供 IP 地址。在 LSWB 中相关接口开启 DHCP 中继服务。需要特别强调的是，AP 和 AC 间为三层网络时需要通过配置 Option 43 向 AP 通告 AC 的 IP 地址。

```
#AC 配置
[AC] dhcp enable
[AC] interface vlanif 101
[AC-Vlanif101] ip address 192.168.101.2 24
[AC-Vlanif101] dhcp select global      ### 全局 DHCP 服务
[AC-Vlanif101] quit
[AC]ip pool appool1
[AC-ip-pool-appool1] network 192.168.100.0 mask 24
[AC-ip-pool-appool1] gateway-list 192.168.100.1
[AC-ip-pool-appool1] option 43 sub-option 3 ascii 192.168.101.2
              # 当 AC 与 AP 不在同一网段时，AP 发现 AC 是可以通过 Option 43
              # 字段指定 AC 的 CAPWAP 源地址
#LSWB 配置
[LSWB] dhcp enable
```

```
[LSWB] interface vlanif 101
[LSWB-Vlanif100] ip address 192.168.101.1 24
[LSWB] interface vlanif 100
[LSWB-Vlanif100] ip address 192.168.100.1 24
[LSWB-Vlanif100] dhcp select relay              ## 开启 DHCP 中继
[LSWB-Vlanif100] dhcp relay server-ip 192.168.101.2
# 为 STA 和 Cellphone 设备配置 DHCP 服务
[LSWB] interface vlanif 102
[LSWB-Vlanif102] ip address 192.168.102.1 24
[LSWB-Vlanif102] dhcp select interface          ## 接口 DHCP 服务
[LSWB] interface vlanif 103
[LSWB-Vlanif103] ip address 192.168.103.1 24
[LSWB-Vlanif103] dhcp select interface          ## 接口 DHCP 服务
[LSWB] interface vlanif 104
[LSWB-Vlanif104] ip address 192.168.104.1 24
[LSWB-Vlanif104] dhcp select interface          ## 接口 DHCP 服务
[LSWB] interface vlanif 105
[LSWB-Vlanif105] ip address 192.168.105.1 24
[LSWB-Vlanif105] dhcp select interface          ## 接口 DHCP 服务
[LSWB-Vlanif105] quit
```

如果需要配置 DNS 服务器地址，则可以采用如下配置方法。接口地址池场景下，需要在 VLANIF 接口视图下执行命令 dhcp server dns-list ip-address &<1-8>。全局地址池场景下，需要在 IP 地址池视图下执行命令 dns-list ip-address &<1-8>。

（3）配置 VLAN pool，用于作为业务 VLAN

```
[AC] vlan pool sta-pool1
[AC-vlan-pool-sta-pool1] vlan 102 103
[AC-vlan-pool-sta-pool1] assignment hash        ## 定义 VLAN 分配算法
[AC] vlan pool sta-pool2
[AC-vlan-pool-sta-pool2] vlan 104 105
[AC-vlan-pool-sta-pool2] assignment hash
[AC-vlan-pool-sta-pool2] quit
```

（4）配置 AP 上线（包括配置域管理模板、AP 组和 AC 源地址等）

```
# 创建域管理模板，在域管理模板下配置 AC 的国家码
[AC]wlan
[AC-wlan-view] regulatory-domain-profile name domain-hbkjxy
[AC-wlan-regulate-domain-domain-hbkjxy] country-code cn
[AC-wlan-regulate-domain-domain-hbkjxy] quit
# 创建 AP 组，并在 AP 组下引用域管理模板
[AC-wlan-view] ap-group name ap-group1
[AC-wlan-ap-group-ap-group1] regulatory-domain-profile domain-hbjkxy
Warning: Modifying the country code will clear channel, power and antenna gain configurations of the radio and reset the AP. Continue?[Y/N]:y
[AC-wlan-ap-group-ap-group1] quit
[AC-wlan-view] ap-group name ap-group2
[AC-wlan-ap-group-ap-group2] regulatory-domain-profile domain-hbkjxy
Warning: Modifying the country code will clear channel, power and antenna gain configurations of the radio and reset the AP. Continue?[Y/N]:y
```

```
[AC-wlan-ap-group-ap-group2] quit
[AC-wlan-view] quit
# 配置 AC 的源接口
[AC] capwap source interface vlanif 101
# 在 AC 上导入 AP，并将 AP 分别加入 AP 组 "ap-group1" 和 "ap-group2"
```

要将 AP 加入 AP 组中，需要知道 AP 的 MAC 地址或者序列号 SN。首先查看 AP 的 MAC 地址或者 SN 号。这里采用 SN 号，假定 AP1 的 SN 号为 210235448310637C9E61，AP1 部署在 1 号区域，命名此 AP 为 area1-ap1，属于 ap-group1，依此类推。

> **注意：**
>
> ap auth-mode 命令用来配置 AP 的认证模式，AP 的认证模式有三种，分别是 mac-auth、sn-auth 和 no-auth 模式。默认情况下为 MAC 认证，如果之前没有修改其默认配置，可以不用执行 ap auth-mode mac-auth 命令。这里采用 SN 认证。

```
[AC] wlan
[AC-wlan-view] ap auth-mode sn-auth
[AC-wlan-view] ap-id 0 ap-sn 210235448310637C9E61
[AC-wlan-ap-0] ap-name area1-ap0
[AC-wlan-ap-0] ap-group ap-group1
Warning: This operation may cause AP reset. If the country code changes, it
will clear channel, power and antenna gain configurations of the radio, Whether to
continue? [Y/N]:y
[AC-wlan-ap-0]quit
[AC-wlan-view]  ap-id 1 ap-sn 210235448310502AF92A
[AC-wlan-ap-1] ap-name area1-ap1
[AC-wlan-ap-1] ap-group ap-group1
Warning: This operation may cause AP reset. If the country code changes, it
will clear channel, power and antenna gain configurations of the radio, Whether to
continue? [Y/N]:y
[AC-wlan-ap-1]quit
[AC-wlan-view] ap-id 2 ap-sn 2102354483105947402A
[AC-wlan-ap-2] ap-name area2-ap2
[AC-wlan-ap-2] ap-group ap-group2
Warning: This operation may cause AP reset. If the country code changes, it
will clear channel, power and antenna gain configurations of the radio, Whether to
continue? [Y/N]:y
[AC-wlan-ap-2]quit
[AC-wlan-view] ap-id 3 ap-sn 21023544831054061A6A
[AC-wlan-ap-3] ap-name area2-ap3
[AC-wlan-ap-3] ap-group ap-group2
Warning: This operation may cause AP reset. If the country code changes, it
will clear channel, power and antenna gain configurations of the radio, Whether to
continue? [Y/N]:y
[AC-wlan-ap-3]quit
# 将 AP 上电，使 AP 上线
```

执行命令 display ap all，查看 AP 的 "State" 字段为 "nor" 时，表示 AP 正常上线，如图 10-25 所示。

```
[AC-wlan view] display ap all
```

```
[AC-wlan-view]disp ap all
Info: This operation may take a few seconds. Please wait for a moment.done.
Total AP information:
nor  : normal          [4]
--------------------------------------------------------------------------------
ID  MAC            Name       Group     IP              Type         State ST
A Uptime
--------------------------------------------------------------------------------
0   00e0-fc06-6600 area1-ap0  ap-group1 192.168.100.241 AP4050DN-E   nor   1
    46M:43S
1   00e0-fcfe-7020 area1-ap1  ap-group1 192.168.100.139 AP4050DN-E   nor   1
    46M:57S
2   00e0-fcc0-3ac0 area2-ap2  ap-group2 192.168.100.143 AP4050DN-E   nor   1
    46M:54S
3   00e0-fc84-7480 area2-ap3  ap-group2 192.168.100.206 AP4050DN-E   nor   0
    46M:42S
--------------------------------------------------------------------------------
Total: 4
```

图 10-25　AP 上线信息显示

（5）配置 WLAN 业务参数

# 创建名为 "security-hbkjxy" 的安全模板

以配置 WPA2+PSK+AES 的安全策略为例，密码为"ab12345678"，实际配置中请根据实际情况，配置符合实际要求的安全策略。

```
[AC-wlan-view] security-profile name security-hbkjxy
[AC-wlan-sec-prof-security-hbkjxy] security wpa2 psk pass-phrase ab12345678 aes
[AC-wlan-sec-prof-security-hbkjxy] quit
# 创建名为 "ssid-hbkjxy" 的 SSID 模板，配置 SSID 名为 "wlan-hbkjxy"
[AC-wlan-view] ssid-profile name ssid-hbkjxy
[AC-wlan-ssid-prof-ssid-hbkjxy] ssid wlan-hbkjxy
[AC-wlan-ssid-prof-ssid-hbkjxy] quit
```

# 创建名为 "wlan-vap1" 和 "wlan-vap2" 的 VAP 模板，配置业务数据转发模式、业务 VLAN，并且引用相应的安全模板和 SSID 模板。

```
[AC-wlan-view] vap-profile name wlan-vap1
[AC-wlan-vap-prof-wlan-vap1] forward-mode  direct-forward
##配置业务数据转发方式为直接专业，默认为直接转发
[AC-wlan-vap-prof-wlan-vap1] service-vlan vlan-pool sta-pool1
[AC-wlan-vap-prof-wlan-vap1] security-profile security-hbkjxy
[AC-wlan-vap-prof-wlan-vap1] ssid-profile ssid-hbkjxy
[AC-wlan-vap-prof-wlan-vap1] quit
[AC-wlan-view] vap-profile name wlan-vap2
[AC-wlan-vap-prof-wlan-vap2] forward-mode  direct-forward
[AC-wlan-vap-prof-wlan-vap2] service-vlan vlan-pool sta-pool2
[AC-wlan-vap-prof-wlan-vap2] security-profile security-hbkjxy
[AC-wlan-vap-prof-wlan-vap2] ssid-profile ssid-hbkjxy
[AC-wlan-vap-prof-wlan-vap2] quit
```

**注意：**

① 当无线终端接入 AP 组 ap-group1 时，采用 VLAN 池 sta-pool1，则无线终端获取的 IP 地址为 VLAN102 和 VLAN103 对应的 IP 地址，SSID 名为"wlan-hbkjxy"，密码为"ab12345678"。

② 当无线终端接入 AP 组 ap-group2 时，采用 VLAN 池 sta-pool2，则无线终端获取的 IP 地址为 VLAN104 和 VLAN105 对应的 IP 地址，SSID 名为"wlan-hbkjxy"，密码为"ab12345678"。

(6) 配置 AP 组引用 VAP 模板，使 WLAN 业务生效

```
# 配置 AP 上射频 0（2.4G）和射频 1（5G）都使用 VAP 模板的配置
[AC-wlan-view] ap-group name ap-group1
[AC-wlan-ap-group-ap-group1] vap-profile wlan-vap1 wlan 1 radio 0
[AC-wlan-ap-group-ap-group1] vap-profile wlan-vap1 wlan 1 radio 1
[AC-wlan-ap-group-ap-group1] quit
[AC-wlan-view] ap-group name ap-group2
[AC-wlan-ap-group-ap-group2] vap-profile wlan-vap2 wlan 1 radio 0
[AC-wlan-ap-group-ap-group2] vap-profile wlan-vap2 wlan 1 radio 1
[AC-wlan-ap-group-ap-group2] quit
```

(7) 验证配置结果

通过以上配置，WLAN 业务配置会自动下发给 AP。

配置下发完成后，通过执行命令 display vap ssid wlan-hbkjxy 查看信息，当“Status”项显示为“ON”时，表示 AP 对应的射频上的 VAP 已创建成功，如图 10-26 所示。

```
[AC-wlan-view]disp vap ssid wlan-hbkjxy
Info: This operation may take a few seconds, please wait.
WID : WLAN ID
--------------------------------------------------------------------------------
AP ID AP name    RfID WID  BSSID          Status  Auth type  STA    SSID
--------------------------------------------------------------------------------
0     area1-ap0 0    1    00E0-FC06-6600 ON      WPA2-PSK   0      wlan-hbkjxy
1     area1-ap1 0    1    00E0-FCFE-7020 ON      WPA2-PSK   0      wlan-hbkjxy
2     area2-ap2 0    1    00E0-FCC0-3AC0 ON      WPA2-PSK   0      wlan-hbkjxy
3     area2-ap3 0    1    00E0-FC84-7480 ON      WPA2-PSK   0      wlan-hbkjxy
--------------------------------------------------------------------------------
Total: 4
```

图 10-26　VAP 连接状态

将 Cellphone1 接入 AP1，STA1 接入 AP2，获取属于 VLAN102 和 VLAN103 的 IP 地址；将 STA2 接入 AP3，Cellphone2 接入 AP4，获取属于 VLAN103 和 VLAN104 的 IP 地址。无线工作站接入 WLAN 效果如图 10-27 所示。

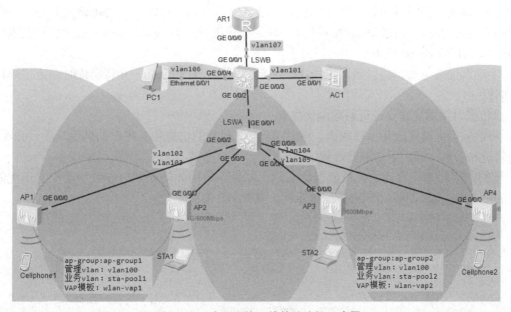

图 10-27　大型网络无线终端连接示意图

将无线终端接入 WLAN 中后，通过执行命令 display station ssid wlan-hbkjxy，可以查看到用户已经接入到无线网络"wlan-hbkjxy"中，如图 10-28 所示。

```
[AC]disp station ssid wlan-hbkjxy
Rf/WLAN: Radio ID/WLAN ID
Rx/Tx: link receive rate/link transmit rate(Mbps)
--------------------------------------------------------------------------------
STA MAC          AP ID Ap name    Rf/WLAN  Band  Type  Rx/Tx    RSSI  VLAN  IP
address
--------------------------------------------------------------------------------
5489-9839-5db7   2     area2-ap2  0/1      2.4G  -     -/-      -     104   192
                                                                             .168.104.254
5489-98cb-56c7   1     area1-ap1  0/1      2.4G  -     -/-      -     103   192
                                                                             .168.103.253
5489-98cf-32d3   0     area1-ap0  0/1      2.4G  -     -/-      -     103   192
                                                                             .168.103.254
5489-98e4-7d95   3     area2-ap3  0/1      2.4G  -     -/-      -     105   192
                                                                             .168.105.254
--------------------------------------------------------------------------------
Total: 4 2.4G: 4 5G: 0
```

图 10-28　无线终端接入无线网络信息显示

5. 射频调优配置（可选）

需要特别强调的是，要合理布放 AP 的位置，AP 布放距离不能太近，否则会出现同频干扰。为避免同频干扰，不但需要合理设置 AP 的位置，也需要进行射频调优。

默认情况，AP 采用默认的射频资源配置。默认配置中，使能信道自动选择功能，发送功率自动选择功能，射频调优功能和频谱导航功能，但并没有进行射频调优。但为了保证初始配置集中式 WLAN 后，射频信息在最优状态，建议初始配置期间进行适当的射频调优配置，具体配置过程建议如下：

① 手动调优。将射频调优模式改为手动调优，同时关闭 AP 射频的信道和功率制动调优功能，并配置 AP 射频的信道和功率，然后手动触发射频调优。

② 自动调优。配置自动射频调优参数，包括创建空口扫描模板定义调优信道集合、扫描时间间隔和扫描持续时间等，创建 2G 射频模板和 5G 射频模板，在 2G 或 5G 模板下引用空口扫描模板，在 AP 组中应用 2G 或 5G 模板。

③ 手动调优结束后，将射频调优模式改为定时调优或自动调优，并将调优时间定位用户业务空闲时间段。

下面根据射频调优建议进行射频调优配置。

① 将射频调优模式改为手动调优，同时关闭 AP 射频的信道和功率自动调优功能，并配置 AP 射频的信道和功率，然后手动触发射频调优。

射频的信道和功率自动调优功能默认开启，如果不关闭此功能则会导致手动配置不生效。下面以图的中 AP1（ap-id 0）为例进行配置示例，其他 AP 参照配置。

```
## 将射频调优模式改为手动调优
[AC-wlan-view] calibrate enable manual
## 关闭 AP 射频 0 的信道和功率自动调优功能，并配置 AP 射频 0 的信道和功率
[AC-wlan-view] ap-id 0
[AC-wlan-ap-0] radio 0
[AC-wlan-radio-0/0] calibrate auto-channel-select disable    ## 关闭自动信道调优
[AC-wlan-radio-0/0] calibrate auto-txpower-select disable    ## 关闭功率自动调优
```

```
[AC-wlan-radio-0/0] channel 20mhz 6                         ## 设置2.4G信道为6
Warning: This action may cause service interruption. Continue?[Y/N]y
[AC-wlan-radio-0/0] eirp 127                                ## 设置功率为127dBm
[AC-wlan-radio-0/0] quit
## 关闭AP射频1的信道和功率自动调优功能，并配置AP射频1的信道和功率
[AC-wlan-ap-0] radio 1
[AC-wlan-radio-0/1] calibrate auto-channel-select disable
[AC-wlan-radio-0/1] calibrate auto-txpower-select disable
[AC-wlan-radio-0/1] channel 20mhz 149                       ## 设置5G信道为149
Warning: This action may cause service interruption. Continue?[Y/N]y
[AC-wlan-radio-0/1] eirp 127
[AC-wlan-radio-0/1] quit
[AC-wlan-ap-0] quit
## 手动触发射频调优
[AC-wlan-view] calibrate manual startup
```

② 配置自动射频调优参数，包括创建空口扫描模板定义调优信道集合、扫描时间间隔和扫描持续时间等，创建2G射频模板和5G射频模板，在2G或5G模板下引用空口扫描模板，在AP组中应用2G或5G模板。

```
## 开启射频调优功能自动选择AP最佳信道和功率（在AP组中配置）
[AC-wlan-view] ap-group name ap-group1
[AC-wlan-ap-group-ap-group1] radio 0
[AC-wlan-group-radio-ap-group1/0] undo calibrate auto-channel-select disable
[AC-wlan-group-radio-ap-group1/0] undo calibrate auto-txpower-select disable
[AC-wlan-group-radio-ap-group1/0] quit
[AC-wlan-ap-group-ap-group1] radio 1
[AC-wlan-group-radio-ap-group1/1] undo calibrate auto-channel-select disable
[AC-wlan-group-radio-ap-group1/1] undo calibrate auto-txpower-select disable
[AC-wlan-group-radio-ap-group1/1] quit
[AC-wlan-ap-group-ap-group1] quit
## 在域管理模板下配置调优信道集合
[AC-wlan-view] regulatory-domain-profile name domain-hbkjxy
[AC-wlan-regulate-domain-hbkjxy] dca-channel 2.4g channel-set 1,6,11
[AC-wlan-regulate-domain-hbkjxy] dca-channel 5g bandwidth 20mhz
[AC-wlan-regulate-domain-hbkjxy] dca-channel 5g channel-set 149,153,157,161
[AC-wlan-regulate-domain-hbkjxy] quit
```

## 创建空口扫描模板"wlan-airscan1"，并配置调优信道集合、扫描间隔时间和扫描持续时间，时间单位为毫秒。

```
[AC-wlan-view] air-scan-profile name wlan-airscan1
[AC-wlan-air-scan-prof-wlan-airscan1] scan-channel-set dca-channel
[AC-wlan-air-scan-prof-wlan-airscan1] scan-period 60
[AC-wlan-air-scan-prof-wlan-airscan1] scan-interval 60000
[AC-wlan-air-scan-prof-wlan-airscan1] quit
# 创建2G射频模板"wlan-radio2g"，并在该模板下引用空口扫描模板"wlan-airscan1"
[AC-wlan-view] radio-2g-profile name wlan-radio2g
[AC-wlan-radio-2g-prof-wlan-radio2g] air-scan-profile wlan-airscan
[AC-wlan-radio-2g-prof-wlan-radio2g] quit
# 创建5G射频模板"wlan-radio5g"，并在该模板下引用空口扫描模板"wlan-airscan1"
[AC-wlan-view] radio-5g-profile name wlan-radio5g
[AC-wlan-radio-5g-prof-wlan-radio5g] air-scan-profile wlan-airscan
[AC-wlan-radio-5g-prof-wlan-radio5g] quit
```

# 在名为"ap-group1"和"ap-group2"的 AP 组下引用 5G 射频模板"wlan-radio5g"和 2G 射频模板"wlan-radio2g"

```
[AC-wlan-view] ap-group name ap-group1
[AC-wlan-ap-group-ap-group1] radio-5g-profile wlan-radio5g radio 1
Warning: This action may cause service interruption. Continue?[Y/N]y
[AC-wlan-ap-group-ap-group1] radio-2g-profile wlan-radio2g radio 0
Warning: This action may cause service interruption. Continue?[Y/N]y
[AC-wlan-ap-group-ap-group1] quit
[AC-wlan-view] ap-group name ap-group2
[AC-wlan-ap-group-ap-group2] radio-5g-profile wlan-radio5g radio 1
Warning: This action may cause service interruption. Continue?[Y/N]y
[AC-wlan-ap-group-ap-group2] radio-2g-profile wlan-radio2g radio 0
Warning: This action may cause service interruption. Continue?[Y/N]y
[AC-wlan-ap-group-ap-group2] quit
```

③ 手动调优结束后，将射频调优模式改为定时调优或自动调优。

```
## 待执行手动调优一小时后，调优结束。将射频调优模式改为定时调优，并将调优时间定为用户业务空闲时段（如当地时间凌晨 00:00—06:00 时段）
[AC-wlan-view] calibrate enable schedule time 03:00:00
```

当将模式设置为定时调优后，也可以执行 calibrate manual startup 立即执行调优功能。

### 6. 三层漫游配置

特别强调，WLAN 漫游是指 STA 在同属于一个 ESS 内的 AP 之间移动且保持用户业务不中断。也就是说，STA 接入的 AP 的扩展服务集 ID 和密码应相同。因此在配置过程，如果 STA 要在多个 AP 之间漫游，则 AP 加入的 AP 组采用的 SSID 模板（ssid-profile）和安全模板（security-profile）配置应相同。

默认情况下，支持 AC 内二层漫游和 AC 内跨 VLAN 漫游功能，且支持三层漫游功能。如图 10-29 所示，将靠近并连接在 AP1 的 Cellphone1 移动靠近 AP4，则 Cellphone1 连接到 AP4 中，通过 AP4 连接网络。由于通过 AP1 和 AP4 获取的地址属于不同 VLAN，Cellphone1 在 AP1 和 AP4 之间漫游，属于三层漫游。

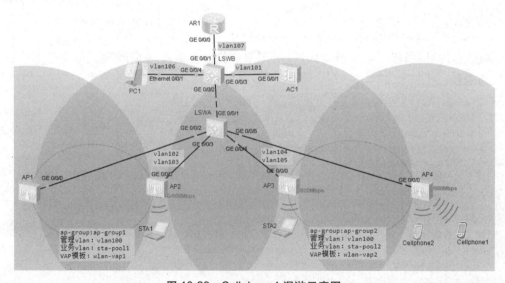

图 10-29  Cellphone1 漫游示意图

执行命令：display station roam-track sta-mac 5489-98CF-32D3。其中 5489-98CF-32D3 为 Cellphone1 的 MAC 地址，如图 10-30 所示，可以看到 Cellphone1 的漫游属于三层漫游（L3）。

```
[AC]display station roam-track sta-mac 5489-98CF-32D3
Access SSID:wlan-hbkjxy
Rx/Tx: link receive rate/link transmit rate(Mbps)
z: Zero Roam c:PMK Cache Roam r:802.11r Roam

L2/L3              AC IP                AP name              Radio ID
BSSID              TIME                 In/Out RSSI          Out Rx/Tx
--                 192.168.101.2        area1-ap0            0
00e0-fc06-6600     2021/06/18 14:07:55  -95/-95              0/0
L3                 192.168.101.2        area2-ap3            0
00e0-fc84-7480     2021/06/19 05:29:43  -95/-                -/-

Number: 1
```

图 10-30　Cellphone1 三层漫游（L3）

## 10.10 华为敏捷分布式 WLAN 配置示例

在酒店房间、校园宿舍、医院病房等多房间的场景中，由于墙体等室内建筑物的阻隔，无线信号的衰减现象较为严重，在这类场景下，可采用华为敏捷分布式 WLAN 组网架构部署网络满足此类需求。采用敏捷分布式组网，在每个宿舍部署一个 RU，RU 接入到中心 AP，所有 RU 和中心 AP 统一由 AC 进行集中管理，为每个宿舍提供高质量的 WLAN 网络覆盖。

1. 组网需求及网络拓扑图

示例采用华为敏捷分布式 WLAN 方案，AC 二层层组网旁挂方式。业务数据转发方式为隧道方式。AC 作为 DHCP 服务器为 AP 分配 IP 地址；三层交换机 LSW1 作为 DHCP 服务器为 STA 分配 IP 地址，拓扑图如图 10-31 所示。拓扑图中 AC1 采用 AC6605，中心 AP（AD1）采用 AD9430，AR1 采用 AR2200，作为网络出口路由器。接入单元 RU（SPA1-SAP4）采用 R250D。

要求通过配置，网络内路由器 AR1、PC1 与 STA 和 Cellphone 都可以互通，同时支持业务 VLAN 内二层漫游。

本示例中，管理 VLAN 为 VLAN100，无线业务 VLAN 为 VLAN101，有线业务 VLAN 为 VLAN102 等。AC1 采用旁路与 LSW1 连接，通过接口 VLANIF100 连接，LSW1 端 VLANIF100 接口 IP 地址 192.168.100.1/24，AC1 端 VLANIF100 接口 IP 地址 192.168.100.2/24。AC1 对 AP 的管理采用 VLAN100。AP 获得的 IP 地址为 192.168.100.0/24 范围内。LSW1 作为三层交换机，有线连接出口路由器 AR1 采用 VLAN102 接口，IP 地址为 192.168.102.1/24。无线业务 VLANIF101 接口 IP 地址 192.168.101.1/24。

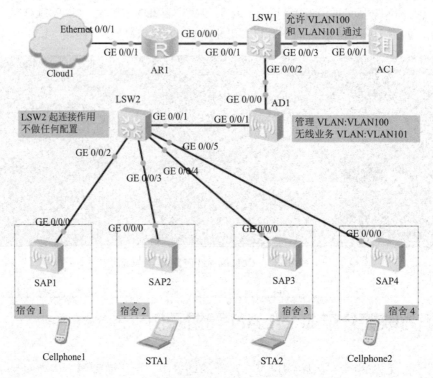

图 10-31 敏捷分布式 WLAN 拓扑图

2. AC 数据规划

为保障 AC 配置的正确性，首先对 AC 需要配置的数据进行规划。AC 数据规划如表 10-3 所示。

表 10-3 AC 数据规划表

| 配置项 | 数据 |
| --- | --- |
| AP 管理 VLAN | VLAN100 |
| STA 业务 VLAN | VLAN101 |
| DHCP 服务器 | AC1 作为 DHCP 服务器为 AP 分配 IP 地址<br>三层交换机 LSW1 为 STA 和 Cellphone 分配 IP 地址 |
| 中心 AP 和 RU 的 IP 地址池 | 名称：appool1<br>地址范围：192.168.100.3 ～ 192.168.100.254/24 |
| STA 的 IP 地址池 | VLAN101：192.168.101.2 ～ 192.168.101.254/24 |
| AC 源接口 IP | VLANIF101：192.168.101.2/24 |
| AP 组 | 名称：ap-group1<br>引用：域管理模板和 VAP 模板 |
| 域管理模板 | 名称：default<br>国家码：CN |
| SSID 模板 | 名称：ssid-school<br>SSID 名称：wlan-school |

## 第 10 章 集中式 WLAN 及实践

续表

| 配置项 | 数据 |
|---|---|
| 安全模板 | 名称：security-school<br>安全策略：WPA2+PSK+AES<br>密码：ab12345678 |
| VAP 模板 | 名称：wlan-vap1<br>配置：隧道转发，业务 VLAN101<br>引用：SSID 模板和安全模板 |

3. WLAN 配置思路

采用如下的思路配置华为敏捷分布式 WLAN 基本业务：

① 配置 LSW1、LSW2 和 AC 和中心 AP 和 RU 等网络设备，实现网络互通。LSW1 作为三层交换机。

② 配置 AC 作为 DHCP 服务器中心 AP 和 RU 分配 IP 地址。配置 LSW1 作为 DHCP 服务为 STA 分配 IP 地址。

③ 配置中心 AP 和 RU 上线。
- 创建 AP 组，用于将需要进行相同配置的 AP 都加入 AP 组，实现统一配置。
- 配置 AC 的系统参数，包括国家码、AC 与 AP 之间通信的源接口。
- 配置 AP 上线的认证方式并离线导入 AP 和 RU，实现 AP 和 RU 正常上线。

④ 配置 WLAN 业务参数，包括安全模板、SSID 模板和 VAP 模板等参数。

⑤ 配置 AP 组引用 VAP 模板，实现 WLAN 业务功能。

4. WLAN 基本配置步骤

(1) 配置网络互通

在三层交换机 LSW1 中配置 VLAN 100、VLAN101、VLAN102。其中 VLAN100 作为管理 VLAN，用于管理 AP 和 RU。VLAN101 作为无线业务 VLAN。VLAN102 作为有线用户使用的业务 VLAN。VLAN100 采用 192.168.100.0/24 网段，VLAN101 采用 192.168.101.0/24 网段，VLAN102 采用 192.168.102.0/24 网段。有线网络配置部分这里忽略。下面给出与 WLAN 相关的配置。

注意：

RU 到中心 AP 的网络需要保证用户的业务报文可以正常转发，本例使用隧道转发方式，无须在中心 AP 和 RU 间放通业务 VLAN。

```
# 配置 AC、LSW1，使中心 AP 与 AC 之间能够传输 CAPWAP 报文
#AC 配置
<AC6605> system-view
[AC6605] sysname AC
[AC] vlan batch 100
[AC] interface gigabitethernet 0/0/1
[AC-GigabitEthernet0/0/1] port link-type trunk
[AC-GigabitEthernet0/0/1] port trunk pvid vlan 100
[AC-GigabitEthernet0/0/1] port trunk allow-pass vlan 100 101
[AC-GigabitEthernet0/0/1] quit
```

```
#LSW1 配置
<HAUWEI>system-view
<HAUWEI>sysname LSW1
[LSW1] vlan batch 100 to 102
[LSW1] int gigabitethernet0/0/3
[LSW1-GigabitEthernet0/0/3] port link-type trunk
[LSW1-GigabitEthernet0/0/3] port trunk pvid vlan 100
[LSW1-GigabitEthernet0/0/3] port trunk allow-pass vlan 100 101
[LSW1]int gigabitethernet0/0/2
[LSW1-GigabitEthernet0/0/2] port link-type trunk
[LSW1-GigabitEthernet0/0/2] port trunk pvid vlan 100
[LSW1-GigabitEthernet0/0/2] port trunk allow-pass vlan 100
[LSW1-GigabitEthernet0/0/2] port-isolate enable
[LSW1-GigabitEthernet0/0/2]quit
```

（2）配置 DHCP 服务

本示例要求 AC1 作为 DHCP 服务为 AP 分配 IP 地址，三层交换机 LSW1 为 STA 和 Cellphone 分配 IP 地址。AC1 作为 AP 的 DHCP 服务器，采用全局地址池方式。三层交换机 LSW1 作为 STA 和 Cellphone 的 DHCP 服务器，采用接口地址池方式。

```
# 为AP设备配置DHCP服务
```

在 AC 中配置基于全局地址池 DHCP 服务器，为 VLANIF100 中 AP 提供 IP 地址。

```
#AC 配置
[AC] dhcp enable
[AC] interface vlanif 100
[AC-Vlanif100] ip address 192.168.100.2 24
[AC-Vlanif100] dhcp select global              ##全局DHCP服务
[AC-Vlanif100] quit
[AC]ip pool appool1
[AC-ip-pool-appool1] network 192.168.100.0 mask 24
[AC-ip-pool-appool1] gateway-list 192.168.100.1
[AC-ip-pool-appool1]quit
# 为STA和Cellphone设备配置基于接口地址池的DHCP服务
[LSW1] interface vlanif 101
[LSW1-Vlanif101] ip address 192.168.101.1 24
[LSW1-Vlanif101] dhcp select interface         ##接口DHCP服务
[LSW1-Vlanif101] quit
```

如果需要配置 DNS 服务器地址，则可以采用如下配置方法。接口地址池场景下，需要在 VLANIF 接口视图下执行命令 dhcp server dns-list ip-address &<1-8>。全局地址池场景下，需要在 IP 地址池视图下执行命令 dns-list ip-address &<1-8>。

（3）配置中心 AP 和 RU 上线（包括配置域管理模板、AP 组和 AC 源地址等）

```
# 采用默认域管理模板，在域管理模板下配置AC的国家码
[AC]wlan
[AC-wlan-view] regulatory-domain-profile name default
[AC-wlan-regulate-domain-domain-hbkjxy] country-code cn
[AC-wlan-regulate-domain-domain-hbkjxy] quit
```

```
# 创建AP组，并在AP组下引用域管理模板
[AC-wlan-view] ap-group name ap-group1
[AC-wlan-ap-group-ap-group1] regulatory-domain-profile default
Warning: Modifying the country code will clear channel, power and antenna gain
configurations of the radio and reset the AP. Continue?[Y/N]:y
[AC-wlan-ap-group-ap-group1] quit
# 配置AC的源接口
[AC] capwap source interface vlanif 100
# 在AC上导入中心AP和RU，并将AP分别加入AP组"ap-group1"
```

要将中心AP和RU加入AP组中，需要知道中心AP和RU的MAC地址或者序列号SN。首先查看中心AP和RU的MAC地址或者SN号。这里采用SN号，假定中心AP1的SN号为210235448310637C9E61，命名中心AP为center-ap，属于ap-group1。假定RU设备SAP1的SN为210235448310293b0567，命名为ru1，属于ap-group1。其他RU设备采用类似方法加入ap-group1组中。

```
[AC] wlan
[AC-wlan-view] ap auth-mode sn-auth
[AC-wlan-view] ap-id 0 ap-sn 210235448310637C9E61
[AC-wlan-ap-0] ap-name center-ap
[AC-wlan-ap-0] ap-group ap-group1
Warning: This operation may cause AP reset. If the country code changes, it
will clear channel, power and antenna gain configurations of the radio, Whether to
continue? [Y/N]:y
[AC-wlan-ap-0]quit
[AC-wlan-view]  ap-id 1 ap-sn 210235448310293b0567
[AC-wlan-ap-1] ap-name ru1
[AC-wlan-ap-1] ap-group ap-group1
Warning: This operation may cause AP reset. If the country code changes, it
will clear channel, power and antenna gain configurations of the radio, Whether to
continue? [Y/N]:y
[AC-wlan-ap-1]quit
# 将中心AP和RU上电，使中心AP和ru上线
```

执行命令display ap all，查看AP的"State"字段为"nor"时，表示AP正常上线。

（4）配置WLAN业务参数

```
# 创建名为"security-school"的安全模板
```

以配置WPA2+PSK+AES的安全策略为例，密码为"ab12345678"，实际配置中请根据实际情况，配置符合实际要求的安全策略。

```
[AC-wlan-view] security-profile name security-school
[AC-wlan-sec-prof-security-hbkjxy] security wpa2 psk pass-phrase ab12345678 aes
[AC-wlan-sec-prof-security-hbkjxy] quit
# 创建名为"ssid-school"的SSID模板，配置SSID名为"wlan-school"
[AC-wlan-view] ssid-profile name ssid-school
[AC-wlan-ssid-prof-ssid-hbkjxy] ssid wlan-school
[AC-wlan-ssid-prof-ssid-hbkjxy] quit
# 创建名为"wlan-vap1"的VAP模板，配置业务数据转发模式、业务VLAN，并且引用相应的安全模板和SSID模板
[AC-wlan-view] vap-profile name wlan-vap1
```

```
[AC-wlan-vap-prof-wlan-vap1] forward-mode  tunnel
[AC-wlan-vap-prof-wlan-vap1] service-vlan vlan-id 101
[AC-wlan-vap-prof-wlan-vap1] security-profile security-school
[AC-wlan-vap-prof-wlan-vap1] ssid-profile ssid-school
[AC-wlan-vap-prof-wlan-vap1] quit
```

(5) 配置 AP 组引用 VAP 模板，使 WLAN 业务生效

```
# 配置AP组引用VAP模板，AP上射频0和射频1都使用VAP模板的配置
[AC-wlan-view] ap-group name ap-group1
[AC-wlan-ap-group-ap-group1] vap-profile wlan-vap1 wlan 1 radio 0
[AC-wlan-ap-group-ap-group1] vap-profile wlan-vap1 wlan 1 radio 1
[AC-wlan-ap-group-ap-group1] quit
```

配置完成后，可以使用命令 display vap ssid wlan-net 查看信息。由于华为 eNSP 中，中心 AP 设备无法上线，这里给出配置方法，仅供配置参考。不做测试验证，也不进行射频调优配置和漫游测试。

 小结

本章主要介绍了集中式 WLAN 相关知识和三种集中式 WLAN 应用场景的配置示例。

集中式 WLAN 采用 AC+FIT-AP 的组网模式。AC 可以采用两种部署方案，分配是集中式 AC 部署方案和分布式 AC 部署方案。AC 可以采用两种接入网络方式，分别是直连方式和旁挂方式。AC 可以采用两种组网方式，分别是二层组网方式和三层组网方式。

集中式 WLAN 支持漫游功能，包括二层漫游和三层漫游。

集中式 WLAN 的控制报文采用 CAPWAP 隧道进行转发，集中式 WLAN 的数据报文可以采用直接转发或者 CAPWAP 隧道转发。

WLAN 基本业务配置流程包括四个步骤：有线网络互通配置；DHCP 配置；AP 上线配置；AC 为 FIT-AP 下发 WLAN 业务配置。通过以上四个步骤，可以是工作站 STA 接入 WLAN 网络。

集中式 WLAN 可以应用于多种场景，典型的应用如中小型园区 WLAN 和大型园区 WLAN。另外，在酒店房间、校园宿舍、医院病房等多房间场景 WLAN。

# 第 11 章

# 分布式 WLAN 及实践

分布式 WLAN 是由一组具有无线收发装置的移动节点组成的无线多跳网络，包括无线分布式系统（WDS）和无线网状（Mesh）网络。

## 11.1 分布式 WLAN 概述

可以说，分布式 WLAN 是在无线自组网络（Ad-Hoc）和集中式 WLAN 的基础发展起来的。包括无线分布式系统（WDS 网络）和基于 IEEE 802.11s 的无线网状网络（Mesh 网络）。

由无线网桥组成的互联系统称为无线分布系统（Wireless Distribution System，WDS）。WDS 网络的功能是充当无线网络的网桥或中继器，通过在无线 AP 上开启 WDS 功能，让其可以延伸扩展无线信号，从而覆盖更广更大的范围。也就是说，WDS 可以让无线 AP 之间通过无线进行桥接（中继），而在桥接的过程中并不影响其无线设备覆盖效果的功能。这样就可以用两个无线设备，让其之间建立 WDS 信道和通信关系，从而将无线网络覆盖范围扩展到原来的一倍以上，大大方便了无线上网。WDS 网络由无线网桥互联组成，WDS 链路采用相对静态的桥接配置，没有明显的冗余无线链路，无线网桥不会自动发现新的端点，如果某个端点发生故障，WDS 网络将无法自动将数据转发到先前未配置的备用路径上。

由 Mesh 路由器组成的无线互连系统被称为无线 Mesh 网络。无线 Mesh 网络由 Mesh 路由器和 Mesh 客户端两种节点构成。Mesh 路由器具备特殊的功能来支持 Mesh 网络，通过多跳路由，Mesh 路由器可以用较低的功率覆盖同样的面积。为了进一步提高 Mesh 网络灵活性，Mesh 路由器具备多种无线接口以支持多种无线接入技术。无线 Mesh 网络是针对动态网络环境而设计的，能提供多条冗余的无线链路，可以自动发现新节点并动态确定节点和节点之间的最佳路径。无线 Mesh 网络技术理念先进，拥有广阔的发展前景。但无线 Mesh 网络的推动力量主要是一些新兴公司，且众多新兴公司已经在自有协议下生产产品，为非标准化产品。而且，在电信网络 3G/4G 技术商用后，无线 Mesh 网络接入市场需求也急剧萎缩。这些在一定程度上阻碍了 Mesh 网络标准的统一和发展。

基于 IEEE 802.11s 无线 Mesh 网络（本章后续简称 Mesh 网络）是一种特殊的无线 Mesh 网络，是支持无线网状组网的新型的 WLAN，采用混合无线 Mesh 路由协议（Hybrid Wireless Mesh Protocol，HWMP）。IEEE 802.11s 是 IEEE 802.11 的 MAC 层协议的补充，规定如何在 802.11a/b/g/n 协议的基础上构建无线 Mesh 网。IEEE 802.11s 协议在原 IEEE 802.11 体系结构与协议基础上提供 ESS（Extended Service Station）的 Mesh 功能，使各 WLAN 设备能够无线互连、实现自动拓扑发现并进行动态路径的配置，同时对 MAC 协议进行了扩展，支持单播/多播/广播，并在 MAC 层使用无线信道感知机制与多跳拓扑来达到理想的覆盖范围，保证网络的灵活性。

IEEE 802.11s 定义了三种类型的新节点，分别是 Mesh 节点（MP）、Mesh 接入节点（MAP）、Mesh 门户桥节点（MPP）。MP 是支持无线局域网的 Mesh 服务的 802.11 实体，没有 AP 的功能，只能作为中继节点；MAP 是拥有 MP 全部功能，并提供接入点 AP 功能的 MP；MPP 是 MAC 协议数据单元进入和离开 Mesh 网络的桥接门户出入口设备。

本章后续内容结合华为无线产品，介绍分布式 WLAN 中的 WDS 网络和 Mesh 网络相关知识及其配置方法，主要参考华为产品文档《无线接入控制器 (AC 和 FIT-AP) V200R008C10 产品文档》完成。

## 11.2 WDS 网络原理

需要注意的是，在"自治式 WLAN 及其实践"章节中介绍了通过无线路由器桥接方式扩展无线信号覆盖区域的方法。通过无线路由器桥接方式组成的网络也是一种 WDS 网络。

### 11.2.1 WDS 基本概念

扫一扫
WDS网络原理

采用华为接入点 AP 构建 WDS 网络，涉及一些与 WDS 相关的概念，包括业务型 VAP、WDS 型 VAP、无线虚连接 WVL、AP 工作模式。

业务型 VAP：传统 WLAN 网络中，AP 是为 STA 提供的 WLAN 业务功能实体。VAP 是 AP 设备上虚拟出来的概念，即一个 AP 上可以创建多个 VAP 以满足多个用户群组的接入服务。如图 11-1 所示，AP3 上创建的 VAP0 即为业务型 VAP。

WDS 型 VAP：WDS 网络中，AP 是为邻居设备提供 WDS 服务的功能实体。WDS 型 VAP 又分为 AP 型 VAP 和 STA 型 VAP，STA 型 VAP ID 固定为 13，AP 型 VAP ID 固定为 12。AP 型 VAP 为 STA 型 VAP 提供连接功能。如图 11-1 所示，AP3 上创建的 VAP13 即为 STA 型 VAP，AP2 上创建的 VAP12 即为 AP 型 VAP。

无线虚连接 WVL（Wireless Virtual Link）：相邻 AP 之间 STA 型 VAP 和 AP 型 VAP 建立的 WDS 链路，如图 11-1 所示。

AP 的工作模式：根据 AP 在 WDS 网络中的实际位置，AP 的工作模式分为 root 模式、middle 模式和 leaf 模式，如图 11-1 所示。

- root 模式：AP 作为根节点与 AC 通过有线相连，同时以 AP 型 VAP 向下与 STA 型 VAP 建立无线虚链路。图 11-1 中的 AP1 为 root 模式。
- middle 模式：AP 作为中间节点以 STA 型 VAP 向上连接 AP 型 VAP、以 AP 型 VAP 向下连接 STA 型 VAP。图 11-1 中的 AP2 为 middle 模式。

# 第 11 章　分布式 WLAN 及实践

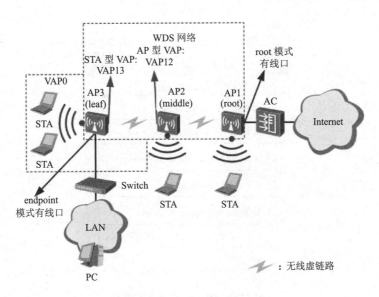

图 11-1　WDS 组网图

- leaf 模式：AP 作为叶子节点以 STA 型 VAP 向上连接 AP 型 VAP。图 11-1 中的 AP3 为 leaf 模式。

AP 有线口的工作模式：在 WDS 网络和 Mesh 网络中的 AP 与传统 WLAN 网络中的 AP 有所不同，其有线口不仅仅只用于连接上行有线网络，还可以下行连接主机或局域网。根据 AP 在 WDS 网络和 Mesh 网络中的实际位置，接入点 AP 有线口的工作模式分为 root 模式和 endpoint 模式。

- root 模式：连接上行有线网络。图 11-1 中 AP1 与 AC 连接的有线口。
- endpoint 模式：下行连接主机或局域网。图 11-1 中 AP3 与交换机连接的有线口。

💡 注意：

在 WDS 网络中，必须要有一个 AP 有线口的工作模式为 root，用来以有线方式上行接入有线网络。默认情况下，华为 AP 设备一般普通 AP 的 GE 口的工作模式为"root"，Ethernet 口的工作模式为"endpoint"，Eth-trunk 口的工作模式为"root"。中心 AP 的上行 GE 口的工作模式为"root"，下行 GE 口的工作模式为"middle"。

## 11.2.2　WDS 实现原理

华为无线设备组建 WDS 网络，是在 AC+瘦 AP 模式下，通过配置 WDS 模板，并在 AP 组或 AP 射频中引用 WDS 模板建立无线虚连接实现的。WDS 网络的实现主要包括 AP 通过无线虚连接上线和建立业务连接两个过程。

1. AP 通过无线虚连接上线

当使能 AP 的 WDS 功能后，系统会自动创建 WDS 型 VAP（即 AP 型 VAP 与 STA 型 VAP），以使 AP 间能够建立无线虚链路。通过无线虚链路，AP 接入 AC 并获取自身的配置。

2. 建立业务链接

在 WDS 网络中，业务数据是通过无线虚链路传输的，在 AP 上线之后需要通过无线虚链路建立业务链接。如图 11-2 所示，下面以图 11-1 所示的 AP2 和 AP3 为例说明业务链接的建立过程。

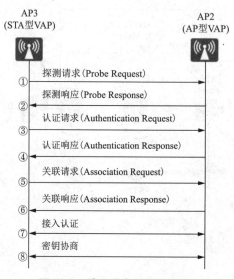

图 11-2　建立业务链接流程图

① 探测请求：AP3 广播携带指定 WDS-Name（WDS 网桥标识，类似于传统 WLAN 业务中的 SSID）的探测请求帧。

② 探测响应：AP2 收到探测请求帧后，发送探测响应帧。

③ 认证请求：AP3 收到探测响应帧后，向 AP2 发送认证请求帧。

④ 认证响应：AP2 收到认证请求帧后，根据 WDS 白名单的使能情况来决定是否允许 AP3 接入：

- 如果未使能 WDS 白名单，则允许 AP3 接入，向 AP3 发送认证响应帧，表示认证成功；
- 如果使能了 WDS 白名单，则判断 AP3 的 MAC 地址是否在白名单列表中：
    ◆ 如果在，则允许 AP3 接入，向 AP3 发送认证响应帧，表示认证成功；
    ◆ 如果不在，则向 AP3 发送带响应错误码的认证响应帧，表示认证失败，不再进行下面的步骤。

⑤ 关联请求：AP3 收到认证成功的认证响应帧后，向 AP2 发送关联请求帧。

⑥ 关联响应：AP2 收到关联请求帧后，向 AP3 发送关联响应帧，通知 AP3 进行接入认证。

⑦ 接入认证：WDS 要求 STA 型 AP 的接入认证方式必须为 WPA2-PSK 方式。因此，AP3 和 AP2 利用预配置的共享密钥进行协商，通过能否对协商的消息成功解密来确定 AP3 和 AP2 上的密钥是否相同，从而完成 AP3 和 AP2 的相互认证。

⑧ 密钥协商：AP3 和 AP2 协商出后续数据业务报文传输的加密密钥。

业务链接建立成功后，AP 间将定期发送链路维持通知，如果长时间收不到通知，则将业务链接断开，并重新开始建立业务链接的过程。如果 AC 下发新的 WDS 参数给 AP，则 AP 需要用新配置的参数重新开始建立业务链接。

### 11.2.3　WDS 网络架构

WDS 网络架构可分为点到点方式和点到多点方式。

1. 点到点组网方式

如图 11-3 所示，AP1 通过与 AP2 建立无线虚拟链路实现 AP1 下用户的无线接入服务。

# 第 11 章　分布式 WLAN 及实践

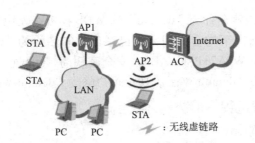

图 11-3　WDS 点到点方式组网图

2. 点到多点组网方式

如图 11-4 所示，AP4 作为中心设备，AP1～AP3 分别与 AP4 建立无线虚拟链路，AP1～AP3 下用户所有的数据传输都要通过中心设备 AP4 进行转发。

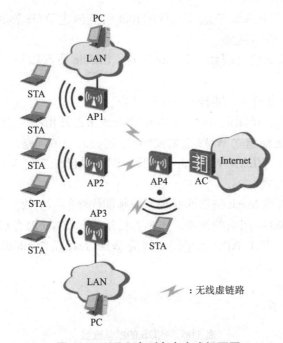

图 11-4　WDS 点到多点方式组网图

## 11.3　WDS 网络配置方法

采用华为设备建立 WDS 网络，关键是配置 WDS 模板，通过 WDS 模板配置 WDS 业务参数，实现 WDS 网络。

### 11.3.1　WDS 模板

WDS 模板包含了配置 WDS 功能所需要的主要参数。AP 组或指定 AP 的射频引用 WDS 模板，是 AP 射频建立 WDS 链路的基本条件。WDS 功能的实现需要与安全模板、WDS 白名单模板、AP 组射频或指定 AP 射频、射频模板等配合使用。

默认情况下，系统已经创建名称为"default"的 WDS 模板。无论是"default"还是用户自定义创建的 WDS 模板，默认情况下均会引用系统已经创建的名称为"default-wds"的安全模板，"default-wds"的安全策略为 WPA2+PSK+AES，安全密钥为"huawei_secwds"。为了安全起见，如果用户使用默认的安全模板"default-wds"，建议用户修改"default-wds"的安全密钥。

## 11.3.2　WDS 网络配置过程

1. 华为设备 WDS 网络限制

需要注意的是，并不是所有的华为 AP 都支持 WDS 功能，比如 AP2050DN 系列和 AD9430DN 系列就不支持 WDS 功能，而常用的 AP4050DN 系列和 AP8130DN 系列是支持 WDS 功能的。

为了保证用户配置 WDS 网络成功，在利用华为无线设备配置 WDS 网络时，需要注意以下限制和约束。

- 在一个 WDS 网络中，只能有一个 root 节点。
- middle 节点只能下行和 leaf 节点、上行和 root 节点创建 WDS 链路，middle 节点和 middle 节点之间不会创建 WDS 链路。
- 每条 WDS 链路建议 3 跳（例如，由 root 节点、middle 节点和 leaf 节点构成的 WDS 链路就是 3 跳链路）。
- WDS 链路上的各节点最多只能接入 6 个子节点。
- 在配置 WDS 功能时，请保证 root、middle 和 leaf 节点使用相同的 WDS 网桥标识和安全密钥。否则，会造成无法建立 WDS 链路或 WDS 链路断链的问题。
- WLAN Mesh 功能与 WLAN WDS 功能互斥，即如果已配置了 WLAN WDS 功能，不能再进行 WLAN Mesh 配置。
- 对于配置 WDS 网桥或 Mesh 链路的射频，射频调优功能不生效。
- 为了保证 Mesh 和 WDS 网络的性能，不推荐使用 5G、2.4G 混合组成网桥链路。
- 通过有线连接正常上线的 AP，如果误配置成 WDS leaf 或者 middle 角色，会导致该射频下其他的 VAP 业务不正常。

2. WDS 默认配置

WDS 的默认配置见表 11-1。

表 11-1　WDS 的默认配置

| 参　　数 | 缺　省　值 |
| --- | --- |
| WDS 模板引用的安全模板 | default-wds |
| WDS 模板的网桥模式 | leaf |
| WDS 模板的网桥标识 | HUAWEI-WLAN-WDS |
| 系统缺省的 WDS 模板 | default |
| WDS 白名单模板 | 无 |

3. WDS 配置过程

在 AC+瘦 AP 模式下，通过配置 WDS，实现 AP 之间无线连接，可以很方便地在复杂环境中部署无线局域网，节约网络部署成本，且易于扩展，可以实现灵活组网。WDS 网络具体配置包括以下任务。

在配置 WDS 之前，需要完成以下配置任务：配置有线网络互通；创建 AP 组；配置国家码；

# 第 11 章 分布式 WLAN 及实践

配置 CAPWAP 源接口或源地址。

配置 WDS，包括以下任务：添加 AP；配置 WDS 射频参数；配置 AP 有线口参数；配置安全模板；配置 WDS 白名单（可选）；配置 WDS 角色和 WDS 模板（包括配置 WDS 网络标识）。在 AP 组中引用相关模板，使 WDS 业务生效。

WDS 网络配置与集中式 WLAN 配置的不同点在于，集中式 WLAN 在配置 WLAN 业务参数时，需要配置 SSID 模板、安全模板以及 VAP 模板。而 WDS 网络在配置 WDS 业务参数时，需要配置安全模板、WDS 白名单（可选）和 WDS 模板，WDS 模板中包含 WDS 网络标识。

可以按照配置 WDS 的任务顺序进行，具体配置方法通过下面的示例进行说明。

## 11.4 WDS 配置示例

当有线网络部署受施工条件的限制，需要连接的网络之间有障碍物或传输距离较远，AP 无法全部采用有线连接接入到 AC，可以采用 WDS 技术将 AP 通过无线方式级联组成中继网桥，保证长距离网络传输中的无线链路带宽。华为无线设备构建 WDS 网络，用于实现 AP 之间通过 WDS 链路连接至 AC。要实现用户的 WLAN 的业务应用，还需完成集中式 WLAN 基本业务的配置任务。

1. 组网需求及网络拓扑图

示例采用小型 WLAN 方案，AC 部署采用二层组网旁挂方式，回传射频采用 5G 频段。AC 作为 DHCP 服务器为 AP 分配 IP 地址；三层交换机 LSW1 作为 DHCP 服务器为 STA 和 PC 分配 IP 地址，拓扑图如图 11-5 所示。AP1、AP2、AP3 之间为无线虚链路。拓扑图中 AC1 采用 AC6605，AP 采用 AP4050DN，AR1 采用 AR2200，作为网络出口路由器。

要求通过配置，AP1、AP2、AP3 组成 WDS 网络，通过无线虚链路连接，PC1 和 PC2 之间可以互相通信，也能与外网通信。

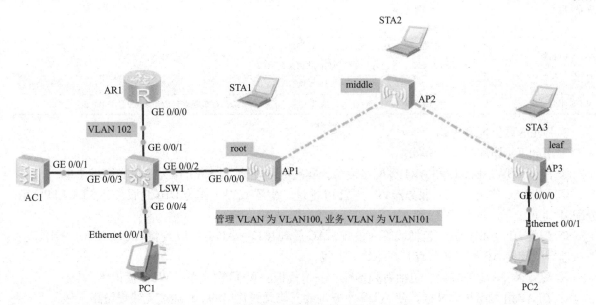

图 11-5 WDS 网络拓扑图

## 2. AC 数据规划

为保障 AC 配置的正确性，首先对 AC 需要配置的数据进行规划。AC 数据规划见表 11-2。

表 11-2 AC 数据规划表

| 配置项 | 数据 |
| --- | --- |
| AP 管理 VLAN | VLAN100 |
| STA 和 PC 业务 VLAN | VLAN101 |
| DHCP 服务器 | AC1 作为 DHCP 服务器为 AP 分配 IP 地址<br>三层交换机 LSW1 为 STA 和 PC 分配 IP 地址 |
| AP 的 IP 地址池 | 名称：appool1<br>地址范围：192.168.100.3～192.168.100.254/24 |
| STA 的 IP 地址池 | VLAN101：192.168.101.2～192.168.101.254/24 |
| AC 源接口 IP | VLANIF100：192.168.100.2/24 |
| AP 组 | 名称：wds-root：ap1<br>　　　 wds-middle：ap2<br>　　　 wds-leaf：ap3 |
| 域管理模板 | 名称：domain1<br>国家码：CN |
| 安全模板 | 名称：wds-sec<br>安全策略：WPA2+PSK+AES<br>密码：ab12345678 |
| WDS 模板 | wds-net1：AP1 使用的 WDS 模板，网桥模式为 root，引用白名单 wds-list1，只允许 AP2 接入<br>wds-net2：AP2 使用的 WDS 模板，网桥模式为 middle，引用白名单 wds-list2，只允许 AP3 接入<br>wds-net3：AP3 使用的 WDS 模板，网桥模式为 leaf |
| WDS 角色 | AP1：root<br>Ap2：middle<br>Ap3：leaf |
| WDS 白名单 | wds-whitelist1：添加 AP2 的 MAC，并绑定在 AP1 上<br>wds-whitelist2：添加 AP3 的 MAC，并绑定在 AP2 上 |
| WDS 网络标识 | wds-net |
| WDS 使用射频 | 回传射频采用射频 1，5G 信号，信道 157，带宽 40 MHz。覆盖距离参数为 4（单位：100 m） |

## 3. WDS 网络配置思路

采用如下思路配置 WDS 网络：

① 配置 LSW1 和 AC 和 AR1 等网络设备，实现网络互通。LSW1 作为三层交换机使用。

② 配置 AC 作为 DHCP 服务器 AP 分配 IP 地址。配置 LSW1 作为 DHCP 服务为 STA 和 PC 机分配 IP 地址。

③ 配置 AP 上线参数，包括域管理模板、AC 管理接口、AP 分组以及将 AP 接入 AP 分组等。使通过有线连接 AP（MPP 节点）在 AC 中上线。

④ 配置 WDS 业务参数，包括射频参数、安全模板、WDS 白名单、WDS 模板等。

⑤ 在 AP 组引用相关模板，使 WDS 业务生效。使无线连接的 AP 通过无线虚链路上线。

## 4. WDS 网络配置步骤

（1）配置网络互通

在三层交换机 LSW1 中配置 VLAN100、VLAN101、VLAN102。其中 VLAN100 作为管理 VLAN，用于管理 AP。VLAN101 作为无线业务 VLAN。VLAN102 作为有线用户使用的业务 VLAN。VLAN100 采用 192.168.100.0/24 网段，VLAN101 采用 192.168.101.0/24 网段，VLAN102 采用 192.168.102.0/24 网段。有线网络配置部分这里忽略。下面给出与 WDS 网络相关的配置。

```
# 对 AC、LSW1 进行初始配置，使 AP 与 AC 之间能够传输 CAPWAP 报文
#AC 配置
<AC6605> system-view
[AC6605] sysname AC
[AC] vlan batch 100
[AC] interface gigabitethernet 0/0/1
[AC-GigabitEthernet0/0/1] port link-type trunk
[AC-GigabitEthernet0/0/1] port trunk pvid vlan 100
[AC-GigabitEthernet0/0/1] port trunk allow-pass vlan 100 101
[AC-GigabitEthernet0/0/1] quit
#LSW1 配置
<HAUWEI>system-view
<HAUWEI>sysname LSW1
[LSW1] vlan batch 100 to 102
[LSW1] int gigabitethernet0/0/3
[LSW1-GigabitEthernet0/0/3] port link-type trunk
[LSW1-GigabitEthernet0/0/3] port trunk pvid vlan 100
[LSW1-GigabitEthernet0/0/3] port trunk allow-pass vlan 100 101
[LSW1]int gigabitethernet0/0/2
[LSW1-GigabitEthernet0/0/2] port link-type trunk
[LSW1-GigabitEthernet0/0/2] port trunk pvid vlan 100
[LSW1-GigabitEthernet0/0/2] port trunk allow-pass vlan 100 101
[LSW1-GigabitEthernet0/0/2] port-isolate enable
[LSW1-GigabitEthernet0/0/2]quit
```

（2）配置 DHCP 服务

示例要求 AC1 作为 DHCP 服务为 AP 分配 IP 地址，三层交换机 LSW1 为 STA 和 PC 分配 IP 地址。AC1 作为 AP 的 DHCP 服务器，采用全局地址池方式。三层交换机 LSW1 作为 STA 和 PC 的 DHCP 服务器，采用接口地址池方式。

```
# 为 AP 设备配置 DHCP 服务
```

在 AC 中配置基于全局地址池 DHCP 服务器，为 VLANIF100 中 AP 提供 IP 地址。

```
#AC 配置
[AC] dhcp enable
[AC] interface vlanif 100
[AC-Vlanif100] ip address 192.168.100.2 24
[AC-Vlanif100] dhcp select global        ## 全局 DHCP 服务
[AC-Vlanif100] quit
[AC]ip pool appool1
[AC-ip-pool-appool1] network 192.168.100.0  mask 24
```

```
[AC-ip-pool-appool1] gateway-list 192.168.100.1
[AC-ip-pool-appool1] quit
# 在LSW1中为STA和PC设备配置DHCP服务
[LSW1] interface vlanif 101
[LSW1-Vlanif101] ip address 192.168.101.1 24
[LSW1-Vlanif101] dhcp select interface        ##接口DHCP服务
[LSW1-Vlanif101] quit
```

如果需要配置DNS服务器地址，则可以采用如下配置方法。接口地址池场景下，需要在VLANIF接口视图下执行命令 dhcp server dns-list ip-address &<1-8>。全局地址池场景下，需要在IP地址池视图下执行命令 dns-list ip-address &<1-8>。

（3）配置域管理模板、AP组和AC的源接口，将AP接入AP组，以便AP上线

```
# 配置域管理模板，在域管理模板下配置AC的国家码
[AC]wlan
[AC-wlan-view] regulatory-domain-profile name domain1
[AC-wlan-regulate-domain-domain-hbkjxy] country-code cn
[AC-wlan-regulate-domain-domain-hbkjxy] quit
# 创建AP组，并在AP组下引用域管理模板
[AC-wlan-view] ap-group name wds-root
[AC-wlan-ap-group-wds-root] regulatory-domain-profile domain1
Warning: Modifying the country code will clear channel, power and antenna gain configurations of the radio and reset the AP. Continue?[Y/N]:y
[AC-wlan-ap-groupwds-root] quit
[AC-wlan-view] ap-group name wds-middle
[AC-wlan-ap-group-wds-middle] regulatory-domain-profile domain1
Warning: Modifying the country code will clear channel, power and antenna gain configurations of the radio and reset the AP. Continue?[Y/N]:y
[AC-wlan-ap-group-wds-middle] quit
[AC-wlan-view] ap-group name wds-leaf
[AC-wlan-ap-group-wds-leaf] regulatory-domain-profile domain1
Warning: Modifying the country code will clear channel, power and antenna gain configurations of the radio and reset the AP. Continue?[Y/N]:y
[AC-wlan-ap-group-wds-leaf] quit
# 配置AC的源接口
[AC] capwap source interface vlanif 100
# 将AP分别加入AP组 "wds-root"、"wds-middle" 和 "wds-leaf"
```

要将AP加入AP组中，需要知道AP的MAC地址或者序列号SN。首先查看AP的MAC地址或者SN号，这里采用SN号。

```
[AC] wlan
[AC-wlan-view] ap auth-mode sn-auth
[AC-wlan-view] ap-id 1 ap-sn 210235448310b2598131
[AC-wlan-ap-1] ap-name ap-root
[AC-wlan-ap-1] ap-group wds-root
Warning: This operation may cause AP reset. If the country code changes, it will clear channel, power and antenna gain configurations of the radio, Whether to continue? [Y/N]:y
[AC-wlan-ap-1]quit
```

## 第 11 章 分布式 WLAN 及实践

```
[AC-wlan-view] ap-id 2 ap-sn 210235448310761aaf37
[AC-wlan-ap-2] ap-name ap-middle
[AC-wlan-ap-2] ap-group wds-middle
Warning: This operation may cause AP reset. If the country code changes, it will clear channel, power and antenna gain configurations of the radio, Whether to continue? [Y/N]:y
[AC-wlan-ap-2]quit
[AC-wlan-view] ap-id 3 ap-sn 210235448310985d6524
[AC-wlan-ap-3] ap-name ap-leaf
[AC-wlan-ap-3] ap-group wds-leaf
Warning: This operation may cause AP reset. If the country code changes, it will clear channel, power and antenna gain configurations of the radio, Whether to continue? [Y/N]:y
[AC-wlan-ap-3]qui
```

**注意:**

通过以上配置，AP1 上线，但 AP2 和 AP3 还没有上线，需要配置 WDS 业务参数使 AP2 和 AP3 上线。

(4) 配置 WDS 业务参数

\# 配置 WDS 网络节点使用的主要射频参数。

示例中使用的 AP4050DN 的射频 1，5G 频段，将信道设置为 157，信道带宽为 40 MHz，射频覆盖距离设置为 4，单位为 100 m。

**注意:**

在 WDS 网络中，建立 WDS 链路的射频必须为同一信道。

```
[AC-wlan-view] ap-group name wds-root
[AC-wlan-ap-group-wds-root1] radio 1
[AC-wlan-group-radio-wds-root/1] channel 40mhz-plus 157
Warning: This action may cause service interruption. Continue?[Y/N]y
[AC-wlan-group-radio-wds-root/1] coverage distance 4
[AC-wlan-group-radio-wds-root/1] quit
[AC-wlan-ap-group-wds-root] quit
[AC-wlan-view] ap-group name wds-middle
[AC-wlan-ap-group-wds-middle] radio 1
[AC-wlan-group-radio-wds-middle/1] channel 40mhz-plus 157
Warning: This action may cause service interruption. Continue?[Y/N]y
[AC-wlan-group-radio-wds-middle/1] coverage distance 4
[AC-wlan-group-radio-wds-middle/1] quit
[AC-wlan-ap-group-wds-middle] quit
[AC-wlan-view] ap-group name wds-leaf
[AC-wlan-ap-group-wds-leaf] radio 1
[AC-wlan-group-radio-wds-leaf/1] channel 40mhz-plus 157
Warning: This action may cause service interruption. Continue?[Y/N]y
[AC-wlan-group-radio-wds-leaf/1] coverage distance 4
[AC-wlan-group-radio-wds-leaf/1] quit
[AC-wlan-ap-group-wds-leaf] quit
```

# 创建名为"wds-sec"的安全模板

以配置WPA2+PSK+AES的安全策略为例,密码为"ab12345678",实际配置中请根据实际情况,配置符合实际要求的安全策略。

```
[AC-wlan-view] security-profile name wds-sec
[AC-wlan-sec-prof-wds-sec] security wpa2 psk pass-phrase ab12345678 aes
[AC-wlan-sec-prof-wds-sec] quit
# 配置WDS白名单
```

配置ap-root绑定的WDS白名单"wds-list1",仅允许AP-middle接入。配置ap-middle绑定的WDS白名单"wds-list2",仅允许ap-leaf接入。

```
[AC-wlan-view] wds-whitelist-profile name wds-whitelist1
[AC-wlan-wds-whitelist-wds-list1] peer-ap mac 00e0-fc33-71c0
[AC-wlan-wds-whitelist-wds-list1] quit
[AC-wlan-view] wds-whitelist-profile name wds-whitelist2
[AC-wlan-wds-whitelist-wds-list2] peer-ap mac 00e0-fcc0-0100
[AC-wlan-wds-whitelist-wds-list2] quit
# 配置WDS模板"wds-net1"
```

网桥标识为"wds-net",网桥模式为"root",引用安全模板"wds-sec",以tagged形式允许业务VLAN101通过。

```
[AC-wlan-view] wds-profile name wds-net1
[AC-wlan-wds-prof-wds-net1] wds-name wds-net
[AC-wlan-wds-prof-wds-net1] wds-mode root
[AC-wlan-wds-prof-wds-net1] security-profile wds-sec
[AC-wlan-wds-prof-wds-net1] vlan tagged 101
[AC-wlan-wds-prof-wds-net1] quit
# 配置WDS模板"wds-net2"
```

网桥标识为"wds-net",网桥模式为"middle",引用安全模板"wds-sec",以tagged形式允许业务VLAN101通过。

```
[AC-wlan-view] wds-profile name wds-net2
[AC-wlan-wds-prof-wds-net2] wds-name wds-net
[AC-wlan-wds-prof-wds-net2] wds-mode middle
[AC-wlan-wds-prof-wds-net2] security-profile wds-sec
[AC-wlan-wds-prof-wds-net2] vlan tagged 101
[AC-wlan-wds-prof-wds-net2] quit
# 配置WDS模板"wds-net3"
```

网桥标识为"wds-net",网桥模式为"leaf",引用安全模板"wds-sec",以tagged形式允许业务VLAN101通过。

```
[AC-wlan-view] wds-profile name wds-net3
[AC-wlan-wds-prof-wds-net3] wds-name wds-net
[AC-wlan-wds-prof-wds-net3] wds-mode leaf
[AC-wlan-wds-prof-wds-net3] security-profile wds-sec
[AC-wlan-wds-prof-wds-net3] vlan tagged 101
[AC-wlan-wds-prof-wds-net3] quit
```

## 第 11 章 分布式 WLAN 及实践

# 配置 AP 组 "wds-root" 的射频 1 引用 WDS 白名单 "wds-list1"，只允许 ap-middle 接入。配置 AP 组 "wds-middle" 的射频 1 引用 WDS 白名单 "wds-list2"，只允许 ap-leaf 接入。

```
[AC-wlan-view] ap-group name wds-root
[AC-wlan-ap-group-wds-root] radio 1
[AC-wlan-group-radio-wds-root/1] wds-whitelist-profile wds-whitelist1
[AC-wlan-group-radio-wds-root/1] quit
[AC-wlan-ap-group-wds-root] quit
[AC-wlan-view] ap-group name wds-middle
[AC-wlan-ap-group-wds-middle] radio 1
[AC-wlan-group-radio-wds-middle/1] wds-whitelist-profile wds-whitelist2
[AC-wlan-group-radio-wds-middle/1] quit
[AC-wlan-ap-group-wds-middle] quit
```

（5）配置 ap-leaf 的有线口使用的有线口模板，使其有线口模式为 "endpoint"

本例中配置有线口的 PVID 为业务 VLAN101，以 untagged 形式加入 VLAN101。

```
[AC-wlan-view] wired-port-profile name wired-port1
[AC-wlan-wired-port-wired-port1] mode endpoint
Warning: If the AP goes online through a wired port, the incorrect port mode configuration will cause the AP to go out of management. This fault can be recovered only by modifying the configuration on the AP. Continue? [Y/N]:y
[AC-wlan-wired-port-wired-port1] vlan pvid 101
##配置 AP 有线口的 PVID，缺省情况下，AP 有线口没有配置 pvid
[AC-wlan-wired-port-wired-port1] vlan untagged 101
##配置 VLAN101 以 untaged 方式接入 AP 有线口
[AC-wlan-wired-port-wired-port1] quit
```

（6）在 AP 组引用相关模板，使 WDS 业务生效

```
# 配置 AP 组 "wds-root"，引用 WDS 模板 "wds-net1"
[AC-wlan-view] ap-group name wds-root
[AC-wlan-ap-group-wds-root] wds-profile wds-net1 radio 1
Warning: This action may cause service interruption. Continue?[Y/N]y
[AC-wlan-ap-group-wds-root] quit
# 配置 AP 组 "wds-middle"，引用 WDS 模板 "wds-net2"
[AC-wlan-view] ap-group name wds-middle
[AC-wlan-ap-group-wds-middle] wds-profile wds-net2 radio 1
Warning: This action may cause service interruption. Continue?[Y/N]y
[AC-wlan-ap-group-wds-middle] quit
# 配置 AP 组 "wds-leaf1"，引用 WDS 模板 "wds-net3"。引用有线口模板 "wired-port"
[AC-wlan-view] ap-group name wds-leaf
[AC-wlan-ap-group-wds-leaf] wds-profile wds-net3 radio 1
Warning: This action may cause service interruption. Continue?[Y/N]y
[AC-wlan-ap-group-wds-leaf] wired-port-profile wired-port1 gigabitethernet 0
[AC-wlan-ap-group-wds-leaf] quit
[AC-wlan-view] quit
```

> **注意：**
>
> 修改有线接口工作模式后，需要重启对应 AP，有线接口工作模式才会生效。

通过以上配置，AP2 和 AP3 也上线，上线后效果如图 11-6 所示。需要注意的是，拓扑图中，STA1、STA2 和 STA3 没有接入 WLAN 网络。如果需要 STA1、STA2 和 STA3 接入 WLAN 网络实现 WLAN 的业务应用，后续还需完成 WLAN 基本业务的配置任务。

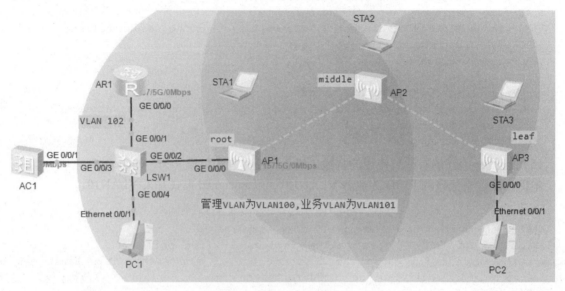

图 11-6　所有 AP 上线效果图

（7）检查验证 AP 上线和查看 WDS 链路信息

完成配置后，执行命令 display ap all，查看 WDS 各节点是否成功上线；当"State"字段显示为"nor"，则表示 AP 已成功上线，如图 11-7 所示。可以看到，三个 AP（ap-root、ap-middle、ap-leaf）都已经上线。

```
[AC]disp ap all
Info: This operation may take a few seconds. Please wait for a moment.done.
Total AP information:
nor  : normal          [3]
--------------------------------------------------------------------------------
ID   MAC            Name      Group       IP              Type         State S
TA Uptime
--------------------------------------------------------------------------------
1    00e0-fc39-3c70 ap-root   wds-root    192.168.100.210 AP4050DN-E   nor   0
  29M:13S
2    00e0-fc33-71c0 ap-middle wds-middle  192.168.100.217 AP4050DN-E   nor   0
  5M:44S
3    00e0-fcc0-0100 ap-leaf   wds-leaf    192.168.100.123 AP4050DN-E   nor   0
  4M:4S
--------------------------------------------------------------------------------
Total: 3
```

图 11-7　AP 上线

完成配置后，执行命令 display wlan wds link all，查看 WDS 链路相关信息。如图 11-8 所示，可以看到已经建立 ap-root<---->ap-middle，ap-middle<---->ap-leaf，ap-leaf<---->ap-middle 三条 WDS 有效链路。

## 第 11 章　分布式 WLAN 及实践

```
[AC]disp wlan wds link all
Rf    : radio ID           Dis  : coverage distance(100m)
Ch    : channel            Per  : drop percent(%)
TSNR  : total SNR(dB)      P-   : peer
WDS   : WDS mode           Re   : retry ratio(%)
RSSI  : RSSI(dBm)          MaxR : max RSSI(dBm)
--------------------------------------------------------------
APName     P-APName       Rf Dis  Ch   WDS      P-Status     RSSI MaxR
Per  Re    TSNR  SNR(Ch0~2:dB)
--------------------------------------------------------------
ap-middle                  1  4   -    middle   -            -    -
0    0     0     -/-/-
ap-middle  ap-leaf         1  4   -    middle   normal       -    -
0    0     0     -/-/-
ap-root    ap-middle       1  4   -    root     normal       -    -
ap-leaf    ap-middle       1  4   -    leaf     normal       -    -
0    0     0     -/-/-
--------------------------------------------------------------
Total: 4
```

图 11-8　WDS 链路信息

另外，还可以执行命令 display wds vap all，查看所有的 WDS 型 VAP 信息。

5. 验证配置

将 PC1 和 PC2 都划入 VLAN101，利用 DHCP 获取 IP 地址，并利用 ping 命令测试 PC1、PC2 之间是否能够正常通信，以此检测无线虚链路是否正常。

打开 PC1 和 PC2，利用 ipconfig 命令查看 PC1 和 PC2 获取的 IP 地址。然后利用 ping 命名进行检测。测试中 PC1 获取的 IP 地址为 192.168.101.253，PC2 获取的 IP 地址为 192.168.101.254。PC1 与 PC2 能够通信，说明无线虚链路连接正常。

💡 **说明：**

本示例是只针对 WDS 的配置过程，按照以上配置步骤配置完毕后，可以实现 WDS 功能，即 AP 之间可以通过 WDS 链路连接至 AC。要实现用户的 WLAN 的业务应用，后续还需完成 WLAN 基本业务的配置任务。配置 WLAN 基本业务请参照上一章的示例。

## 11.5　Mesh 网络原理

基于 IEEE 802.11s 无线 Mesh 网络是指利用无线链路将多个 AP 连接起来，并最终通过一个或两个 Portal 节点接入有线网络的一种星型动态自组织自配置的无线网络。Mesh 网络减少了节点之间的布线需求，但仍具有分布式网络所提供的冗余机制和重新路由功能。但添加新的设备时，只需要为设备接上电源，Mesh 网络可以自动进行配置，并确定最佳的多跳传输路径。移动设备时，Mesh 网络能够自动发现拓扑变化，并自动调整通信路由，以获取最有效的传输路径。

扫一扫

MESH 网络原理

### 11.5.1　Mesh 基本概念

采用华为接入点 AP 构建 Mesh 网络，涉及一些与 Mesh 网络相关的概念，包括 MP、MPP、邻居 MP、候选 MP 和对端 MP 等，如图 11-9 所示。

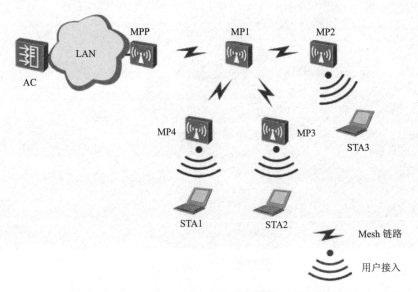

图 11-9　Mesh 组网图

　　MP（Mesh Point）：使用 IEEE 802.11MAC 和物理层协议进行无线通信，并且支持 Mesh 功能的节点。该节点支持自动拓扑、自动发现路由、数据报文转发等功能。MP 节点可以同时提供 Mesh 服务和用户接入服务。

　　MPP（Mesh Portal Point）：连接 Mesh 网络和其他类型网络的 MP 节点。这个节点具有 Portal 功能，可以实现 Mesh 内部节点和外部网络的通信。

　　邻居 MP：与某个 Mesh 节点处于直接通信范围内的 MP 或 MPP，称为该 Mesh 节点的邻居 MP。例如，图 11-9 中的 MP2 是 MP1 的邻居。

　　候选 MP：MP 准备与之建立 Mesh 链路的邻居 MP。

　　对端 MP：已与 MP 建立起 Mesh 连接的邻居 MP，称为该 MP 的对端 MP。

> **注意：**
> 　　基于 IEEE 802.11s 协议的无线 Mesh 网络，定义了三种类型的新节点，分别是 Mesh 节点（MP）、Mesh 接入节点（MAP）、Mesh 门户桥节点（MPP）。但华为无线设备在配置 Mesh 功能时，没有具体区分 MP 和 MAP，只区分 MPP 和 MP。如果一个 AP 开启了 Mesh 功能并创建了接入 VAP，那么它就是一个 MAP。如果开启了 Mesh 功能但没有创建接入 VAP，那么这就是一个 MP。考虑到 MPP 可能承担较大的负载，一般在 MPP 上不创建 VAP。

### 11.5.2　Mesh 网络架构

　　Mesh 网络是网状组网，但在实际组网中，Mesh 网络可以抽象为三种模式，分别是链状组网模式、星状组网模式和网状组网模式。

　　1．链状组网模式

　　如图 11-10 所示，用户可以通过预先定义 AP 与 AP 相连的关系，形成链路状态。

# 第 11 章 分布式 WLAN 及实践

图 11-10 链状组网模式

2. 星状组网模式

如图 11-11 所示，用户可以通过预先定义 AP 与 AP 相连的关系，形成星状状态。在星状组网中，所有的连接都要通过中心网关设备进行数据转发。

3. 网状组网模式

如图 11-12 所示，网状组网是 Mesh 网络的主要特性，在网状组网模式可以检测其他无线设备，并形成链路。网络组网会引起网络环路，使用时可以结合 Mesh 路由选择性的阻塞冗余链路来消除环路，在某条 Mesh 链路故障时，还可以选择冗余链路完成转发。

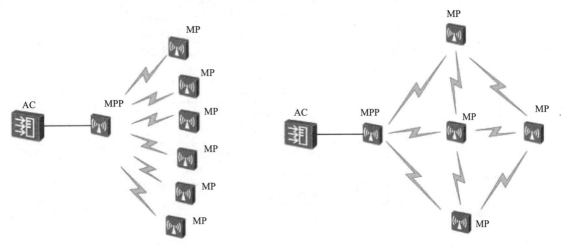

图 11-11 星状组网模式　　　　图 11-12 网状组网模式

## 11.5.3 Mesh 实现原理

华为无线设备组建 Mesh 网络，是在 AC+ 瘦 AP 模式下，通过配置 Mesh 模板，并在 AP 组或 AP 射频中引用 Mesh 模板，实现 AP 之间 Mesh 连接的。成功建立 Mesh 链路包括 Mesh 邻居发现和 Mesh 连接管理两个过程。

1. Mesh 邻居发现

① Mesh 邻居发现。在建立 Mesh 网络之前，首先需要发现邻居 MP 设备。Mesh 网络中，各节点通过被动扫描来获取邻居 MP 的信息。

被动扫描：MP 在每个信道上侦听邻居 MP 定时发送的 Mesh Beacon 信标帧（信标帧中包括 Mesh ID 等信息），以获取邻居 MP 的相关信息。

② 更新邻居关系表。每个 MP 都存在邻居关系表，该表将所有邻居节点的信息分为四类：普通 AP 邻居、其他 Mesh 网络节点、候选 MP 节点、对端 MP 节点。

对于被动扫描方式，如果 MP 发现自己接收到的 Mesh Beacon 信标帧中的 Mesh ID 与自己的 Mesh ID 一致，则在邻居关系表中将该邻居设备记录为候选 MP 节点。

## 2. Mesh 连接管理

Mesh 连接管理包括 Mesh 连接建立和 Mesh 连接拆除两个过程，采用 Mesh Peering Open/Confirm/Close 三种 Mesh 连接管理 Action 帧交互实现，如图 11-13 所示。

（1）Mesh 连接建立

MP 在选出候选 MP 节点后，可以与之发起 Mesh 连接建立过程。建立 Mesh 连接的双方 MP 处于对等地位，双方通过两次 Mesh Peering Open/Confirm 的交互，完成 Mesh 连接的建立。

Mesh 连接建立后，需要继续进行后续的密钥协商阶段，只有密钥协商成功之后 Mesh 节点才可以参与 Mesh 数据转发。

（2）Mesh 链路拆除

Mesh 连接双方中任意一方，均可以主动向对方发送 Mesh Peering Close 报文，以关闭双方间的 Mesh 连接。收到 Mesh Peering Close 消息的 MP，需要向对方 MP 回应一个 Mesh Peering Close 消息。

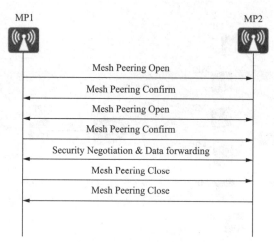

图 11-13　Mesh 连接管理原理图

### 11.5.4　Mesh 路由建立

对于 Mesh 网络来说，任何一个源和目的地之间都会存在多条可用的 Mesh 链路，并且这些 Mesh 链路的传输质量会随着周边环境实时变化。因此，必须在 Mesh 网络内支持选路协议，802.11s 标准中定义的 HWMP 路由协议应运而生。

在 802.11s 的 HWMP 路由协议中，定义了下面几种路由管理帧。Mesh 路由信息的建立通过这几种路由管理帧的交互建立。

① RANN（Root Announcement Frame）：网关通告帧，目的是通知其他节点 MPP 的存在。

- MPP 节点定时广播 RANN 帧。
- MP 收到 RANN 消息后，将 TTL 减 1，更新路径 Metric 信息，再将其广播出去，不做其他处理。读取 RANN 帧的内容后，判断 RANN 中的网关是否已经存在于自己的网关列表中，如果不存在，则在列表中新增该网关的条目；如果存在，则依据 RANN 中的信息，更新相应条目的信息。

② PREQ（Path Request）与 PREP（Path Reply）：路由请求帧和路由应答帧。在按需路由模式

中，源节点广播 PREQ 消息建立到目的节点的路由，MP 节点收到 PREQ 帧后，回应路由应答帧。

Mesh 网络中支持按需路由和先应路由两种路由选择模式。

① 按需路由模式：源节点广播 PREQ 消息建立到目的节点的路由。如果当前 PREQ 的序列号比前一个 PREQ 消息的序列号大或者序列号相同但度量值更优，在收到 PREQ 消息之后，中间节点创建或者更新到源节点的路由；如果没有到达目的路由，中间节点继续转发 PREQ。

② 先应路由模式：根节点周期性地广播 RANN 消息。当一个 Mesh 节点收到 RANN 消息并且需要创建或者更新到根节点的路由时，它会单播发送 PREP 消息到根，同时将 RANN 消息继续广播出去。这样，MPP 创建一条从根节点到源节点的反向路径，MP 创建一条从根节点到源节点的转发路径。

HWMP 将先应路由模式和按需路由模式相结合，确保数据帧能够始终通过传输质量最好的 Mesh 链路传输。

华为 Mesh 特性基于标准 802.11s 协议开发了私有 Mesh 路由协议并进行优化，其特点是在无线链路搭建时，考虑减少通信的转发次数，使能基于静态的到目的节点跳数较小的路径构造转发拓扑。

### 11.5.5 AP 零配置上线

零配置（Zero Touch Configure）上线是指在采用 AC+FIT-AP 组建 Mesh 网络时，仅需要在 AP 上线前先在 AC 上对 AP 进行少量的离线管理配置，而不需要本地直接登录到 AP 上进行任何配置就可以完成 AP 的上线过程。该功能为大量 AP 同时开局的场景提供了极大的便利。零配置的原理如图 11-14 所示。

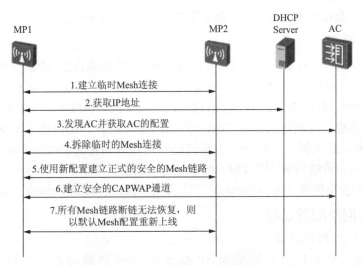

图 11-14 零配置上线原理图

① MP1 上电后，通过默认 Mesh ID 和默认预共享密钥等信息与已成功关联到 AC 的邻居 MP2 进行 Mesh Peering Open/Confirm 交互，建立临时的非安全的 Mesh 连接，并建立到 MPP 节点的路由。

② MP1 节点通过建立的 Mesh 连接与 DHCP Server 交互获取到自己和 AC 的 IP 地址。

③ MP1 节点通过建立的 Mesh 连接发现 AC 并完成与 AC 的关联,建立临时的 CAPWAP 隧道,

并从 AC 获取配置信息。

④ MP1 获取到新配置后，通过 Mesh Peering Close 消息主动断开临时的非安全的连接。

⑤ MP1 用新的 Mesh 配置再次进行 Mesh Peering Open/Confirm 交互，然后完成密钥协商，协商出 MP 间通信的最终密钥，最后建立正式的安全的 Mesh 链路。

⑥ MP1 以更新后的配置重新与 AC 建立安全的 CAPWAP 隧道。

⑦ 当 MP1 长时间无法与 MP2 建立 Mesh 链路，则恢复默认配置，重新从步骤①开始，直到 MP1 以更新后的配置重新与 AC 建立安全的 CAPWAP 隧道。

> **注意：**
> 由于 Mesh 网络是网状组网，MP 节点间存在链路冗余，为避免广播风暴的产生，使用 TTL 字段和重复报文检测进行处理。Mesh 帧格式中包含 TTL 字段，MP 收到报文后，先将 TTL 减 1，如果为 0 则地址，否则做转发处理。Mesh 报文头中包含用来检测是否是重复报文的 Sequence number 域，MP 收到报文后，首先检测记录 Sequence number 域表项，通过检测，如果是重复报文则丢弃，否则做转发处理。

## 11.6 Mesh 配置方法

华为无线设备组建 Mesh 网络，是在 AC+ 瘦 AP 模式下，通过配置 Mesh 模板，并在 AP 组或 AP 射频中引用 Mesh 模板建立 Mesh 链路实现的。因此，采用华为设备建立 Mesh 网络，关键是配置 Mesh 模板，通过 Mcsh 模板配置 Mesh 业务参数，实现 Mesh 网络。

### 11.6.1 Mesh 模板

Mesh 模板包含了配置 Mesh 功能所需要的主要参数。AP 组或指定 AP 的射频引用 Mesh 模板，是 AP 射频建立 Mesh 链路的基本条件。Mesh 网络功能的实现需要与安全模板、Mesh 白名单、AP 组射频或指定 AP 射频、射频模板、AP 有线口模板、Mesh 快切模板等配合使用。

默认情况下，系统已经创建名称为"default"的 Mesh 模板。无论是"default"还是用户自定义创建的 Mesh 模板，默认情况下均会引用系统已经创建的名称为"default-mesh"的安全模板，"default-mesh"的安全策略为 WPA2+PSK+AES，安全密钥为"huawei_secmesh"。为了安全起见，如果用户使用默认的安全模板"default-mesh"，建议用户修改"default-mesh"的安全密钥。

### 11.6.2 Mesh 网络配置过程

1. 华为设备 Mesh 网络限制

需要注意的是，并不是所有的华为 AP 都支持 Mesh 网络功能。比如 AP2050DN 系列和 AD9430DN 系列就不支持 Mesh 网络功能，而常用的 AP4050DN 系列和 AP8130DN 系列是支持 Mesh 网络功能的。

为了保证用户配置 Mesh 网络成功，在利用华为无线设备配置 Mesh 网络时，需要关注以下注意事项。

① WLAN Mesh 功能与 WLAN WDS 功能互斥，即如果已配置了 WLAN WDS 功能，不能再进行 WLAN Mesh 配置。

② 对于配置 Mesh 链路或 WDS 网桥的射频，射频调优功能不生效。

③ 如果射频上配置了 WDS 或 Mesh 业务，则在该射频上配置的 WIDS、频谱分析或 WLAN 定位功能不生效。

④ 在 Mesh 组网中如果 MP 连接了有线网络，请确保 MP 和 MPP 之间不能通过有线网络二层互通。否则 MPP 和 MP 既能通过 Mesh 链路互通，又能通过有线链路互通，Mesh 和有线链路在 MPP 和 MP 之间会形成一个环路。

⑤ 为了保证 Mesh 和 WDS 网络的性能，不推荐使用 5G、2.4G 混合组成网桥链路。

2. Mesh 网络默认配置

Mesh 的默认配置见表 11-3。

表 11-3 Mesh 的默认配置

| 参　　数 | 默　认　值 |
| --- | --- |
| Mesh 模板引用的安全模板 | default-mesh |
| Mesh 模板的网络标识 | HUAWEI-WLAN-MESH |
| Mesh 角色 | mesh-node |
| 系统默认的 Mesh 模板 | default |
| Mesh 白名单模板 | 无 |
| MP 允许建立的最大链路数 | 8 |
| 维持 Mesh 链路的最小信号强度 | −75 dBm |
| MP 向 AC 上报 Mesh 链路信息的时间间隔 | 30 s |

3. Mesh 网络配置过程

在 AC+瘦 AP 模式下，通过配置 Mesh，组建星状动态自组织自配置的无线网络，可以很方便地在复杂环境中部署无线局域网，节约网络部署成本，且易于扩展，可以实现灵活组网。Mesh 网络具体配置包括以下任务。

在配置 Mesh 网络之前，需要完成以下配置任务：配置有线网络互通；创建 AP 组；配置国家码；配置 CAPWAP 源接口或源地址。

配置 Mesh 网络，包括以下任务：添加 AP；配置 Mesh 射频参数；配置 AP 有线口参数；配置安全模板；配置 Mesh 白名单；配置 Mesh 角色和 Mesh 模板（包括配置 Mesh 网络标识）；在 AP 组中引用相关模板，使 Mesh 业务生效。

Mesh 网络配置与集中式 WLAN 配置的不同点在于，集中式 WLAN 在配置 WLAN 业务参数时，需要配置 SSID 模板、安全模板以及 VAP 模板。而 Mesh 网络在配置 Mesh 业务参数时，需要配置安全模板、Mesh 白名单、Mesh 角色和 Mesh 模板，Mesh 模板中包含 Mesh 网络标识。可以按照配置 Mesh 的任务顺序进行，具体配置方法通过下面的示例进行说明。

## 11.7 Mesh 网络配置示例

Mesh 网络可以用于构建无线回传链路，实现无线覆盖区域拓展，可以降低有线部署成本。华为无线设备构建 Mesh 网络，用于实现 AP 之间通过 Mesh 链路连接至 AC。要实现用户的 WLAN 的业务应用，还需完成集中式 WLAN 基本业务的配置任务。

1. 组网需求及网络拓扑图

示例采用小型 WLAN 方案，AC 部署采用二层组网旁挂方式，回传射频采用 5G 频段。AC 作为 DHCP 服务器为 AP 分配 IP 地址；三层交换机 LSW1 作为 DHCP 服务器为 STA 分配 IP 地址，拓扑图如图 11-15 所示。AP1 作为 MPP，其他 AP 作为 MP。AP1、AP2、AP3、AP4 和 AP5 之间为 Mesh 链路。拓扑图中 AC1 采用 AC6605，AP 采用 AP8130DN，AR1 采用 AR2200，作为网络出口路由器。

要求通过配置，所有 AP 组成 Mesh 网络，通过 Mesh 链路连接，STA 之间可以互相通信，也能与外网通信。

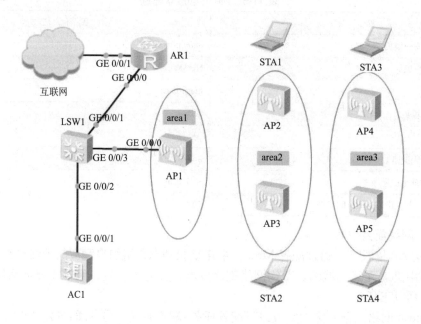

图 11-15　WDS 网络拓扑图

2. AC 数据规划

为保障 AC 配置的正确性，首先对 AC 需要配置的数据进行规划。AC 数据规划如表 11-4 所示。

表 11-4　AC 数据规划表

| 配　置　项 | 数　据 |
| --- | --- |
| AP 管理 VLAN | VLAN100 |
| STA 和 PC 业务 VLAN | VLAN101 |
| DHCP 服务器 | AC1 作为 DHCP 服务器为 AP 分配 IP 地址<br>三层交换机 LSW1 为 STA 和 PC 分配 IP 地址 |
| AP 的 IP 地址池 | 名称：appool1<br>地址范围：192.168.100.3 ～ 192.168.100.254/24 |

# 第 11 章  分布式 WLAN 及实践

续表

| 配 置 项 | 数 据 |
|---|---|
| STA 的 IP 地址池 | VLAN101：192.168.101.2～192.168.101.254/24 |
| AC 源接口 IP | VLANIF100：192.168.100.2/24 |
| AP 组 | 名称：mesh-mpp：ap-area1<br>　　　mesh-mp1：ap2-area2，ap3-area2<br>　　　mesh-mp2：ap4-area3，ap5-area3 |
| 域管理模板 | 名称：domain1<br>国家码：CN |
| 安全模板 | 名称：mesh-sec<br>安全策略：WPA2+PSK+AES<br>密码：ab12345678 |
| Mesh 模板 | 名称：mesh-net |
| Mesh 角色 | AP1 为 ap-area1：mesh-portal（MPP）<br>AP2 名为 ap2-area2 和 AP3 为 ap3-area2：mesh-node（MP）<br>AP4 名为 ap4-area3 和 AP5 为 ap5-area3：mesh-node（MP） |
| AP 系统模板 | 名称：Mesh-sys（用于配置 Mesh 角色） |
| Mesh 白名单 | Mesh-list（添加 AP 的 MAC，确定用于组建 Mesh 的 AP） |
| Mesh ID | Mesh-net |
| Mesh 使用射频 | 回传射频采用射频 1，5G 信号，信道 157，带宽 40 MHz。覆盖距离参数为 4（单位：100 m） |

3. Mesh 网络配置思路

采用如下思路配置 Mesh 网络：

① 配置 LSW1 和 AC 和 AR1 等网络设备，实现网络互通。LSW1 作为三层交换机使用。

② 配置 AC 作为 DHCP 服务器 AP 分配 IP 地址。配置 LSW1 作为 DHCP 服务为 STA 和 PC 机分配 IP 地址。

③ 配置 AP 上线参数，包括域管理模板、AC 管理接口、AP 分组以及将 AP 接入 AP 分组等。使通过有线连接 AP（MPP 节点）在 AC 中上线。

④ 配置 Mesh 网络业务参数，包括射频参数、安全模板、Mesh 白名单、Mesh 角色和 Mesh 模板等。

⑤ 在 AP 组引用相关模板，使 Mesh 业务生效。使无线连接的 AP（MP 节点）通过 Mesh 链路上线。

4. Mesh 网络配置具体步骤

(1) 配置网络互通

在三层交换机 LSW1 中配置 VLAN100、VLAN101、VLAN102。其中 VLAN100 作为管理 VLAN，用于管理 AP。VLAN101 作为无线业务 VLAN。VLAN102 作为有线用户使用的业务 VLAN。VLAN100 采用 192.168.100.0/24 网段，VLAN101 采用 192.168.101.0/24 网段，VLAN102 采用 192.168.102.0/24 网段。有线网络配置部分这里忽略。下面给出与 Mesh 网络相关的配置。

# 对 AC、LSW1 进行初始配置，使 AP 与 AC 之间能够传输 CAPWAP 报文

```
#AC配置
<AC6605> system-view
[AC6605] sysname AC
[AC] vlan batch 100
[AC] interface gigabitethernet 0/0/1
[AC-GigabitEthernet0/0/1] port link-type trunk
[AC-GigabitEthernet0/0/1] port trunk pvid vlan 100
[AC-GigabitEthernet0/0/1] port trunk allow-pass vlan 100 101
[AC-GigabitEthernet0/0/1] quit
#LSW1配置
<HAUWEI>system-view
<HAUWEI>sysname LSW1
[LSW1] vlan batch 100 to 102
[LSW1] int gigabitethernet0/0/3
[LSW1-GigabitEthernet0/0/3] port link-type trunk
[LSW1-GigabitEthernet0/0/3] port trunk pvid vlan 100
[LSW1-GigabitEthernet0/0/3] port trunk allow-pass vlan 100 101
[LSW1]int gigabitethernet0/0/2
[LSW1-GigabitEthernet0/0/2] port link-type trunk
[LSW1-GigabitEthernet0/0/2] port trunk pvid vlan 100
[LSW1-GigabitEthernet0/0/2] port trunk allow-pass vlan 100 101
[LSW1-GigabitEthernet0/0/2]quit
```

(2) 配置DHCP服务

示例要求AC1作为DHCP服务为AP分配IP地址，三层交换机LSW1为STA和PC分配IP地址。AC1作为AP的DHCP服务器，采用全局地址池方式。三层交换机LSW1作为STA和PC的DHCP服务器，采用接口地址池方式。

```
# 为AP设备配置DHCP服务
```

在AC中配置基于全局地址池DHCP服务器，为VLANIF100中AP提供IP地址。

```
#AC配置
[AC] dhcp enable
[AC] interface vlanif 100
[AC-Vlanif100] ip address 192.168.100.2 24
[AC-Vlanif100] dhcp select global        ###全局DHCP服务
[AC-Vlanif100] quit
[AC]ip pool appool1
[AC-ip-pool-appool1] network 192.168.100.0  mask 24
[AC-ip-pool-appool1] gateway-list 192.168.100.1
[AC-ip-pool-appool1] quit
# 在LSW1中为STA和PC设备配置DHCP服务
[LSW1] interface vlanif 101
[LSW1-Vlanif101] ip address 192.168.101.1 24
[LSW1-Vlanif101] dhcp select interface      ###接口DHCP服务
[LSW1-Vlanif101] quit
```

如果需要配置DNS服务器地址，则可以采用如下配置方法。接口地址池场景下，需要在VLANIF接口视图下执行命令dhcp server dns-list ip-address &<1-8>。全局地址池场景下，需要在

# 第 11 章 分布式 WLAN 及实践

IP 地址池视图下执行命令 dns-list ip-address &<1-8>。

（3）配置域管理模板、AP 组和 AC 的源接口，将 AP 接入 AP 组，以便 AP 上线

```
# 配置域管理模板，在域管理模板下配置AC的国家码
[AC]wlan
[AC-wlan-view] regulatory-domain-profile name domain1
[AC-wlan-regulate-domain-domain-hbkjxy] country-code cn
[AC-wlan-regulate-domain-domain-hbkjxy] quit
# 创建AP组，并在AP组下引用域管理模板
[AC-wlan-view] ap-group name mesh-mpp
[AC-wlan-ap-group-mesh-mppt] regulatory-domain-profile domain1
Warning: Modifying the country code will clear channel, power and antenna gain configurations of the radio and reset the AP. Continue?[Y/N]:y
[AC-wlan-ap-group-mesh-mpp] quit
[AC-wlan-view] ap-group name mesh-mp1
[AC-wlan-ap-group-mesh-mp1] regulatory-domain-profile domain1
Warning: Modifying the country code will clear channel, power and antenna gain configurations of the radio and reset the AP. Continue?[Y/N]:y
[AC-wlan-ap-group-mesh-mp1] quit
[AC-wlan-view] ap-group name mesh-mp2
[AC-wlan-ap-group-mesh-mp2] regulatory-domain-profile domain1
Warning: Modifying the country code will clear channel, power and antenna gain configurations of the radio and reset the AP. Continue?[Y/N]:y
[AC-wlan-ap-group-mesh-mp2] quit
# 配置AC的源接口
[AC] capwap source interface vlanif 100
# 将AP分别加入AP组 "mesh-mpp"、"mesh-mp1" 和 "mesh-mp2"
```

要将 AP 加入 AP 组中，需要知道 AP 的 MAC 地址或者序列号 SN。首先查看 AP 的 MAC 地址或者 SN 号。这里采用 SN 号。这里给出 AP1 加入 Mesh-mpp 组，AP2 和 AP 加入 Mesh-mp1 组，AP4 和 AP5 加入 mesh-mp2 组，这里给出 AP1 和 AP2 的配置，其他 AP 参考配置。

```
[AC] wlan
[AC-wlan-view] ap auth-mode sn-auth
[AC-wlan-view] ap-id 1 ap-sn 210235448310f56e1b35
[AC-wlan-ap-1] ap-name ap1-area1
[AC-wlan-ap-1] ap-group mesh-mpp
Warning: This operation may cause AP reset. If the country code changes, it will clear channel, power and antenna gain configurations of the radio, Whether to continue? [Y/N]:y
[AC-wlan-ap-1]quit
[AC-wlan-view]  ap-id 2 ap-sn 210235448831058779321
[AC-wlan-ap-2] ap-name ap2-area2
[AC-wlan-ap-2] ap-group mesh-mp1
Warning: This operation may cause AP reset. If the country code changes, it will clear channel, power and antenna gain configurations of the radio, Whether to continue? [Y/N]:y
[AC-wlan-ap-2]quit
```

> **注意**：
> 通过以上配置，AP1 上线，但其他还没有上线，需要配置 Mesh 业务参数使其他 AP 上线。

(4) 配置 Mesh 业务参数

# 配置 Mesh 网络节点使用的主要射频参数。

示例中使用的 AP8130DN 的射频 1，5G 频段，将信道设置为 157，信道带宽为 40 MHz，射频覆盖距离设置为 4，单位为 100 m。注意：在 Mesh 网络中，建立 Mesh 链路的射频必须为同一信道。

```
[AC-wlan-view] ap-group name mesh-mpp
[AC-wlan-ap-group-mesh-mpp] radio 1
[AC-wlan-group-radio-mesh-mpp/1] channel 40mhz-plus 157
Warning: This action may cause service interruption. Continue?[Y/N]y
[AC-wlan-group-radio-mesh-mpp/1] coverage distance 4
[AC-wlan-group-radio-mesh-mpp/1] quit
[AC-wlan-ap-group-mesh-mpp] quit
[AC-wlan-view] ap-group name mesh-mp1
[AC-wlan-ap-group-mesh-mp1] radio 1
[AC-wlan-group-radio-mesh-mp1/1] channel 40mhz-plus 157
Warning: This action may cause service interruption. Continue?[Y/N]y
[AC-wlan-group-radio-mesh-mp1/1] coverage distance 4
[AC-wlan-group-radio-mesh-mp1/1] quit
[AC-wlan-ap-group-mesh-mp1] quit
[AC-wlan-view] ap-group name mesh-mp2
[AC-wlan-ap-group-mesh-mp2] radio 1
[AC-wlan-group-radio-mesh-mp2/1] channel 40mhz-plus 157
Warning: This action may cause service interruption. Continue?[Y/N]y
[AC-wlan-group-radio-mesh-mp2/1] coverage distance 4
[AC-wlan-group-radio-mesh-mp2/1] quit
[AC-wlan-ap-group-mesh-mp2] quit
```

# 创建名为 "mesh-sec" 的安全模板

以配置 WPA2+PSK+AES 的安全策略为例，密码为 "ab12345678"，实际配置中请根据实际情况，配置符合实际要求的安全策略。

```
[AC-wlan-view] security-profile name mesh-sec
[AC-wlan-sec-prof-wds-sec] security wpa2 psk pass-phrase ab12345678 aes
[AC-wlan-sec-prof-wds-sec] quit
```

# 配置 Mesh 白名单

配置 Mesh 白名单，确定 Mesh 网络的 AP。

```
[AC-wlan-view] mesh-whitelist-profile name mesh-list
[AC-wlan-mesh-whitelist-mesh-list] peer-ap mac 00e0-fc9b-2470
[AC-wlan-mesh-whitelist-mesh-list] peer-ap mac 00e0-fc09-6110
[AC-wlan-mesh-whitelist-mesh-list] peer-ap mac 00e0-fc70-6ab0
[AC-wlan-mesh-whitelist-mesh-list] peer-ap mac 00e0-fcb9-5740
[AC-wlan-mesh-whitelist-mesh-list] peer-ap mac 00e0-fc2f-1280
[AC-wlan-mesh-whitelist-mesh-list] quit
```

# 配置mesh角色，使用AP系统模板配置

AP1作为MPP，mesh角色为"Mesh-portal"，其他AP1采用默认角色"Mesh-node"。

```
[AC-wlan-view]. ap-system-profile name mesh-sys
[AC-wlan-ap-system-prof-mesh-sys] mesh-role Mesh-portal
[AC-wlan-ap-system-prof-mesh-sys] quit
```
# 配置Mesh模板。

配置Mesh网络的ID为"mesh-net"，Mesh链路老化时间为30 s，并引用安全模板和Mesh白名单。

```
[AC-wlan-view] mesh-profile name mesh-net
[AC-wlan-mesh-prof-mesh-net] mesh-id mesh-net
[AC-wlan-mesh-prof-mesh-net] link-aging-time 30
[AC-wlan-mesh-prof-mesh-net] security-profile mesh-sec
[AC-wlan-mesh-prof-mesh-net] quit
```
# 配置AP射频引用Mesh白名单模板
```
[AC-wlan-view] ap-group name mesh-mpp
[AC-wlan-ap-group-mesh-mpp] radio 1
[AC-wlan-group-radio-mesh-mpp/1] mesh-whitelist-profile mesh-list
[AC-wlan-group-radio-mesh-mpp/1] quit
[AC-wlan-ap-group-mesh-mpp] quit
[AC-wlan-view] ap-group name mesh-mp1
[AC-wlan-ap-group-mesh-mp] radio 1
[AC-wlan-group-radio-mesh-mp/1] mesh-whitelist-profile mesh-list
[AC-wlan-group-radio-mesh-mp/1] quit
[AC-wlan-ap-group-mesh-mp] quit
[AC-wlan-view] ap-group name mesh-mp2
[AC-wlan-ap-group-mesh-mp] radio 1
[AC-wlan-group-radio-mesh-mp/1] mesh-whitelist-profile mesh-list
[AC-wlan-group-radio-mesh-mp/1] quit
[AC-wlan-ap-group-mesh-mp] quit
```

(5) 在AP组引用相关模板，使Mesh业务生效

# 配置AP组"mesh-mpp"引用AP系统模板"mesh-sys"，使MPP角色在ap1-area1上生效
```
[AC-wlan-view] ap-group name mesh-mpp
[AC-wlan-ap-group-mesh-mpp] ap-system-profile mesh-sys
[AC-wlan-ap-group-mesh-mpp] quit
```
# 配置AP组"mesh-mpp"和"mesh-mp1"和"mesh-mp2"分别引用Mesh模板"mesh-net"，使Mesh业务生效
```
[AC-wlan-view] ap-group name mesh-mpp
[AC-wlan-ap-group-mesh-mpp] mesh-profile mesh-net radio 1
[AC-wlan-ap-group-mesh-mpp] quit
[AC-wlan-view] ap-group name mesh-mp1
[AC-wlan-ap-group-mesh-mp] mesh-profile mesh-net radio 1
[AC-wlan-ap-group-mesh-mp] quit
[AC-wlan-view] ap-group name mesh-mp2
[AC-wlan-ap-group-mesh-mp] mesh-profile mesh-net radio 1
[AC-wlan-ap-group-mesh-mp] quit
[AC-wlan-view] quit
```

配置完成后，可以使用命令 display ap all 查看 AP 是否成功上线，可以使用命令 display wlan mesh link all 查看 Mesh 链路相关信息。

由于华为 eNSP 模拟软件中，MPP 和 MP 设备无法上线，这里给出配置方法，仅供配置参考。

## 小结

本章主要介绍了分布式 WLAN 的两种组网形式，WDS 网络和基于 IEEE 802.11s 的 Mesh 网络的相关知识，并通过配置实现示例说明了两种分布式 WLAN 配置方法。

分布式 WLAN 是在无线自组网络（Ad-Hoc）和集中式 WLAN 的基础发展起来的，包括 WDS 网络和基于 IEEE 802.11s 的 Mesh 网络。

华为无线设备组建 WDS 网络，是在 AC+ 瘦 AP 模式下，通过配置 WDS 模板，并在 AP 组或 AP 射频中引用 WDS 模板建立无线虚链路实现的。

华为无线设备组建 Mesh 网络，是在 AC+ 瘦 AP 模式下，通过配置 Mesh 模板，并在 AP 组或 AP 射频中引用 Mesh 模板，实现 AP 之间 Mesh 连接的。

## 参考文献

[1] 汪涛, 汪双顶. 无线网络技术导论 [M]. 3 版. 北京：清华大学出版社，2018.

[2] 向望, 王志伟, 高传善. 集中式 WLAN 体系结构通信协议 [J]. 计算机工程，2008（11）:115-117.

[3] 林涛. 无线局域网中的多用户 MIMO 预编码技术研究 [D]. 成都：西南交通大学，2016.

[4] 张皓月. 超高速 WLAN 物理层传输模块研究与硬件实现 [D]. 南京：东南大学，2016.

[5] 孙学军. 通信原理 [M]. 3 版. 北京：电子工业出版社，2016.